시공학

김선국 | 김태희 | 박영준 | 손기영 지음

도서출판 동화기술

머리말

건축시공이란 설계자에 의해 작성된 설계도면과 시방서, 내역서 등의 설계도서를 토대로 건축물을 구현하는 것으로 정의할 수 있으며 시공을 위한 장비 및 시공법 등은 갈수록 첨단화되고 고도화되고 있습니다. 이러한 환경 하에 건축시공 분야에 대한 중요성이 나날이 더해가고 있으며 실무에서는 현장에 바로 투입하여 적응할 수 있는 신규인력의 채용을 원하고 있습니다.

이에 본 책은 건축학 및 건축공학을 전공하는 학생들을 대상으로 하며 아래와 같은 특징을 가지고 있습니다.

첫째, 건축을 전공하는 학생들의 기본적인 시공지식을 함양시키기 데에 초점을 맞추고 책을 집필하였습니다. 이에 따라, 모든 내용을 간결하게 표현하였으며 이해하기 쉽도록 사진과 그림을 적극적으로 활용하였습니다.

둘째, 건축시공에 관한 내용만을 중점적으로 다루었습니다. 또한, 건축시공의 광범위한 내용을 상세하게 설명하는 데에는 한계가 있어 크게 골조공사, 마감공사로 나누었으며 1학기 분량(14주)으로 교과과정을 수립할 수 있도록 1장부터 16장까지 시공프로세스 순서에 따라 책을 구성하였습니다.

셋째, 각 장이 끝날 때마다 내용을 상기할 수 있도록 간단한 연습문제를 수록하여 1주차 내용을 마무리할 수 있도록 구성하였습니다.

이와 같이, 건축시공에 관한 기본적인 지식을 함양할 수 있도록 최대한 알기 쉽게 설명하고자 노력하였습니다. 하지만 아직 미흡한 점이 많이 있을 것이라 판단되며 향후 수정 및 보완을 지속적으로 하여 건축시공 분야에 보탬이 되고자 합니다.

끝으로 이 책을 발간하기까지 도움을 준 울산대학교 건설관리연구실의 대학원생들(김부영, 김상호, 양성필, 유영진)과 출간할 수 있도록 적극 힘써주신 동화기술사의 조영주 과장님께 감사드립니다.

울산대학교 건축공학부

손 기 영

CONTENTS

제1장 총 론

제2장 가설공사

제3장 토공사

제4장

지정 및 기초공사

제5장

철근콘크리트 공사

CONTENTS

제9장 방수공사

제10장 석공사

제11장 타일공사

제12장 도장공사

C O N T E N T S

제1장 총 론

1.1 개요

1.1.1 건축 시공학이란?

(1) 정의

건축 시공학은 광범위한 과학적 이론과 기술을 토대로 설계도서에 제시된 소정의 건축물을 구체적으로 생산하는 기술을 연구하는 학문이다. 즉, 설계자가 작성한 설계도면과 시방서, 내역서 등의 설계서를 바탕으로 각종 건축재료, 부품, 장비, 노무인력 등의 자원과 건설사업관리기법 등을 사용하여 건축물을 구현하는 기술 행위를 연구한다.

(2) 건설업의 특성

건설업은 다음의 특성을 지니고 있다.

- 주문생산: 발주자주문
- 공공 · 민간사업: 정부주도형, 민간공사
- 현장생산품: 위치이동 불가능, 자연환경 영향

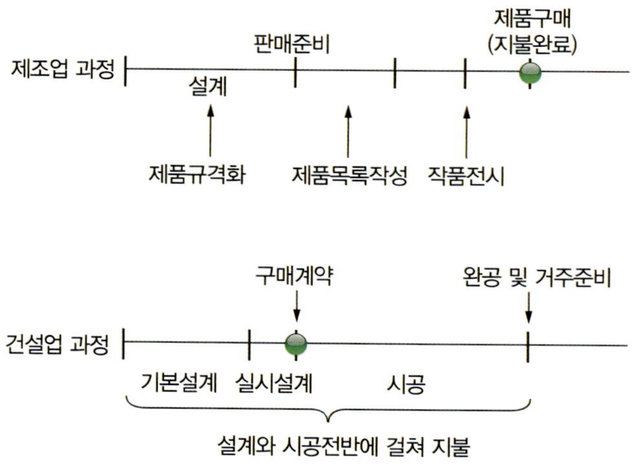

그림 1.1 • 제조업과 건설업의 차이

- 단품생산: 동일건축물이라도 상이함. 제조업과 달리 대량 생산체계 곤란
- 종합적 형태의 공사: 수많은 공종의 복합
- 공사비가 많이 소요되고 공기가 길다: 인력 · 자재 등 투입비용이 막대하고 대부분 몇 개월부터 수년간 수행
- 노동집약형 : 제조산업과 달리 수많은 노동력을 필요

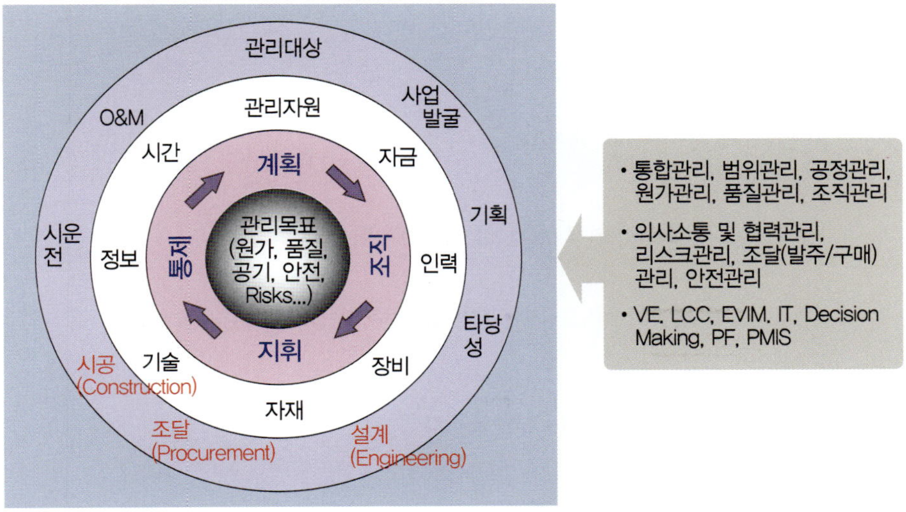

그림 1.2 • 건축생산 프로세스

(3) 건축시공의 5대 관리

건축공사는 그림 1.2와 같이, 건축생산 프로세스에서 주어진 여러 조직에 따라 공기, 예산, 품질, 안전, 생산성 등을 고려하면서 건축물을 축조하여야 한다.

이 중에서 특히 건축시공은 원가, 공정, 품질, 안전, 환경 관리를 통해 기능, 구조, 미의 3요소를 갖춘 건축물을 최적공비로 최적기간 내에 구현시켜야 한다는 목표를 갖고 있다. 또한, 건축시공을 현대화를 위해서는 ① 작업의 표준화, 단순화, 전문화, ② 재료의 건식화(습식공법의 지양), ③ 건축생산의 공업화, 양산화(PC화), ④ 도급기술의 근대화, ⑤ 과학적 품질관리 도입, ⑥ 입찰방식의 개선방안이 필요하다.

최근에는 건축시공의 현대화를 위해 아래와 같은 기법들이 도입되고 있다.

① EC화 (Engineering Construction)

- 종합건설화, 업무영역의 확대.

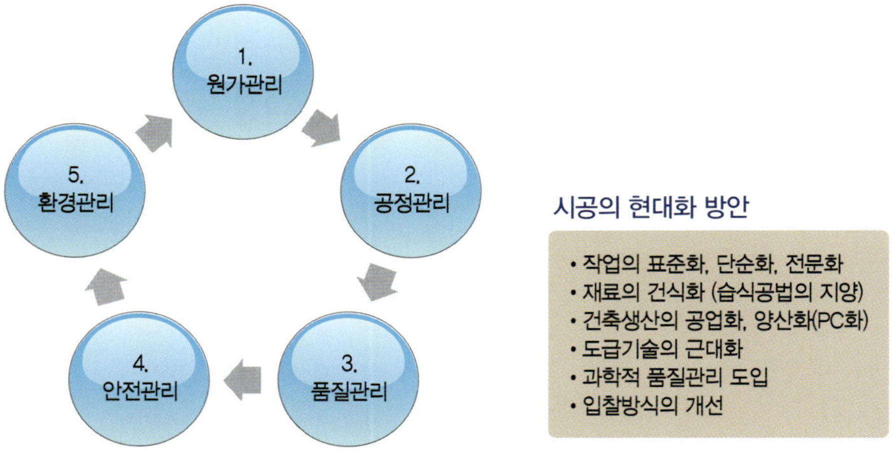

그림 1.3 • 건축시공 5대 관리 및 현대화 방안

- 단순시공에서 벗어난 사업의 발굴, 기획, 설계, 시공, 유지관리에 이르는 사업의 종합건설업화.

② CIC (Computer Integrated Construction)

- 컴퓨터를 통한 건설통합 생산개념.
- 건설생산 전 과정에 걸쳐 컴퓨터, 정보통신 및 자동화 생산 조립기술을 통하여 생산.

③ CALS (Continuous Acquisition & Life cycle Support)

- 건설생산 활동의 전 과정에서 건설관련 주체가 초고속정보통신망이나 전자상거래 등 정보의 실시간 공유를 통해 공기단축, 원가절감 등을 도모하려는 건설 분야의 통합정보 시스템.

④ PMIS (Project Management Information System)

- 사업별 경영정보 전산체계.
- 사업의 전 과정에서 건설관련 주체간 발생되는 각종 정보를 체계적, 종합적으로 관리하여 최고품질의 사업목적물을 건설하도록 지원하는 전산시스템.

⑤ OR (Operation Research)

- 복수의 방법을 비교하여 가장 능률적인 최적방안을 선정하는 기법

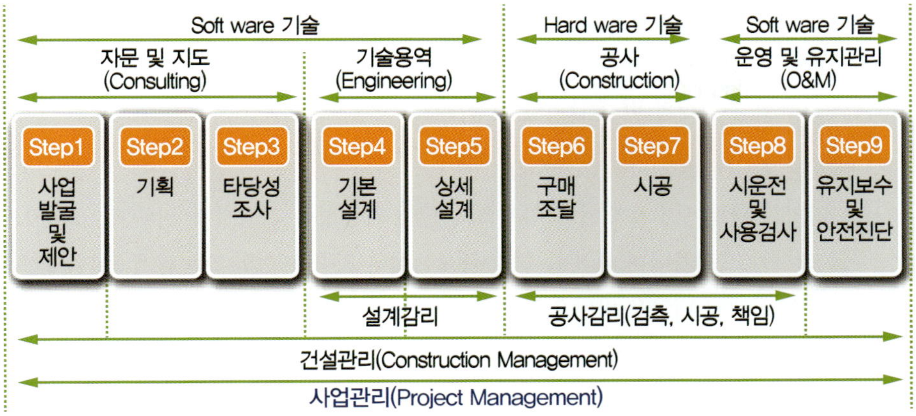

그림 1.4 • 건축사업 수행절차

1.1.2 건축사업 수행절차

(1) 수행절차

일반적인 수행절차는 그림 1.4와 같이 프로젝트에 대한 경제성 검토부터 예산의 확정, 설계의 조정, 시공사의 선정 및 시공관리, 유지관리에 이르기까지의 전 영역을 진행하는 절차를 말한다.

(2) 단계별 업무내용

① 사업기획(Planning)

- 기본구상: 건설공사의 필요성에 대한 검토 및 사업목표의 수립단계
- 사전조사: 기본구상에서 설정된 사업의 필요성과 목적을 달성하고 구체적인 사업계획 수립을 위해 중요한 사항들을 사전에 조사하는 단계
  - 사업의 특성 및 주어진 여건 분석
  - 사업실시에 따른 위험요소 예측과 이에 따른 가능한 대안 제시
  - 사업실시에 영향을 미치는 법적 근거 및 사회적 문제점 파악
  - 사업수행기관(발주자)의 능력에 대한 검토
  - 단계별 예산규모, 예산확보 등에 대한 검토
  - 사업의 질적, 양적 규모에 대한 파악
- 사업계획 : 사업의 정형화를 위한 구성요소 및 시행가능성에 대한 검토

- 건설사업의 소요비용 산정 및 조달 방안
- 완성된 시설물의 유지운영 방안과 예상 효과
- 개략적 수행계획 및 종합적인 일정계획

② 타당성 조사(Feasibility Analysis)

- 사업기획 단계에서 수립된 사업계획의 실행 가능성을 결정하기 위해 필요한 자료를 조사하고 평가하며 기본설계 및 실시설계의 기준을 수립하는 단계 또는 사전조사에서 선택된 대안을 바탕으로 사업시행을 위한 최종 의사결정 단계
- 발주자 또는 용역업체에서 수행
- 주요 조사 내용
  - 현지조사 (지리, 지형적 여건, 기후적 여건 등)
  - 기술적 타당성 (가능한 공법, 자재, 장비, 인력동원 등)
  - 경제적 타당성 (사업의 경제적인 수익성 검토)
  - 재무적 타당성 (자금조달 및 현금흐름에 대한 적정성 검토)
  - 환경영향 평가
  - 기타 고려사항 (제도, 정치, 문화 등)

③ 설계(Design)

- 기획설계 (Pre-Design)
  - 기획단계와 병행하여 건축가능여부와 사업성 검토, 법규검토, 규모검토 등을 수행
- 계획설계 (Schematic Design)
  - 건물에 관한 설계의 기본목표와 방향을 수립하는 단계로 건물에 대한 종합적인 계획 방침을 수립
- 기본설계 (Design Development)
  - 배치, 평면, 입면, 구조, 재료, 설비, 개략공사비, 기간 등 기본적인 내용들이 결정되며 건축주와 최종 합의한 뒤 필요한 심의 및 인,허가 업무를 수행
- 실시설계 (Construction Document, Detail Design)
  - 실제로 공사가 가능한 도면을 완성하는 단계로 시방서와 공사비 산출내역서를 포함한 설계도서 작성

④ 계약발주 – 입찰 및 조달

- 계약 방식의 결정

- 계약문서의 준비
  - 설계도서
  - 공사계약일반 및 특수조건
  - 입찰안내서
  - 현장설명서 등
- 입찰공고 및 입찰 (또는 수의계약)
- 계약

⑤ 시공

- 착공지시 (발주자, 설계자)
- 선급금 지급 (발주자)
- 시공 (시공자)
- 기성검사 (설계자, 감리자) 및 기성금 지급 (발주자)
- 준공검사 (설계자, 감리자, 발주자) 및 준공
- 공사시운전
- 공사인도 (시공자) 및 인수 (발주자)
- 준공금 지급 (발주자)
- 공사계약 해제
- 하자 보수

(3) 건축사업 참여주체

① 발주자 (Owner : 건축주, 사업주)

- 건축사업을 시행하는 사업자로서 사업시행에 드는 모든 비용을 투자하고 완공된 공사 인수하여 소유, 운전하거나 처분하는 주체
- 발주자의 유형
  - 공공 발주자 : 정부의 사업부처, 공공투자기관, 지방자치단체 등
  - 민간 발주자 : 민간의 개인, 단체, 회사 등
- 발주자의 책임
  - 공사부지의 구입
  - 사업시행 허가 또는 면허 취득
  - 공사실시에 따르는 인허가의 취득

- 공사의 계획, 조사, 설계, 시공감독, 검수 및 유지관리
- 기술용역회사 및 시공회사의 고용 및 감독

② 설계자 (Architect and Engineer; A/E)

- 발주자와 설계용역을 체결하고 설계업무를 수행
- 설계자의 업무범위
  - 계획조사 (기획, 예비조사, 타당성 조사 등)
  - 설계 및 엔지니어링 (구조, 기계, 전기, 방재, 토목 등)
  - 견적
  - 감리
- 설계의 종류
  - 기획설계 (개념설계, Pre-design, Conceptual design) – Design program
  - 계획설계 (개략설계, Schematic design) – 각종 도면 및 모형
  - 기본설계 (Design development, Preliminary design) – 건축심의 및 허가, 재료, 마감, 상세도 포함
  - 실시설계 (Construction drawing, Detail design) – 공사용 도면

③ 시공자 (Contractor)

- 공사 도급계약에 의해 발주자에게 고용되어 공사의 시공을 책임짐.

④ 감리자 (Supervisor)

- 공사현장에서 발주자를 대신하여 시공자의 시공을 감독, 확인, 검사 등의 업무를 수행

⑤ 건설사업 관리자 (Construction Manager; CMr)

- 발주자를 대신하여 설계, 입찰, 시공, 사후관리 등에 대한 관리업무를 수행

⑥ 납품업자 (Supplier)

⑦ 기타 전문 컨설턴트

1.2 계약 및 입찰방식

1.2.1 개요

일반적으로 건설계약 절차는 그림 1.4와 같이 발주, 입찰통지, 설명회, 입찰, 개찰, 낙찰, 계약, 착공순서로 진행된다. 발주방식의 경우, 전통적 방식, 업무범위에 따른 계약방식, 민간자본 유치방식으로 나누어지며 입찰방식의 경우, 공개경쟁입찰, 제한경쟁입찰, 지명경쟁입찰, 특명입찰, 직영으로 분류된다. 또한, 입찰 제도의 경우, PQ제도, 부대입찰제도, 대안입찰제도, 내역입찰제도, 일괄입찰제도, 전자입찰제도로 나누어진다.

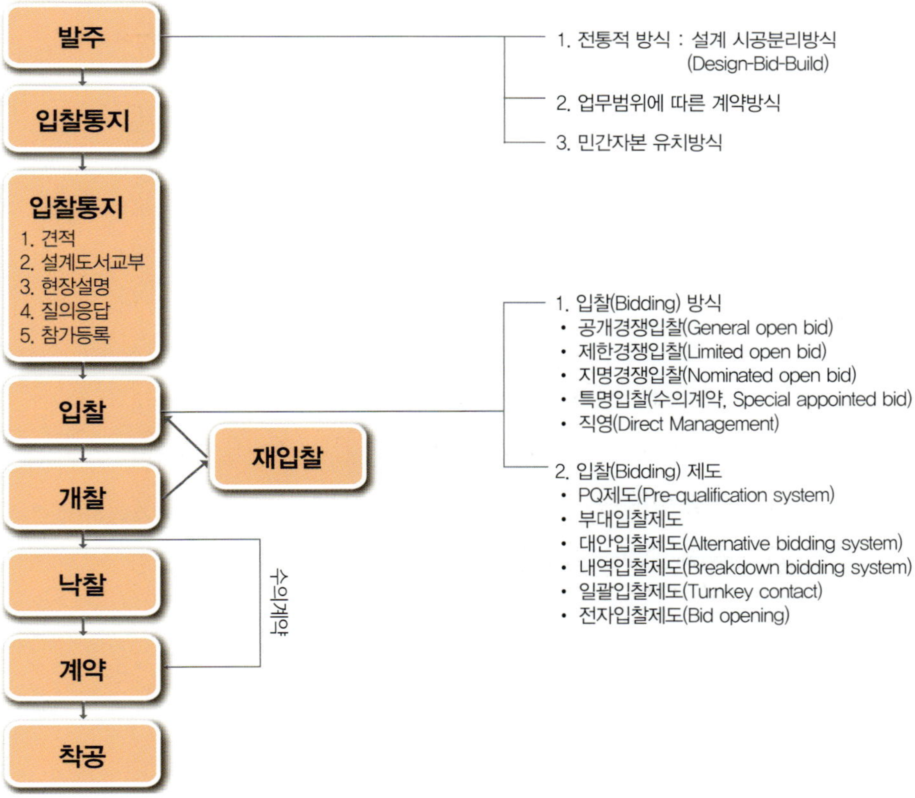

그림 1.5 • 건설계약 절차

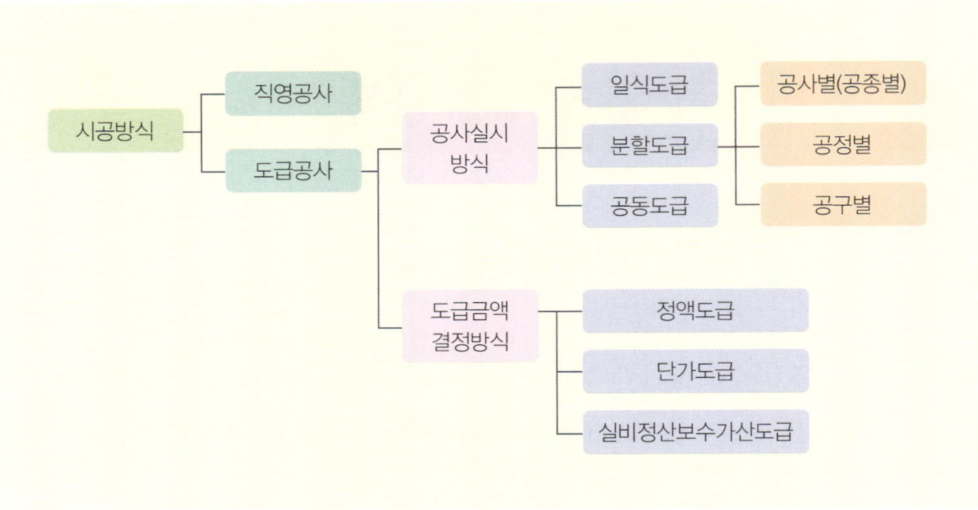

그림 1.6 • 전통적 발주방식

1.2.2 발주방식

(1) 전통적 발주방식: 설계시공분리 방식(Design-Bid-Build)

전통적 발주방식은 크게 직영공사, 도급공사로 나누어지며 도급공사는 공사실시방식에 따라 일식도급, 분할도급, 공동도급으로 분류된다. 또한, 도급금액 결정방식에 따라 정액도급, 단가도급, 실비정산보수가산도급으로 분류된다.

① 일식도급

- 공사전체를 한 업자에게 주어서 시공업무 일체를 시행하는 방법이다.

② 분할도급

- 공사유형별로 전문업자에게 도급한다.
- 전문공종별 분할도급 : 공사 중 설비공사(전기, 설비)를 주체공사와 분리하여 발주
- 공정별 분할도급 : 공사의 과정별로 나누어서 도급을 주는 방식
- 공구별 분할도급 : 대규모 공사에서 지역별로 분리 발주하는 방식

③ 공동도급

- 규모가 클 경우 2개 이상의 회사가 임시로 결합하여 공동연대책임으로 공사를 하고 공사 완성 후 해산한다.

표 1.1 • 전통적 발주방식 장단점

발주방식	장점	단점
일식도급	• 공사비 확정 • 공사관리 용이 • 감독업무 단순	• 하도급 관행 • 공사부실 우려
분할도급	• 전문업자의 시공으로 우량공사 기대 • 건축주와 의사소통, 설계도서 취지가 반영	• 감독상 업무 증가 • 비용증대
공동도급	• 여러 회사 참여로 위험이 분산 • 자본력 증대	• 단일회사 도급보다 경비가 증대 • 이해충돌, 책임회피 우려 • 사무관리, 현장관리 혼란 우려
단가도급	• 공사를 신속히 착공 • 설계변경으로 인한 수량계산이 용이	• 총공사비 예측이 어려움 • 공사량 절감 노력이 없음
실비정산 보수가산도급	• 우수한 시공기대 • 시공자가 손해 볼 여지가 적음	• 공사비 절감 노력이 없어 공사비 증대 우려

④ 정액도급

• 공사비 총액을 확정하고 계약하는 방식이다.

⑤ 단가도급

• 단위공사 부분(재료, 노임, 면적, 체적)의 단가만을 계약하고 실시수량 확정에 따라 차후 청산하는 방식이다.

⑥ 실비정산보수가산도급

• 공사비의 실비를 건축주, 감독자, 시공자 입회하에 확인 정산하고 건축주는 미리정한 보수율에 따라 공사비를 지급하는 방식이다.

(2) 업무범위에 따른 계약방식

① 턴키계약 (Turn-key based contract) 방식

• 부지 확보, 금융조달, 설계, 시공, 유지관리 등 모든 서비스를 단일계약 주체가 책임을 지는 일관도급계약방식이다.

② 공사관리 (Construction management) 계약방식

• 프로젝트의 기획 · 설계에서 시공, 사후관리단계에 이르기까지 전 과정을 전문가 집단의 통합관리기술을 건축주에게 서비스하는 행위의 계약방식으로, 원자력발전소, 신공항 청사, 지하철, 고속철도 건설 등 대규모 프로젝트에 적합한 방식이다.

③ 프로젝트관리 (Project management) 계약방식

- 초대형 공사에서 CM 및 컨설턴트의 통합된 프로젝트 관리방식, 시공단계에 국한된 건설관리의 CM보다 발주자가 CM회사를 이용, 종합적이고 포괄적인 통합관리기법을 활용한 방식이다.

④ 파트너링 (Partnering) 계약방식

- 발주자와 수급자가 팀을 구성하여 상호이익을 목표로 공동으로 프로젝트를 수행, 관리하는 새로운 방식으로, 미국 등지에서 민간 및 공공사업부분에 적용하고 있는 공사수행방식이다.

(3) 민간자본 유치방식

① BOT (Build Operate Transfer) 계약

- 프로젝트의 설계, 시공의 전부를 도급 받아 시설물을 완성한 후 일정기간 소유하고 운영한 뒤 소유권을 발주자에게 양도하는 계약방식이다.

② BTO (Build Transfer Operate) 계약

- 사회간접시설을 설계, 시공한 후 소유권을 발주자에게 이양하고, 투자자는 일정기간 동안 시설물의 운영권을 행사하는 계약방식이다.

③ BOO (Build Operate Own) 계약

- 사회간접시설의 준공과 동시에 투자자가 당해 시설의 소유권 및 운영권을 행사하며, 발주자는 사업시행에 대해 통제하는 방식이다.

④ BTL (Build Transfer Lease) 계약

- 공공시설물을 완공하여 소유권은 발주자에게 이전(Transfer)하고, 투자자는 일정기간 임대료를 받는 방식이다.

1.2.3 입찰

일반적인 정부 발주공사의 입찰 절차는 그림 1.7과 같이 진행된다. 입찰은 경쟁성 여부에 따라 공개경쟁입찰, 제한경쟁입찰, 지명경쟁입찰, 직영으로 분류되며 입찰제도는 P.Q 제도, 부대입찰제도, 대안입찰제도, 일괄입찰제도, 전자입찰제도로 나누어진다.

계약방법의 결정	• 사업계획과 예산배정 완료 후 발주기관 자체 결정
입찰공고	• 입찰일 10일 전, 현장설명 10일 전 (PQ대상 30일 전) • 3억원 이상공사 관보 또는 일간지
입찰등록	• 입찰보증금(bid bond : 입찰금액의 5%) 납부 • 구비서류 제출
현장설명 및 설계서 열람	• 규모에 따라 입찰서 마감 10(10억미만), 20, 33(50억이상)일전 • 토목공사, 30억원 이상 건축공사 : 공종별 목적물 물량내역서 배부
입찰	• 입찰유의서 수락 및 입찰금액 기재 • 물량내역서 등 입찰서류 제출
개찰 및 낙찰자 결정	• 입찰자의 면전에서 선언
계약체결	• 계약서 작성, 낙찰통지 후 10일 체결 • 계약보증금(10%)
계약이행	• 착공계(계약 후 7일 이내) 및 예정공정표 제출 • 산출내역서 제출, 착공 및 현장 감독원 임명
선급금 및 기성고 지급	• 선급금 : 계약금액의 70% 이내에서 지급 • 기성고 지급 : 기성검사 완료일로부터 7일 이내 지급
검사 및 준공	• 계약이행 완료 사실 통지(준공계 등) • 준공검사(준공계 등 제출일로부터 14일 이내)
대가지급	• 검사 후 대가 청구일로부터 14일 이내 • 하자보수보증금 납부, 공사성질별로 보증기간 및 보수율 구분
하자보수 및 계약종료	

그림 1.7 • 정부 발주공사 입찰 절차

(1) 입찰방식

① 공개경쟁입찰

- 입찰참가 도급인에게 널리 공고(관보 · 신분)하여 경쟁 입찰시키는 방식이다.
- 공사비 절감의 이점은 있으나 저가낙찰로 공사가 조악하게 되기 쉽다.

② 제한경쟁입찰

- 당해 공사의 규모에 적합한 제한된 업체만을 참가시키는 입찰방식이다.
- 일정수준 이상의 공사품질 확보가 가능하나 담합 및 공사비 상승 우려가 높다.

③ 지명경쟁입찰

- 건축주가 특정의 단일 도급업자를 선정하여 발주하는 일종의 수의계약방식으로 기밀보장공사나 특수공사 · 긴급공사에서 주로 채택한다.
- 우량 시공이 기대되나 공사금액 결정이 불명확하여 공사비 상승 우려가 높다.

④ 직영

- 건축공사 일체를 건축주 단독책임으로 시행하는 공사방식이다.
- 양질의 확실한 공사가 가능하나 시공관리능력의 부족에 따른 공사비 증대 및 예산상의 차질 우려와 공사 기일이 연장되기 쉬운 단점이 있다.

(2) 입찰제도

① P.Q 제도

- 공공공사의 입찰참가자격을 부여하기 위한 사전심사제도로서, 대기업 위주로 분배한 위배된 제도이다.
- 적용대상 공사는 22개 공종으로 공사금액이 100억원 이상의 공사에 적용하며, 심사기준은 경영상태(30), 기술능력(40), 시공경험(30), 신인도(±20)로 평가하여 종합 평점이 60점 이상인 자를 입찰참가 적격자로 선정된다.

② 부대입찰제도

- 하도급자의 계약서를 입찰서에 첨부하도록 유도하여 덤핑입찰을 방지하고 하도급업체의 보호육성을 위한 입찰제도이다.

③ 대안입찰제도

- 하도급자의 계약서를 입찰서에 첨부하도록 유도하여 덤핑입찰을 방지하고 하도급업체의 보호육성을 위한 입찰제도이다.

④ 일괄입찰제도

- 금융, 토지조달, 설계 · 시공을 일괄 시행하는 입찰방식과 실시설계 · 시공을 일괄 시행하는 입찰방식이 있다. 즉, 건축에 관한 모든 사항을 책임지고 완공하여 발주자에게 인도하는 계약방식이다. 설계 · 시공이 단일의 계약자이기 때문에 책임한계가 명확하지만 이윤의 극대화에만 역점을 둘 우려가 있다.

⑤ 전자입찰제도

- 입찰서를 전자입찰시스템으로 송신함으로써 제출이 완료되며, 개찰은 입찰진행관이 개찰용 컴퓨터를 통하여 집행한다.
- 조달청 전자입찰 집행절차 등의 관련규정 준수해야 한다.

연습문제

1. 건설업의 특성에 대하여 논하시오.

2. 건축시공의 5대 관리는?

3. EC화, CIC, CALS, PMIS, 그리고 OR의 개념은?

4. 설계의 4가지 종류는?

5. 전통적 발주방식에 대하여 논하시오.
   (1) 일식도급
   (2) 분할도급
   (3) 공동도급
   (4) 정액도급
   (5) 단가도급
   (6) 실비정산보수가산도급

6. 업무범위에 따른 계약방식에 대하여 논하시오.
   (1) 턴키계약
   (2) 공사관리
   (3) 프로젝트관리
   (4) 파트너링

7. 민간자본 유치방식에 대하여 논하시오.
   (1) BOT
   (2) BTO
   (3) BOO
   (4) BTL

8. 입찰방식 4가지 종류는?

제2장 가설공사

2.1 개요

(1) 정의

가설공사는 건축물 본체를 축조하는 본 공사의 수행을 위해 임시로 시공설비를 설치하는 공사이며 공사가 완료되면 해체, 철거 및 정리하게 되는 임시적인 공사이다.

- 공사를 완성할 목적으로 공사기간 중 일시적으로 설비한 제반 시설의 총칭
- 본 공사 완료 후 해체, 정리를 하는 것으로 본 공사에 보조적인 역할
- 건설공사에서 맨 먼저 시작되는 작업이며 건축물을 축조하는데 필요한 임의 시설
- 작업자의 특성과 입지적 조건, 주변과의 관계들을 고려하여 안전에 특히 유의

(2) 가설계획 시 고려사항

- 본 공사에 지장을 주지 않는 설치 위치 설정
- 본 공사의 공정과 설치시기의 조정
- 반복 사용으로 전용성을 높일 것
- 가설 설비의 조립 및 해체가 용이할 것
- 가설 설비의 규모가 적당할 것

(3) 가설공사의 분류

가설공사는 운영관리상 필요한 공통가설공사와 본 건물 축조를 위해 직접 필요한 시설인 직접가설공사로 분류된다. 표 2.1은 가설공사의 분류를 나타낸다.

그림 2.1 • 가설공사 현장

표 2.1 • 가설공사의 분류

공통가설공사	직접가설공사
① 가설건물: 사무소, 창고, 기숙사, 화장실, 식당 등 ② 공사용 임시동력, 통신설비 ③ 공사용수 ④ 가설울타리, 안전간판 ⑤ 운반(공통가설에 수반되는 운반, 쓰레기처리등) ⑥ 경비소, 방화설비, 위험물저장소 ⑦ 현장정리 청소	① 수평보기, 규준틀 설치 ② 비계설치 ③ 먹매김 ④ 건축물 보양설비 ⑤ 양중, 운반, 타설시설(타워크레인, Hoist등) ⑥ 안전시설중 낙하물 방지설비(추락방지망 및 비산방지시설 등)

2.2 가설공사의 종류 및 특성

2.2.1 공통가설공사

(1) 현장 정문

- 현장의 모든 인력과 차량이 통과하는 출입문으로 각종 자재반입을 위해 폭은 최소 4m 이상으로 한다.

(2) 가설울타리

- 설치목적: 대지구획, 교통차단, 도난방지, 가림 등
- 종류: 철망 울타리, 철선울타리, 합판울타리 등
- 공사현장 주위에는 공사기간 중 공사시방서에서 정하는 바가 없을 때에는 지반면(지반면이 공사현장 주위의 지반면보다 낮은 경우에는 공사현장 주위의 지반면)에서 높이 1.8m 이상의 가설울타리를 설치하고, 담당원의 지시에 따라 출입문을 설치한다.

(3) 현장사무소

- 감리자를 위한 감리사무소 및 시공자를 위한 시공자 사무소, 설계실, 실험실, 회의실 등과 필요에 따라 집회실, 휴게실, 취사실, 식당, 샤워실, 화장실, 창고 등으로 구성된다.
- 현장사무소 크기 : 현장직원 1인당 5~8m^2(최소 3.3m^2)
- 식당(30인 이상일 때) : 1m^2(1인당)
- 근로자숙소(30인 이상일 때) : 4.2m^2(1인당)

(4) 경비실

- 현장의 출입을 통제하고 현장을 관리하기 위한 시설
- 현장관리의 편의상 출입구 가까운 곳에 설치

(5) 휴게실

- 작업자들이 휴식을 취할 수 있도록 현장에 임시로 만들어져 있는 시설물

그림 2.2 • 현장 정문

그림 2.3 • 가설울타리

그림 2.4 • 현장사무소

그림 2.5 • 경비실

그림 2.6 • 휴게실

그림 2.7 • 안전교육장

그림 2.8 • 화장실

그림 2.9 • 시멘트 보관시설

(6) 안전교육장

- 현장에서 작업하는 작업자들에게 여러 가지 안전상 주의할 사항들을 교육하는 장소

(7) 화장실

- 공사기간동안 사용하기 위해 임시로 설치한 화장실
- 기준 면적: 2.2m^2(대, 소변 1변기당)
- 대변기: 남자(20명당 1기), 여자(15명당 1기)
- 소변기: 남자 30명당 1기

(8) 시멘트 보관시설

- 시멘트 및 미장재료를 보관하고, 습기에 의한 품질의 저하를 방지하기 위한 시설
- 벽이나 천장은 기밀하여 통풍이 안되게 하며 창은 환기가 아니라 채광용으로만 씀(환기창 설치금지)
- 바닥은 습기가 없게 하며 마루높이는 지면에서 30cm 이상 높이고 빗물이 들어오는 일이 없도록 주의함
- 반입구와 반출구를 따로 두어서 반입한 순서대로 먼저 사용하기 좋도록 통로를 배치함
- 설치시 주위에 배수도랑을 두고 누수를 방지함
- 쌓기 단수는 13포 이하로 함

(9) 변전시설

- 현장에 정식 전기시설이 들어오기 전까지 임시로 설치된 변전시설
- 작업 중 현장에서 필요한 전기를 공급하기 위한 시설
- 전기선의 인입이 편리하고 긴급 시 출입이 용이한 장소에 설치하고 담당자만 출입할 수 있도록 표시함
- 비상시에 대비하여 사무실 근처에 설치한다.

(10) 세륜기

- 현장을 통과하는 차량의 하부를 씻어주는 장치
- 현장통과 차량에 의해 현장의 외부가 더럽혀지는 것을 방지하기 위한 시설

그림 2.10 • 변전시설

그림 2.11 • 세륜기

그림 2.12 • 소방설비함

그림 2.13 • 더스트슈트

그림 2.14 • 유공철판

(11) 소방설비함

- 현장에 화재 발생시 대처하기 위해 현장 곳곳에 설치되어 있음

(12) 쓰레기 처리시설

- 현장에서 발생되는 쓰레기를 보관, 처리하기 위한 시설
- 계단이나 호이스트를 통해 직접 운반하고 더스트슈트로 곧바로 떨어뜨리기도 함
- 높이가 3m 이상인 장소로부터 물체를 투하하는 때에는 물체의 비산 등을 방지하기 위하여 투하설비 또는 슈트를 설치하여야 함

(13) 유공철판

- 비계틀의 발판으로도 사용
- 도로확장 공사시 토사유출 막음용으로 사용
- 공도구 및 기타 배수로 공사시 철근대용으로 사용
- 간이 도로 개설시
- 기타 미끄럼 방지용

(14) 도로변 난간대 (A형 / T형)

- 공사장과 인도 및 차도 분리시 사용

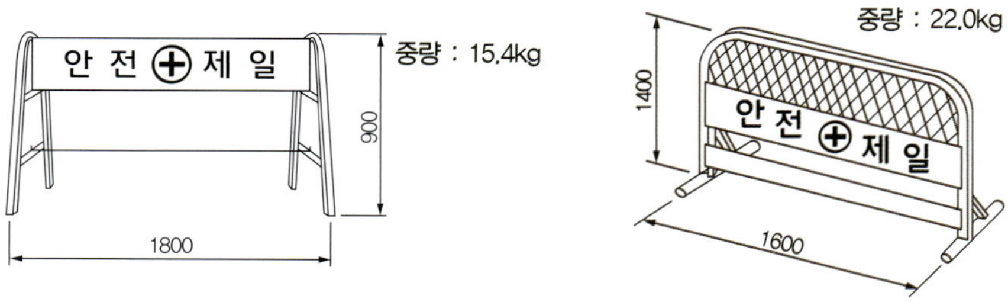

(a) 도로변 난간대 A형　　(b) 도로변 난간대 T형

그림 2.15 • 도로변 난간대

(14) 각종 안전표지판

그림 2.16 • 각종 안전표지판

2.2.2 직접가설공사

(1) 추락 방지시설

① 안전난간

- 추락의 위험이 있는 곳은 공사완료시까지 상부난간대, 중간난간대, 발끝막이판 및 난간기둥으로 구성된 안전난간을 설치하여야 한다.

② 안전대 부착설비

- 추락의 위험이 있는 장소에서의 작업 시에는 안전하게 작업할 수 있도록 높이 1.2m이상, 수직방향 7m 이내의 간격으로 강관 등을 사용하여 안전대걸이를 설치하고, 인장강도 14,700N이상인 안전대걸이용 로프를 설치하여야 한다.

③ 작업발판

- 높이가 2m 이상인 장소(작업발판의 끝, 개구부 등 제외)에서 작업함에 있어서 추락에 의하여 근로자에게 위험을 미칠 우려가 있는 때에는 비계를 조립하는 등의 방법에 의하여 작업발판을 설치하여야 한다.

④ 수평개구부 보호덮개

- 높이 2m이상인 작업발판의 끝이나 개구부로서 추락에 의하여 근로자에게 위험을 미칠 우려가 있는 장소에는 안전난간 및 손잡이 등으로 방호조치를 하거나 충분한 강도를 가진 구조의 덮개를 뒤집히거나 떨어지지 아니하도록 설치하고 어두운 장소에서도 식별이 가능하도록 개구부임을 표시하여야 한다.

⑤ 안전방망

- 엘리베이터 홀 내부 및 구조체 외부, 철골구조물 하부 등과 같이 작업 중 추락의 위험이 있는 곳에는 안전방망을 설치 지점에서 작업 위치까지의 높이 10m를 초과하지 말아야 한다.

(2) 낙하비래 방지시설

① 낙하물 방지망

- 낙하물방지망의 설치는 높이 10m이내 또는 3개 층마다 설치한다.
- 낙하물방지망의 내민길이는 비계의 외측에서 2m이상, 방지망의 겹침길이는 150mm이상으로 하고, 수평면과 방지망의 각도는 20～30°로 한다.
- 버팀대는 가로방향 1m이내, 세로방향 1.8m이내의 간격으로 강관 등을 이용하여

그림 2.17 • 낙하물 방지망

그림 2.18 • 엘리베이터 개구부 방호대

설치한다.

- 외부 비계와 벽체 사이에 틈이 없도록 안전망을 설치한다.
- 시가지의 협소한 대지에서는 낙하물 방지망을 비계 바깥에 설치하여 작업 도중의 자갈, 벽돌조각 등이 도로 또는 이웃에 떨어지는 것을 방지한다.

② 엘리베이터 개구부 방호대

- 엘리베이터 홀의 오픈된 부분을 막아줌으로써 작업자의 추락방지 및 안전성을 확보할 수 있다.

③ 방호선반

- 낙하물에 의한 위험요소가 있는 주출입구 및 리프트 출입구 상부 등에는 산업안전보건법에 의한 방호선반 또는 15mm이상의 판재 등의 자재를 이용하여 방호선반을 설치하여야 한다.
- 방호선반 하부 및 양 옆에는 안전망을 설치한다.
- 출입구 바닥은 평편하여야 한다.

④ 수직보호망

- 작업장소에서 외부로 물체가 낙하 또는 비래하는 것을 방지하기 위하여 난연성 또는 방염가공한 합성섬유망을 비계 외측에 비계기둥과 띠장간격에 맞추어 제작설치하고, 빈 공간이 생기지 않도록 한다.
- 수직보호망의 고정 긴결재는 인장강도 981N이상으로서 방청처리된 것이어야 하며, 긴결방법은 사용기간 동안 강풍 등 반복되는 외력에 견딜 수 있어야 하고, 긴결재로 케이블타이와 같은 플라스틱재료를 사용할 경우에는 동절기에도 끊어지거나 파손되지 않아야 한다.

(a) 건물 각부의 위치를 확인

(b) 기준점의 보호

그림 2.19 • 기준점

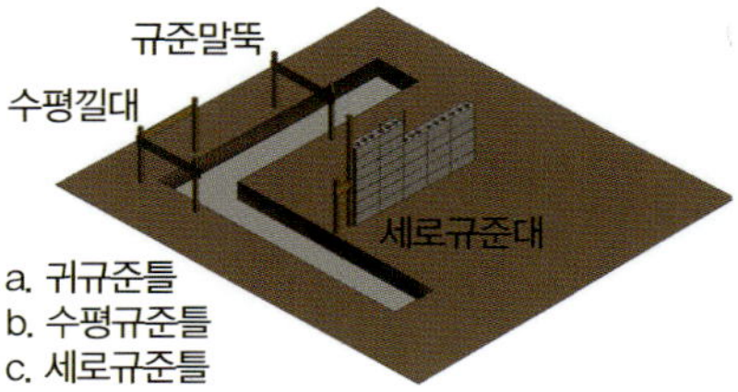

그림 2.20 • 규준틀

(3) 기준점

- 건물의 높이 및 위치측정의 기준이 되는 표식으로 건물인근에 설치
- 이동의 염려가 없는 곳에 설치
- 최소 2개소 이상, 여러 곳에 설치함
- 현장어디서나 바라보기 좋고 공사에 지장이 없는 곳에 설치
- 지면에서 0.5~1m 정도의 위치에 설치

(4) 규준틀

- 건물의 각 부의 위치 및 높이, 기초의 너비 또는 길이 정확히 결정
- 이동 및 변형이 없도록 견고하게
- 규준말뚝과 규준대로 구성

(5) 비계

- 비계는 공사용 통로나 작업용 발판을 위하여 구조물의 외부에 조립, 설치되는 구조물을 말하며 아래의 요건을 만족시켜야 한다.

표 2.2 • 규준틀 산출방법

구분	내 용
수평보기 면적산출	• 수평보기란 건출물 공사시 수평면을 정하는 것 • 외부기둥(기둥이 없는 경우에는 외벽)의 중심선으로 둘러쌓인 내부면적을 수평보기의 면적으로 한다.
줄쳐보기	• 건물의 위치를 정하기 위하여 건축물의 외벽선을 따라 작은 말뚝을 박고 줄을 띄우는 것 • 건물과 도로 및 인접지 경계선에서의 거리 등을 검토하고, 수평규준틀 말뚝의 위치를 정하기 위한 예비작업으로서도 이용된다.
규준틀 산출방법	• 평면도에 따라 귀규준틀과 평규준틀로 나누어 개소수로 계산함이 원칙이다. • 설치위치: ① 평규준틀: 내벽간막이 벽의 양 끝 ② 귀규준틀: 외벽코너 凸부분

- 안전성: 파괴, 통행, 추락사, 낙하물에 대한 안정성 요구
- 작업성: 작업과 통행에 불편이 없는 구조여야 하며 작업할 때 무리가 없는 것이 필요
- 경제성: 가설 철거비, 가공비 등이 경제적이여야 함

① 강관비계

- 고강도 강관으로 제작되어 안전성이 높고 아연도금 처리되어 내구성이 뛰어나다.
- 비계기둥 간격은 도리방향 1.5m～1.8m, 간사이 방향 0.9m～1.5m로 하고, 비계기둥의 최고부에서부터 측정하여 31m 이하는 2본의 강관으로 묶어세운다.
- 띠장간격은 1.5m이내로 하며, 지상 제1띠장은 지상에서 2m이하에 설치한다.
- 비계장선 간격은 1.5m이내로 하며, 비계기둥과 띠장의 교차부에서는 비계기둥에 결속하고 그 중간 부분에서는 띠장에 결속한다.
- 수평길이 15m마다 40～60°로 설치하고, 비계기둥과 결속되도록 한다. 이때 가새는

그림 2.21 • 강관비계

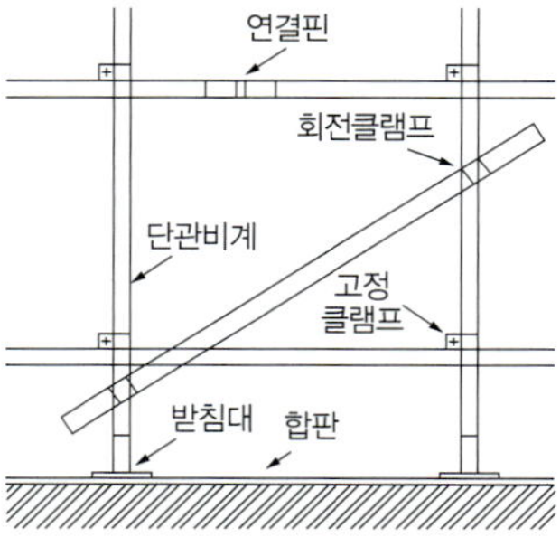

그림 2.22 • 강관비계의 구성

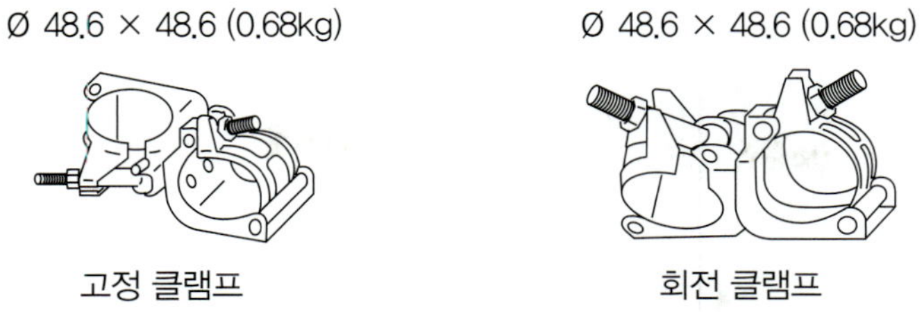

그림 2.23 • 고정 및 회전 클램프

모든 비계기둥과 결속되도록 한다. 수평가새는 필요에 따라 설치한다.

- 수직 및 수평방향은 5m 내외의 간격으로 구조체에 견고하게 연결하거나 이에 대신하는 견고한 대체기둥을 설치한다.
- 클램프는 비계용 부재 혹은 동바리와 수평 연결재와의 교차부에 체결용으로 사용되는 체결기구를 말하며 그림 2.23과 같이 고정클램프와 회전클램프로 분류된다.

② 강관틀비계

- 강관틀비계는 강관 등으로 미리 제작한 틀을 현장에서 조립하여 세우는 형태의 비계를 말한다.
- 각각의 틀비계를 항상 수평 및 수직으로 유지하여 처짐 및 전도가 방지되도록 한다.
- 도리방향은 각각의 세로틀 사이에 가새를 설치하고, 최상층 및 5층 이내마다 띠장틀 등의 수평재를 설치한다.

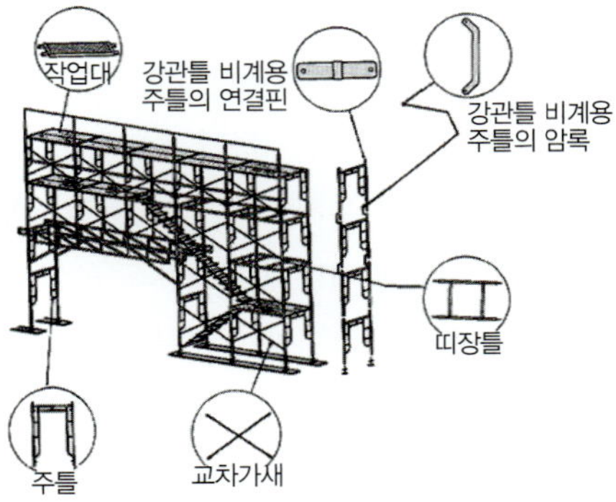

그림 2.24 • 강관틀비계

- 세로틀은 수직방향 6m, 수평방향 8m 내외의 간격으로 건축물의 구조체에 견고하게 긴결한다.
- 도리방향으로 길이 4m이하이고, 높이 10m를 초과할 때는 높이 10m 이내마다 띠장방향으로 유효한 보강틀을 설치한다.
- 높이는 원칙적으로 45m를 초과할 수 없다. 높이 20m를 초과할 경우 또는 중량작업을 할 경우에는 내력상 중요한 틀의 높이를 2m 이하로 하고 틀의 간격을 1.8 m 이내로 한다.

③ 시스템비계

그림 2.25 • 시스템비계

- 수직재, 수평재, 가새재 등 각각의 부재를 공장에서 제작하고 현장에서 조립하여 사용하는 조립형 비계로 고소작업에서 작업자가 작업장소에 접근하여 작업할 수 있도록 설치하는 작업대를 지지하는 가설 구조물을 말한다.
- 수직재는 본체 및 접합부가 일체화된 구조이어야 하며, 양 단부에는 이탈 방지용 핀 구멍이 있어야 한다.
- 수직재에는 수평재 및 가새재가 연결될 수 있는 접합부가 있어야 하며, 접합부는 형태에 따라 디스크형 접합부와 포켓형 접합부로 구분된다.
- 디스크형 접합부의 결합용 핀 구멍은 4개 또는 8개이어야 하며, 핀 구멍의 중심은 수직재 단면에 대해 동일한 각도로 배치되어야 한다.
- 포켓형 접합부의 결합용 포켓은 90°의 간격으로 배치되어야 하고 이웃하는 포켓은 일직선상에 위치하거나 단차가 있을 수 있다.
- 수평재는 본체와 결합부가 일체화된 구조이어야 하며, 결합부는 수직재 접합부에 결합되어 이탈되지 않는 구조이어야 한다.
- 가새재는 본체와 연결부가 일체화된 구조이어야 하며, 연결부는 수평재의 본체 또는 결합부에 결합되어 이탈되지 않는 구조이어야 한다.
- 가새재는 본체의 길이 조절이 가능한 조절형과 길이가 정해진 고정형으로 구분한다.
- 조절형 가새재는 외관에 내관을 연결하는 구조이어야 하며 핀 또는 클램프 등에 의해 견고히 고정될 수 있는 구조이어야 한다.
- 수직재와 수평재는 직교하게 설치하며 대각으로 설치하는 가새는 비계의 외면으로 수평면에 대해 40～60°방향으로 설치하며 수평재 및 수직재에 결속한다.

(6) 외부비계용 브래킷

- 외부비계용 브래킷은 강관비계 중에서 돌출부위 등으로 인해 작업공간을 별도로 설치해야 할 필요가 있을 때 비계기둥에 부착하여 작업발판을 설치할 목적으로 사용되는 부재를 말한다.

표 2.3 • 외부비계용 브래킷 설치기준

구분	설치위치 및 개소	브래킷의 종류
15층 이하	2개소 (2층, 9층)	• 벽용(측벽), • 슬래브용 • 발코니 • 파라펫용 • 방수턱용 • 지지보수대
25층 이하	3개소 (2층, 10층, 18층)	

- 발코니, 측벽 등의 외부비계 설치 및 작업자의 안전성을 확보하기 위한 설치물이다.
- 브래킷 설치간격은 수평방향 1.5m～1.8m이내로 하고, 용도별로 제작된 브래킷을 부위에 따라 설치하여야 하며, 지지보수대는 구조체와 비계를 견고하고, 안전하게 연결하고 설치간격은 수직, 수평 5m이내로 설치한다.
- 2층 바닥부터 설치하되, 브래킷 설치 부위의 콘크리트 및 볼트구멍의 파손방지를 위하여 충분한 강도를 확보한 후 설치하고, 집중하중의 분산조치가 필요하며, 브래킷의 안정성을 확인한 후 반입설치하여야 한다.
- 재질은 강재로 구조상 안전하고 표면은 부식되지 않도록 하여야 하며, 안전상 유해요소가 있는 부식부재는 사용하지 않아야 한다.

① 발코니 브래킷: 발코니에 부착고정하여 비계 등의 조립에 사용한다.

② 슬래브 브래킷: 슬래브에 부착고정하여 비계등의 조립에 사용한다.

- 외줄용은 8층마다 추가 설치
- 쌍줄용은 5층마다 추가 설치

그림 2.26 • 발코니 브라킷

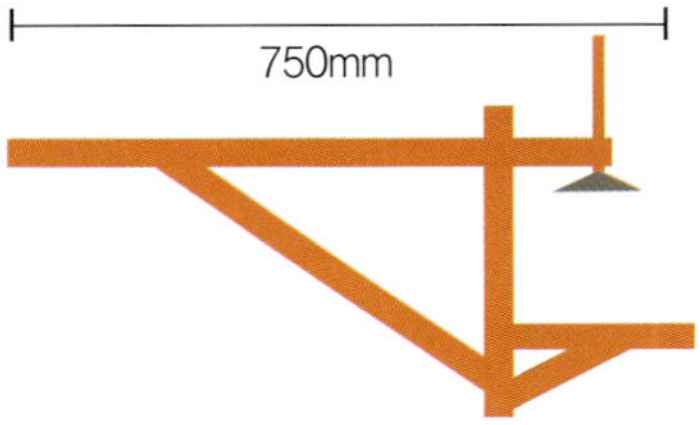

(a) 슬래브 브래킷 (외줄용)

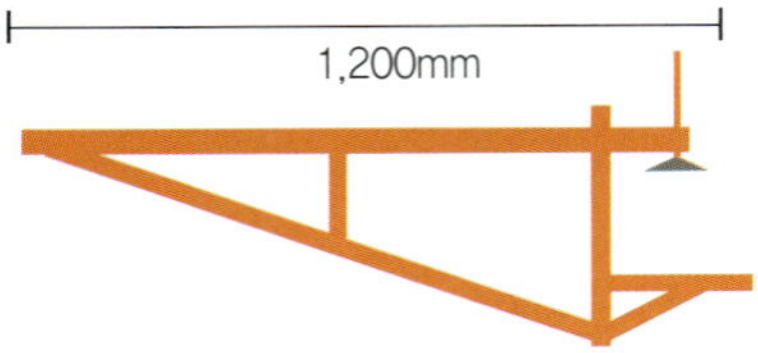

(b) 슬래브 브래킷 (쌍줄용)

그림 2.27 • 슬래브 브래킷

그림 2.28 • 측벽 브래킷

그림 2.29 • 호이스트

③ 측벽 브래킷: 발코니 브래킷이나 슬래브 브래킷과는 달리 볼트를 이용하여 측벽에 붙이는 브래킷이다.

(7) 양중장비

① 호이스트

• 가설용 임시 엘리베이터로서 현장에서 인력과 자재를 수직으로 이동시켜주는 역할

을 하는 장비이며 신속, 정확하고 경제적인 시공을 지향하는 건설현장에 있어서 없어서는 안될 필수 장비이다.

- 리프트, 윈치, 호이트스 등은 신축할 건축물에 인접하여 가설기초 위에 설치하며 철근콘크리트 구조체가 28일 압축강도에 도달한 때에는 구조체에 가새 등을 이용하여 고정시킨다.

그림 2.30 • 고정식 크레인

② 이동식 크레인

- 양중작업 중 전도방지를 위하여 지지대를 충분히 설치한 후 작업을 하며, 장소의 넓이 및 지형, 크레인의 종류 및 양중용량, 중량물의 종류 및 형상 등을 고려해야 한다.

③ 고정식 크레인

- 고정식 크레인을 설치할 경우에는 구조물 등에 견고하게 고정시켜 전도를 방지하며, 양중범위와 인접건물에 영향을 주지 않도록 적합한 기종을 선정한다.

④ 고소작업차

- 작업자가 탑승하여 작업대를 승강시켜 높이가 2m 이상인 장소에서 작업하기 위하여 사용하는 것으로 작업대가 상승, 하강하는 설비를 가진 작업차량을 말한다.
- 고소작업차는 안정기를 이용하여 장비가 항상 지면에 수평을 이루는 상태에서 작업을 수행하며 최대 허용 경사도가 초과되는 곳에서는 작업을 금지한다.
- 작업자가 오르고 내릴 때 작업대는 구조물과의 간격이 0.3m 이내에 있어야 한다.
- 작업중인 작업대의 수평은 작업대 평면으로부터 ±3 이상 변동되지 않아야 한다.
- 고소작업차 작업대 내에서 작업 시 상부 작업자의 협착, 충돌재해를 예방하기 위한 방호가드(폴대 : 높이 170mm, 직경 40mm, 강관재질)를 설치하여야 한다.
- 작업대는 추락방지를 위한 표준안전난간대 성능 이상의 난간대가 설치되어 있어야 한다.
- 고소작업차의 작업중 전도를 방지하기 위하여 운행 전 고소작업차의 지지대가 견고한 지반에 지정되어 있는지 확인한 후 작업을 수행한다.

연습문제

1. 가설계획 시 고려사항은?

2. 공통가설과 직접가설의 차이점은?

3. 기준점이란?

4. 규준틀이란?

5. 비계

   (1) 강관비계

   (2) 강관틀비계

   (3) 시스템비계

6. 외부비계용 브래킷

   (1) 발코니 브래킷

   (2) 슬래브 브래킷

7. 호이스트에 대하여 논하시오

8. 크레인의 종류는?

제3장 토공사

3.1 개요

3.1.1 토공사란?

(1) 정의

구조물을 시공함에 있어서 기초나 지하실을 구축하기 위해 필요한 지반면까지의 공사 공간을 굴착, 완료한 뒤에 지반면까지 다시 메우는 작업을 가리키는 공사를 총칭한다.

(2) 토공사시 조사사항

① 부지내조사

- 부지상황(경계선, 고저차 등), 매설물(잔존물, 공공관로 등), 각종 공작물 등

② 부지 주변조사

- 교통상황(도로쪽, 교통량 등), 매설물(가스관, 상하수관, 전기통신케이블 등), 공작물(전주, 신호기, 가로등, 버스 정류장 등), 안전구조물(지하구조위치, 형상 등)

③ 지반조사

- 지반구성(지층순서, 각층 두께), 토질성상, 지하수 상태 등

④ 기타

- 사회적 조건(소음, 진동 등의 공해에 대한 주민의 반응), 지형조건(기상, 하천, 지반 침하), 인근 현장의 공사실적(토공사시 문제점 파악)

(2) 토공사의 분류

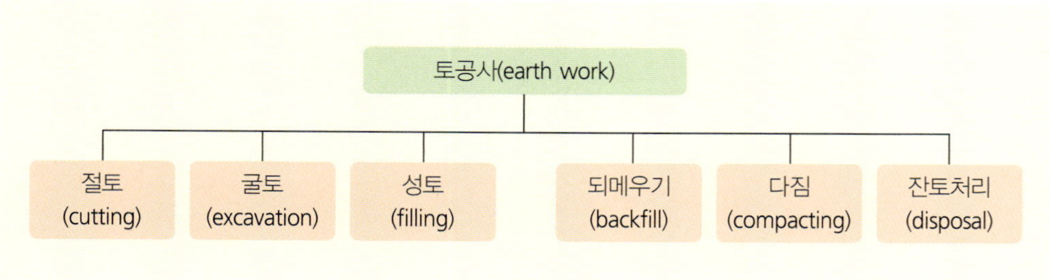

그림 3.1 • 토공사의 분류

① 절토 : 기존 지반선을 계획고를 기준으로 위에 있는 부분을 깎아내리는 작업

② 굴토 : 기초나 지하실을 만들기 위해 소정의 모양으로 지반을 파내는 작업

③ 성토 : 기존 지반선을 계획고를 기준으로 계획고까지 쌓아올리는 작업

④ 되메우기 : 지하 구조물의 주위 등 여분으로 판 부분에 대하여 토사를 메워 복구하는 작업

⑤ 다짐 : 토양의 강도를 증가시키거나 투수성 억제를 목적으로 토양에 외부 압력을 가해 다지는 작업

⑥ 잔토처리 : 굴착한 흙에서 되메우기, 성토 등에 사용하는 만큼을 제외한 나머지 흙을 처리하는 작업

(3) 토공사의 일반적인 작업흐름

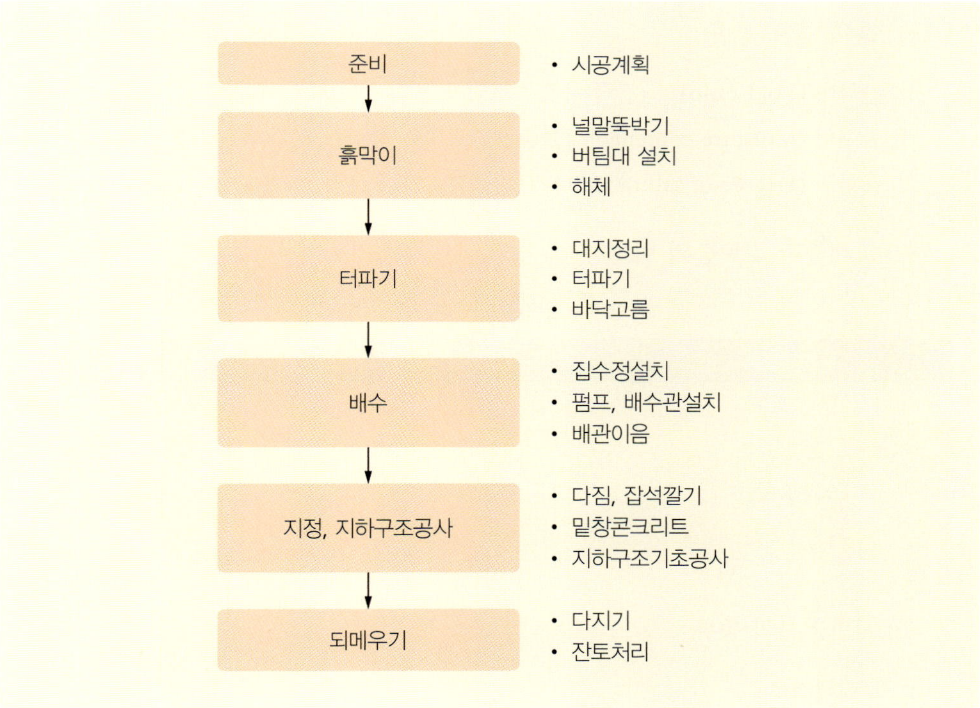

그림 3.2 • 토공사의 일반적인 작업흐름도

3.2 지반조사

건설공사 대상 지반의 지층분포와 토질, 암석 및 암반 등 지반의 공학적 성질을 명확히 파악하여 구조물의 계획, 설계, 시공 및 유지관리 업무를 수행하는데 필요한 제반 지반정보를 제공하기 위해 실시한다.

- 토공사 : 흙막이 공법 선정 등
- 기초공사 : 지내력 산정 등

(1) 흙의 주요 성질

① 간극비 (Void ratio) = (간극 용적 / 토입자 용적) ×100%

② 함수비 (Moisture content) = (물중량 / 토입자 중량) ×100%

③ 포화도 (Degree of saturation) = (물 용적 / 간극 용적) ×100%

(2) 모래층과 점토층의 비교

표 3.1 • 모래층과 점토층의 비교

흙의 성질	모래층	점토층
투수 계수	크다	적다
점착성	없다	크다
압밀속도	빠르다	느리다
건조 수축량	작다	크다

(3) 지반조사의 종류

① 보링테스트

- 대표적인 지하조사 방법으로 지중을 천공하여 그 안의 토사 채취
- 지중 토질의 분포, 흙의 층상 및 구성의 판단 가능
- 간격은 약 30m, 부지 내에서 3개소 이상 행함

BORING	→ 흙을 원통의 드릴로 뚫어 직접 채취하여 분석
표준관입시험	→ 사질지반의 상대 밀도를 추정하기 위한 시험: 표준 샘플러를 63.5kg의 해머로 76cm의 높이에서 낙하시켜 30cm 관입하는데 필요한 타격횟수로 측정
베인테스트	→ 점토의 점착력 판별시험
지내력시험	→ 허용지내력을 판단

그림 3.3 • 지반조사의 종류

그림 3.4 • 보링테스트

그림 3.5 • 표준관입 시험

② 표준관입 시험

- 표준 샘플러를 63.5kg의 해머로 76cm의 낙고로 박아 관입량 30cm에 달하는데 필요한 타격횟수 N을 구하며 N값이 클수록 밀실한 토질임

표 3.2 • 시험값에 대한 밀도

모래지반 N값	점토지반의 N값	상대밀도
0–4	0–2	대단히 연약하다 (very loose)
4–10	2–4	연약하다 (loose)
10–30	4–8	보통 (medium)
30–50	8–15	단단하다 (모래 :dense, 점토 : stiff)
50이상	15–30	아주 단단하다 (모래 : very dense, 점토 : very sfiff)

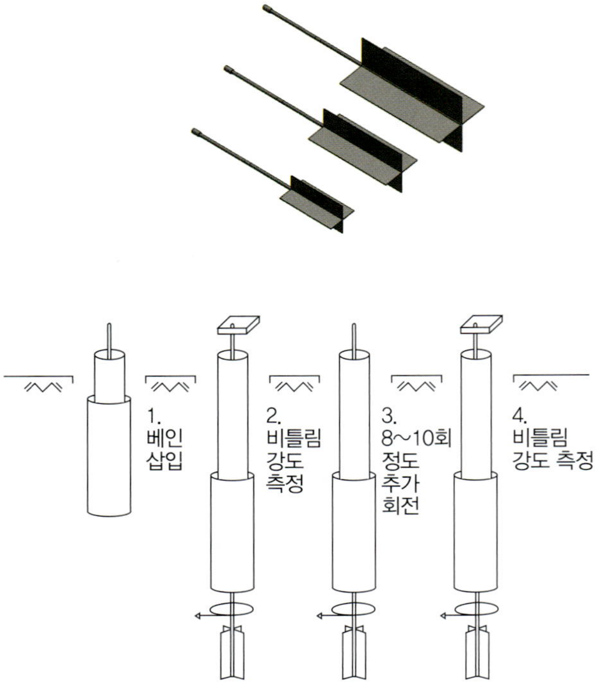

그림 3.6 • 베인 테스트

③ 베인 테스트

- 보링의 구멍을 이용하여 십자형 베인 테스터를 지반에 박고 이것을 회전시켜 그 회전력에 의하여 점토의 점착력을 판별한다.
- 연한 점토질에 쓰이며 굳은 진흙층에서는 테스터의 삽입이 곤란하므로 부적당하며 깊이 10m이상의 되면 부정확함

(a) 직접 재하시험　　　　　　(b) 유압잭을 이용한 재하시험

그림 3.7 • 지내력 시험

④ 지내력 시험(재하시험)

- 기초 저면이 되는 지반에 직접 재하하여 허용 지내력 구함
- 재하판 – 두께 약 25mm, 정방향 또는 원형의 철판으로 면적은 2,000cm^2가 표준이며, 일반적으로 45cm × 45cm 철판을 사용
- 재하는 1ton 이하, 침하가 정지될 때까지 방치하고 침하량 측정
- 침하증가량이 2시간에 약 0.1mm 이하일 경우 침하가 정지한 것으로 봄

3.3 토공장비

3.3.1 토공장비의 특성

(1) 장비 고려사항

① 굴토할 흙의 굴착깊이(장비의 규모)
② 굴착된 흙의 처리(야적장과의 거리, 반출거리)
③ 흙의 종류
④ 토공사 기간(장비의 유형, 크기, 수)

(2) 토공장비의 종류

① 배토정지용 기계
② 굴삭용 기계
③ 기타

3.3.2 배토정지용 기계

(1) 불도저

- 흙의 표면을 밀면서 깍아 단거리 운반을 함
- 중량 8~20ton, 운반거리 50~60m 이내, 최대 100m에서 배토작업에 적용

그림 3.8 • 불도저

그림 3.9 • 로더

그림 3.10 • 스크레이퍼

그림 3.11 • 파워셔블

- 토공사 초기에 효율적임
- 깊이가 깊어질수록 효율성 감소

(2) 로더

- 파헤쳐진 흙을 담는데 사용되는 기계
- 트럭에 흙을 싣는 용도와 불도저와 같은 용도로 이용될 수 있음

(3) 스크레이퍼

- 흙을 깍으면서 동시에 기체 내에 담아 운반하고 깔기를 겸함
- 작업길이는 100m에서 1.5km까지, 중 · 장거리용

3.3.3 굴삭용 기계

(1) 파워셔블

- 지반보다 높은 곳 굴착에 적합함
- 파기면은 높이 1.5m가 알맞고 보통 3m높이까지 굴착함

(2) 드래그 쇼벨

- 백호라고도 함
- 디퍼가 파워 쇼벨과 반대로 아래로 향함
- 협소한 구역에서 지반보다 낮은 곳 굴착

(3) 드래그 라인

- 기계를 설치한 지반보다 낮은 장소 또는 수중을 굴착하는데 적합함
- 굴착토의 양중을 위하여 로프가 사용됨

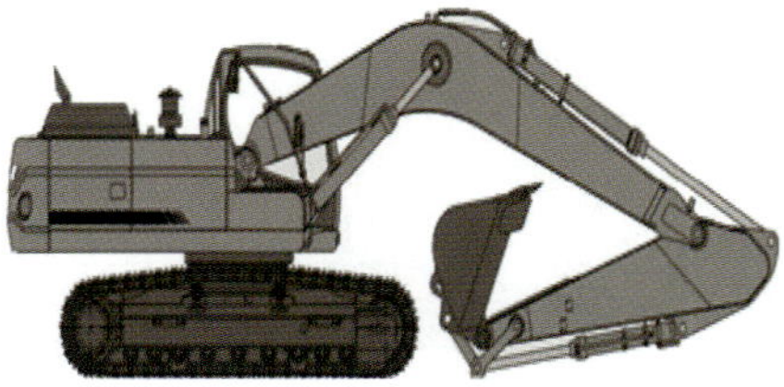

그림 3.12 • 드래그 쇼벨

그림 3.13 • 드래그 라인

그림 3.14 • 클램셀

그림 3.15 • 컨베이어

그림 3.16 • 진동롤러

(4) 클램셀

- 구조물의 기초, 우물통, 내부 굴착 등 일반적으로 협소한 장소의 굴착에 적합함
- 굴착기에 붐, 버킷, 로프 등으로 구성된 작업장치를 한 것으로 수직 방향의 굴착 및 싣기를 할 수 있고 정확한 위치에 굴착토를 버릴 수 있음

3.3.4 기타

(1) 컨베이어

- 벨트식, 버킷식
- 기초파기를 할 때 굴착토를 쌍방에 운반하거나 트럭에 싣는데 사용됨
- 버킷식은 벨트식보다 급경사에서 작업가능

(2) 진동롤러

- 도로포장용
- 사질지반 다짐용

3.4 터파기

3.4.1 터파기 공법에 따른 분류

① 구덩이 파기 - 국부적으로 기초파기
② 줄기초 파기 - 띠모양으로 기초파기
③ 온통기초 파기 - 전체적으로 기초파기

(a) 구덩이 파기

(b) 줄기초 파기

(c) 온통기초 파기

그림 3.17 • 터파기 공법에 따른 분류

3.4.2 형식에 따른 분류

(1) 경사 오픈컷 공법(흙막이 없음)

• 굴착구역 주변에 경사면을 취하여 흙막이벽이나 가설구조물 없이 굴착하는 공법

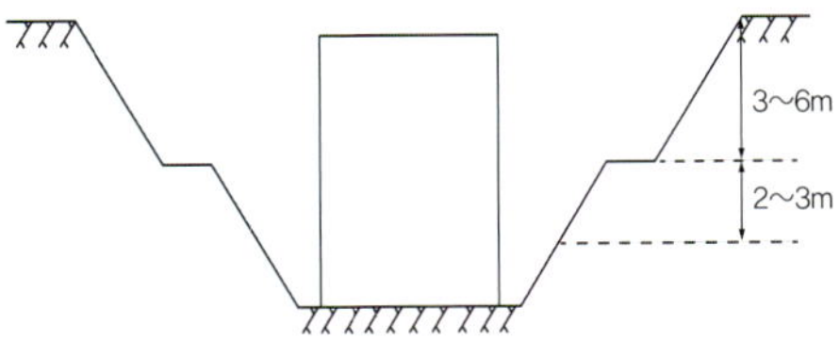

그림 3.18 • 오픈컷 공법(흙막이 없음)

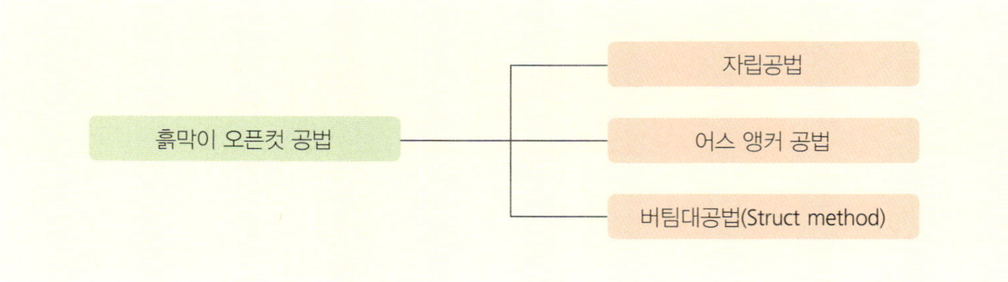

그림 3.19 • 흙막이 오픈컷 공법

- 주변에 비탈의 대지여유가 필요함
- 굴착토량 및 되메우기 토량이 많음
- 작업 및 안전을 고려한 비탈면의 높이는 3~6m 적당, 그 이상은 다단 흙파기를 하고 2~3m정도 폭의 중간 단으로 두는 것이 안전함

(2) 흙막이 오픈컷 공법

- 건물이 밀집된 시가지에서 널리 이용되는 공법
- 널말뚝을 건물주변에 박고 소정의 깊이까지 파내고 기초를 구축

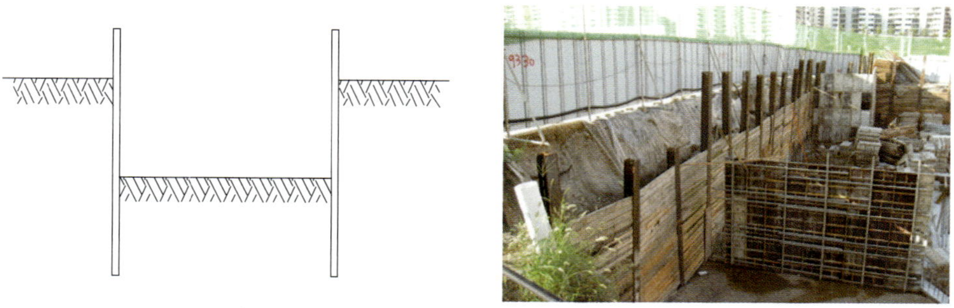

그림 3.20 • 자립공법

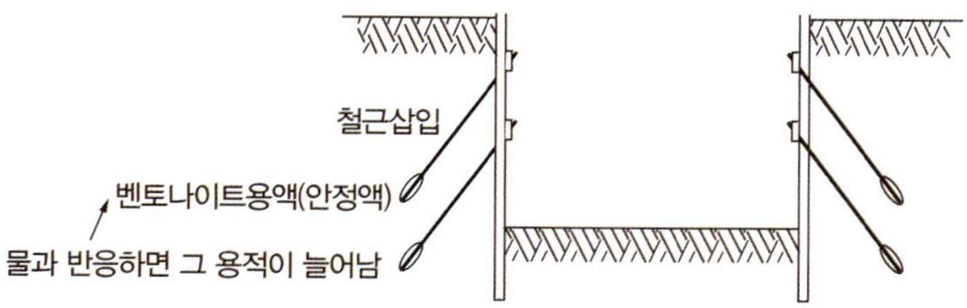

그림 3.21 • 어스앵커 공법 개념도

그림 3.22 • 어스앵커 공법

① 자립공법

- 흙막이벽 있음, 흙막이벽 지지구조물 없음
- 토압을 흙막이벽의 휨저항으로 지지하며 굴착하는 공법으로 흙막이 벽의 기초깊이가 충분히 깊어야 함
- 일반적으로는 얕은 굴착에 한정됨

② 어스앵커 공법

- 어스앵커란 "토목이나 건축의 구조물 지반에 접하는 부분과 지중의 어떤 깊이의 안정한 정착지반과의 사이를 고강도의 강재로 연결하여 그 강재에 높은 긴장력(인장력)을 도입하는 것"을 말함
- 버팀대 대신 어스앵커로 흙막이벽에 가해지는 측압을 지탱하며 굴착하는 공법
- 흙막이 후면에 구멍을 뚫고 로드(rod)를 앵커시켜 흙막이와 연결시키는 공법으로 말뚝의 상부띠장을 당김줄로 당겨 말뚝에 고정시킴으로서 흙막이 벽의 이동을 방지하는 방법
- 어스앵커가 대지 밖으로 나오는 경우 인접대지 측 이해가 필요함

③ 버팀대(Struct) 공법

- 흙막이벽 지지방식
- 측압을 수평으로 배치한 압축재(Strut)로 받는 가장 일반적 공법으로 널리 이용
- 가설 구조물의 존재가 다른 작업의 능률에 영향을 미침
- Strut 간격에 의해 굴착기계 활동이 제한되어 작업성 저하

(3) 아일랜드 공법

- 중앙부의 흙을 먼저 파내고 다음에 주변 부위의 흙을 파내는 공법

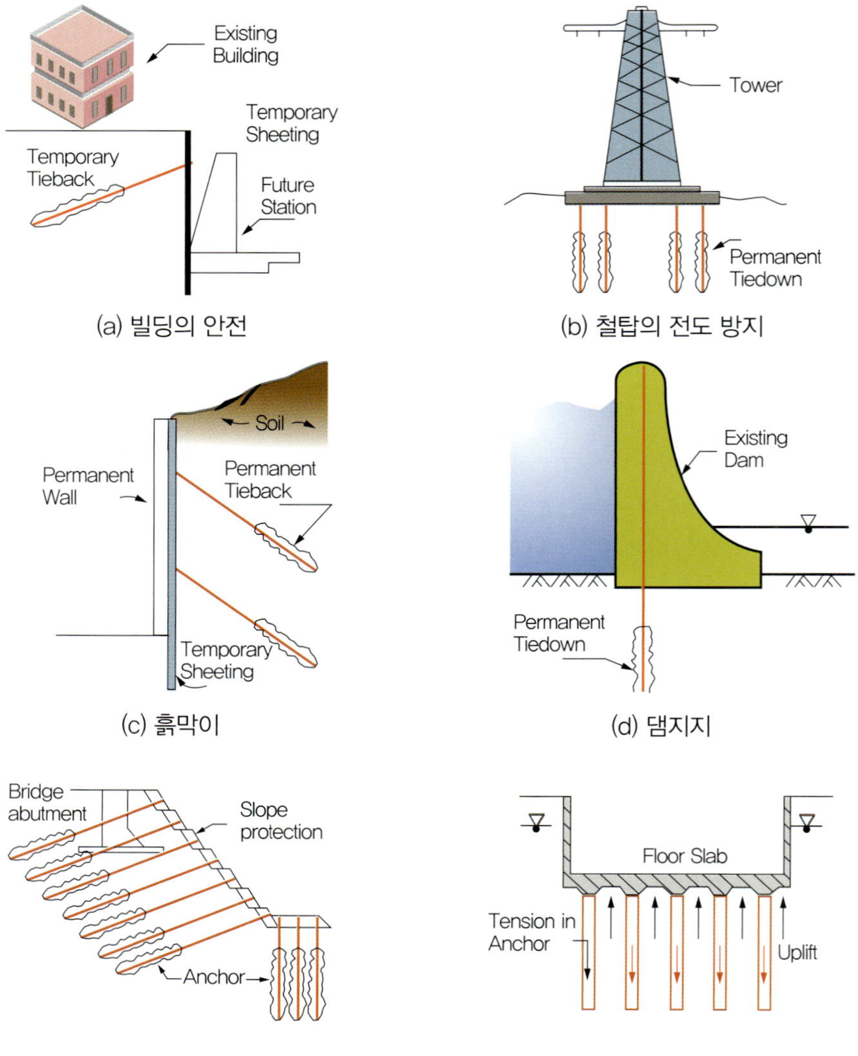

(a) 빌딩의 안전 (b) 철탑의 전도 방지

(c) 흙막이 (d) 댐지지

(e) 사면안정 (f) 지반보강

그림 3.23 • 어스앵커의 활용

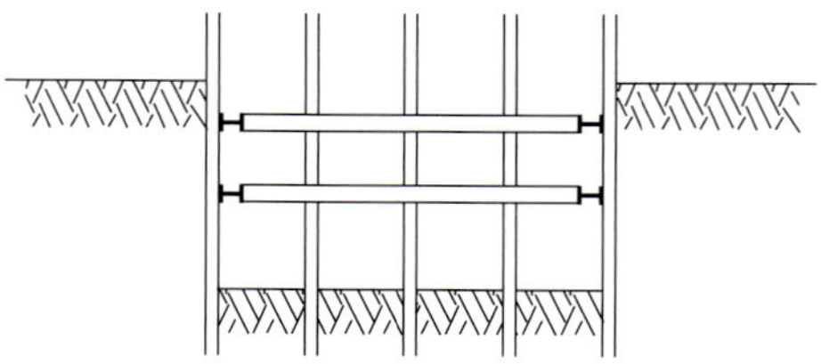

그림 3.24 • 버팀대 공법 개념도

그림 3.25 • 버팀대(Strut 공법)

그림 3.26 • 아일랜드 공법

- 중앙부를 우선 굴착하여 구조물을 축조함. 이 구조물에서 사면버팀대로 지지하며 주변부를 굴착하고 그 부분의 구조물을 축조함
- Strut 공법에 비하여 버팀대와 인력이 절감됨
- 대부분 기계굴착이 가능하나 주변에 남은 흙의 굴착이 문제됨
- 넓고 얕은 굴착에 적당함

(4) 트렌치 컷 공법

- 아일랜드공법과 역순으로 흙을 파내는 공법
- 구조물의 위치 전체를 동시에 파내지 않고 측벽 부분만을 먼저 파내고 그 부분의 기초와 지하구조체를 축조한 다음 중앙부의 나머지 부분을 파내어 지하구조물을 완성하는 공법
- 지반이 극히 연약하여 온통파기를 할 수 없을 때 효과적임
- 공사기간이 길어짐

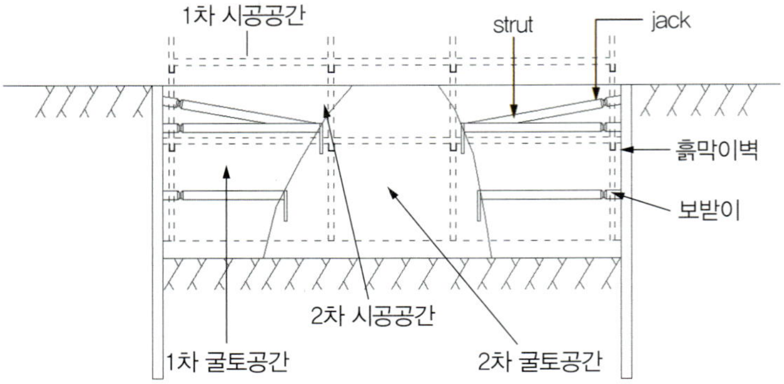

그림 3.27 • 트렌치 컷 공법

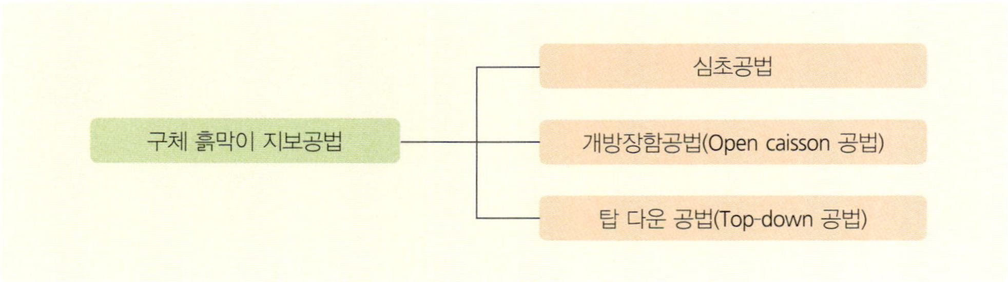

그림 3.28 • 구조체 흙막이 지공법 종류

(5) 구조체 흙막이 지보공법

- 가설 흙막이를 사용하는 것이 아니고 건물의 구조체를 이용하고자 하는 공법

① 심초공법

- 표토를 제거하고 건물의 기둥 위치에 3~3.5m 지름의 심초우물을 파서 기초를 축조
- 기초 상부에 철골 기둥을 세우고 1층 바닥부터 콘크리트를 친 후 지하를 향해 공사해 나가는 공법

② 개방잠함 (Open caisson) 공법

- 지상에 지하실 부분의 구조체를 축조하고, 그 밑을 파내어 침하시켜 축조하는 방법

③ 탑다운 공법

- 지하 터파기 공사 이전에 지하 외부벽체와 지하층 기둥을 선 시공한 후 지상과 지하층을 동시에 공사할 수 있는 효과적인 공법

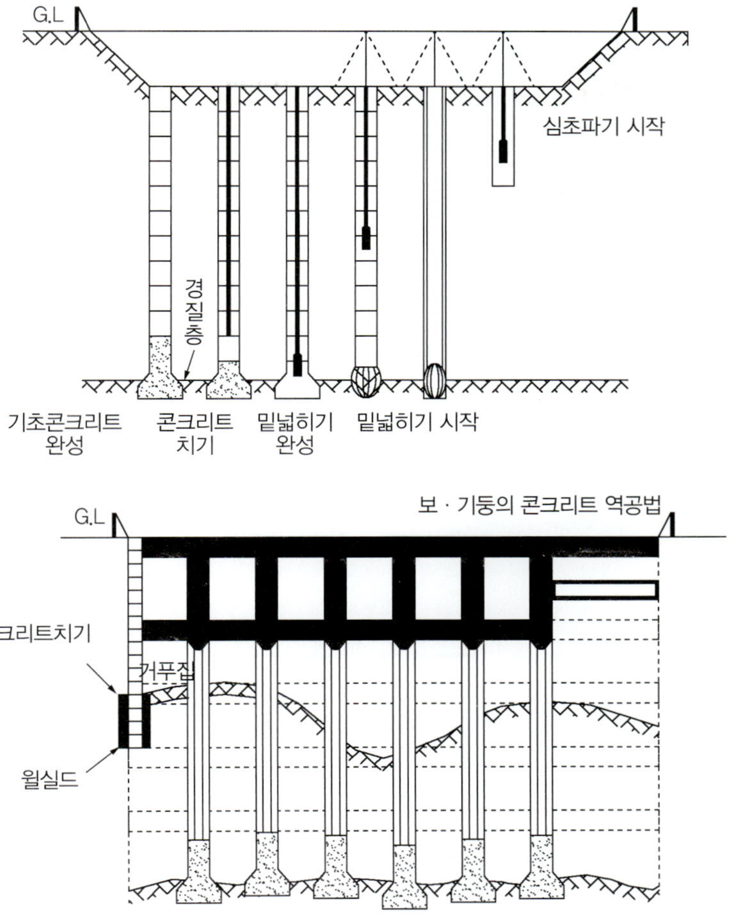

그림 3.29 • 심초공법

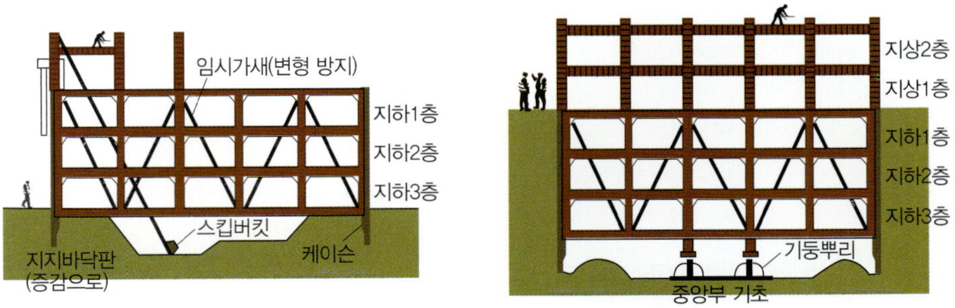

그림 3.30 • 개방잠함 공법

표 3.3 • 개방잠합 공법의 장단점

장점	단점
• 지하수가 없는 점토층에서 안전한 공법 • 대지 전부를 이용할 수 있음	• 가새를 효율적으로 대지 않을 경우 침하시 균열이 생길 우려 • 지하수가 많은 지반에서는 부동침하로 시공이 어려움

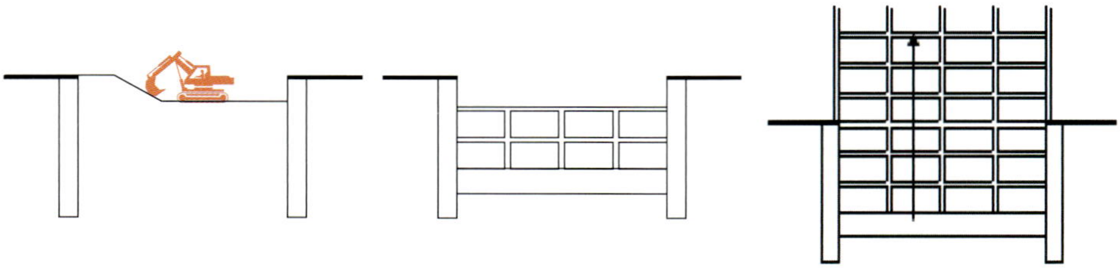

(a) 지하부위 굴삭 (b) 지하구조체 (c) 지상구조체

그림 3.31 • 일반 공법

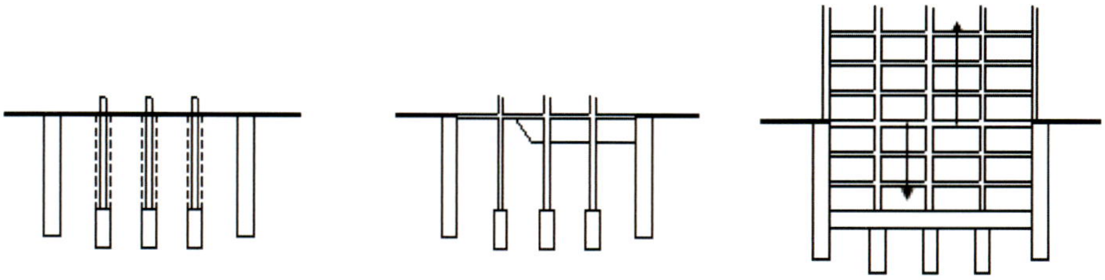

(a) 지하외벽/기둥 (b) 1층바닥 (c) 지상구조체, 지하 굴삭 및 지하구조체

그림 3.32 • 탑다운 공법

표 3.4 • 탑다운 공법의 장단점

장점	단점
• 지하의 굴착과 동시에 지상의 구조 축조 • 공기단축 • 가설설비의 절약 • 부지의 여유가 없는 경우 유리 • 강성이 높아 주변지반의 안전성 높음	• 지하의 작업이 바닥 밑에서 진행되므로 능률저하

- 고층 건물이 인접하고 있을 때, 토공사로 인한 현장 주변의 지반 및 건물의 피해를 최소화 할 수 있는 공법

3.5 주요 흙막이 공법

(1) 엄지말뚝 가로널 공법

- 수직으로 설치한 엄지말뚝에 굴착의 진행에 따라 가로널을 흙막이벽으로 하여 굴착을 진행하는 방법
- 차수성 없으므로 배수공법 고려해야 함
- 비교적 단단한 지반에 시공이 가능

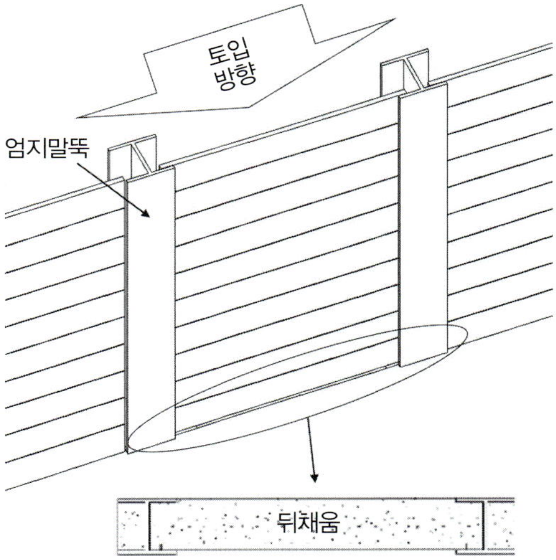

그림 3.33 • 엄지말뚝 가로널 공법 구성

그림 3.34 • 엄지말뚝 가로널 공법

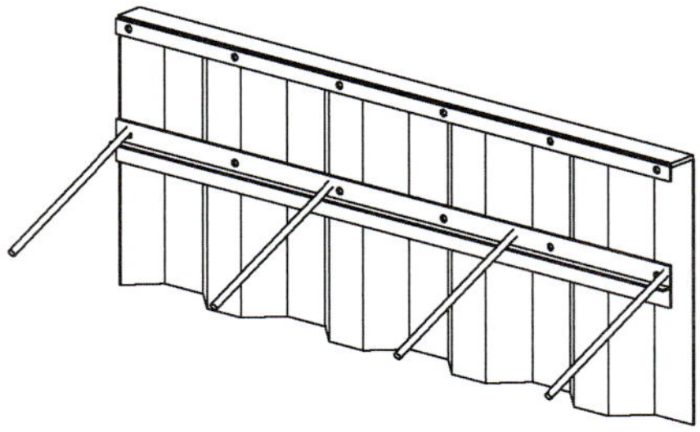

그림 3.35 • 시트파일 공법

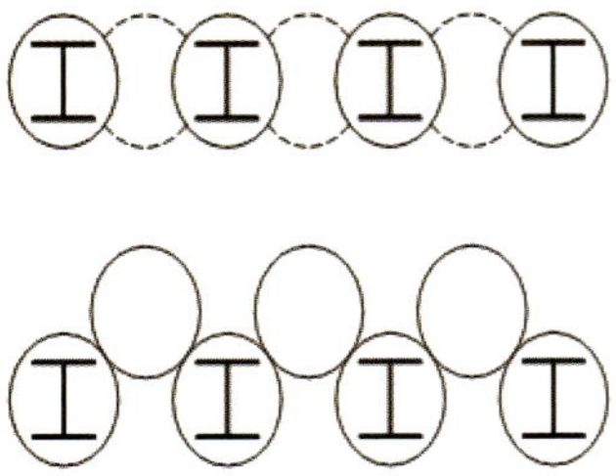

그림 3.36 • 주열식 흙막이 공법

(2) 시트파일 공법

• 강널말뚝을 맞물리게 하여 연속으로 쳐서 넣기 또는 매립하여 흙막이벽으로 하는 공법

(3) 주열식 흙막이 공법

• 어스오거(Earth auger)를 사용하여 굴착하고 그 속에 시멘트 모르타르를 타설한 후 철근망 또는 H형강 등을 삽입한 말뚝을 연속적으로 축조하여 흙막이벽을 조성하는 공법으로 다른 공법에 비하여 진동 소음이 적으며 벽의 강성도 비교적 크다.

(4) 지하연속벽 공법

① 공법의 정의

• 지하에 구조체를 형성하는 공법으로 지반을 굴착 할 때 Trench굴착 부분에 안정액(Bentonite)를 채워 넣고 굴착하며 굴착 완료 후 철근 콘크리트를 타설하여 연속적으로 차수벽을 형성해가는 공법
• 타 흙막이 벽에 비해 차수효과가 높으며 탑다운 공법 적용시나 인접건물에 피해가 예상될 때 적용

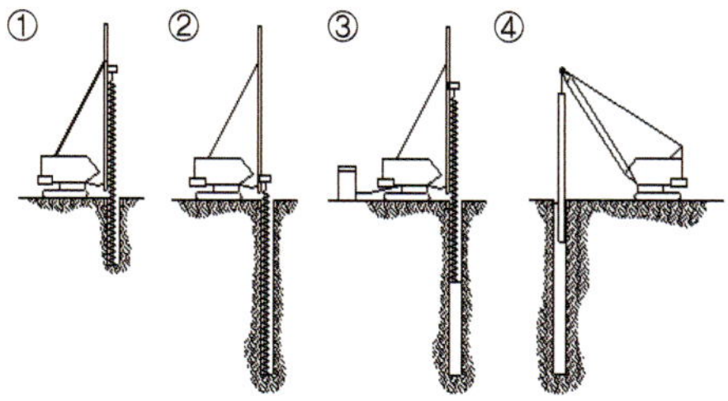

① AUGER에 의한 굴착
② 소정의 심도까지 굴착
③ MORTAR를 주입하면서 AUGER를 인발
④ 철근망 또는 H형강을 세운다

그림 3.37 • 주열식 흙막이 공법의 일반적인 시공순서

표 3.5 • 지하연속벽 공법 장단점

장점	단점
• 저진동, 저소음 인접지반 침하 방지 • 벽체 강성이 매우 높음 • 최대시공깊이 80~100m 가능 • 단열의 차수와 형상의 자유로운 선택 • 지질 조건에 구애 받지 않음 (전석층, 매립층, 연암층) • 지하구조물 역타공법과 병행 • 건물 본체 벽으로 사용	• 흙막이 공법과 비교해서 공사비가 고가 • 부대 장비가 많음으로 일정 이상의 시공면적이 필요

- 용도
  - 건축 구조물의 지하실 (지하주차장, 지하상가)
  - 지하차도, 지하철 (오수처리장, 정수장, 지하 변전소)
  - 방진벽, 방호벽, 차폐벽
  - 댐의 차수벽

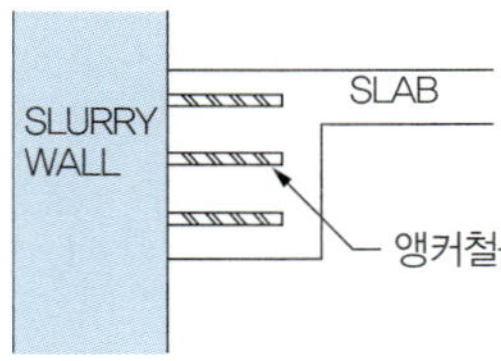

그림 3.38 • 슬러리월 개념도

② 슬러리월 공법

- 영구 구조물로 사용가능
- 강성이 커서 벽체 변위가 적음
- Strut나 어스앵커와 같은 별도의 지지부재 없이 슬러리월에 앵커철근을 설치해 Slab(벽체지지)와 연결
- 특수 굴착기와 안정액을 이용, 지중굴착하여 여기에 철근망을 세우고 콘크리트를 타설하여 연속적으로 벽체를 조성하는 공법
- 타 흙막이벽에 비해 차수효과가 높으며 탑다운공법 적용 시나 인접건물에 피해가 예상될 때 적용

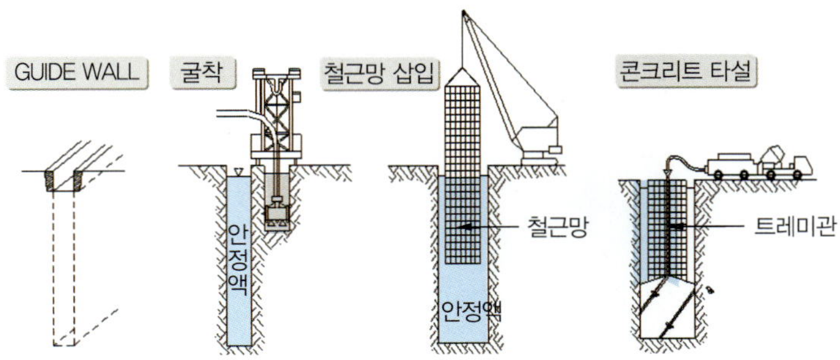

그림 3.39 • 슬러리월 시공 흐름도

3.6 배수 및 차수 공법

(1) 배수의 필요성

- 터파기 시, 모래층 또는 모래섞인 자갈층에 도달하면 지하수 유출
- 지하수는 토질을 약화시키고, 흙막이에 대한 토압을 증대시킴

(2) 지하수 처리 공법의 분류

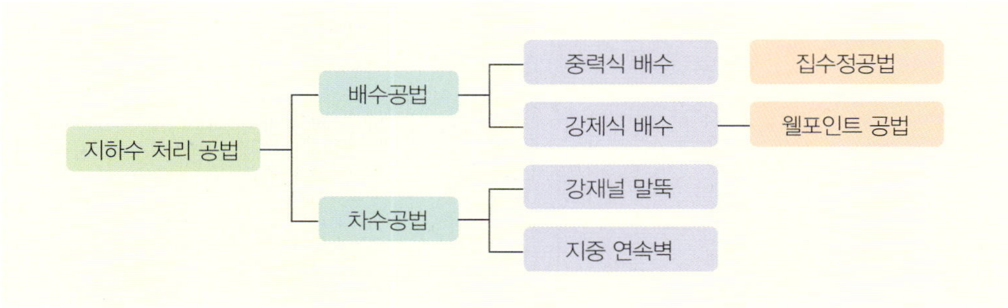

그림 3.40 • 지하수 처리 공법의 분류

(3) 집수정 공법

- 공사에 지장이 없는 위치에 2~4m 정도로 굴착하여 집수통을 설치
- 집수통에 모인 지하수를 수중펌프로 외부로 배출

그림 3.41 • 집수정 공법

- 설치가 간단하고 저렴함
- 지하수 함유량이 많은 지반에 사용

(4) 웰포인트 공법

- 웰포인트라는 집수기구로 상수면을 예정 기초저면 이하로 내려서 기초공사를 건조된 곳에서 할 수 있게 하는 공법
- 투수성이 좋은 사질성 토양에서 유효
- 6m이하의 기초파기에서 유효하게 쓰임

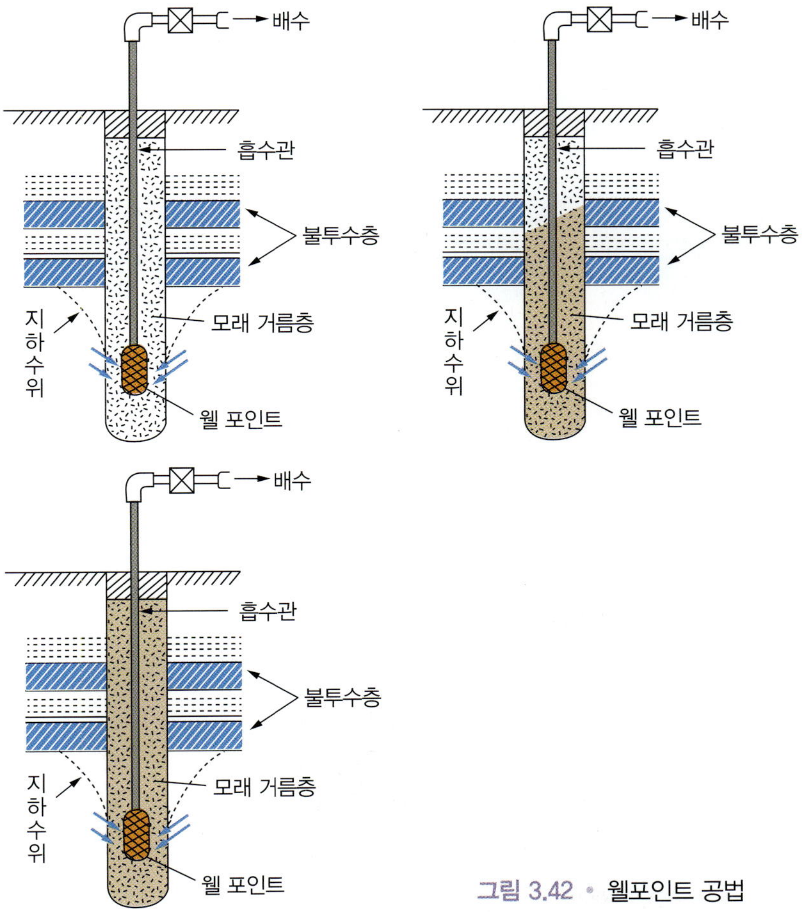

그림 3.42 • 웰포인트 공법

3.7 주변지반의 침하 원인 및 대책

연약지반, 기존 구조물에 근접시공의 경우 굴착에 의한 흙막이 가시설과 주변지반의 거동을 정확히 파악하여 안정된 시공을 도모해야 함

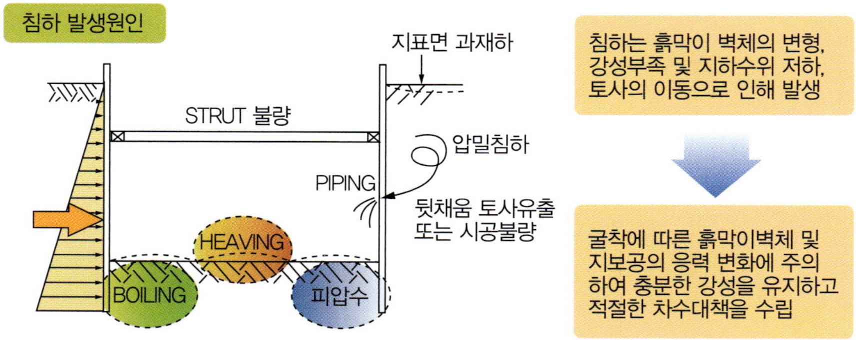

그림 3.43 • 주변지반 침하 개념도

(1) 보일링 현상(Boiling)

- 모래지반과 같이 투수성이 큰 지반에서 지하수위 이하를 굴착할 경우 지반수위와 기초파기 저면 수위차에 의해 흙막이 안쪽 저면 바닥으로부터 모래와 물이 부풀어 올라와 지지력이 없어지는 현상

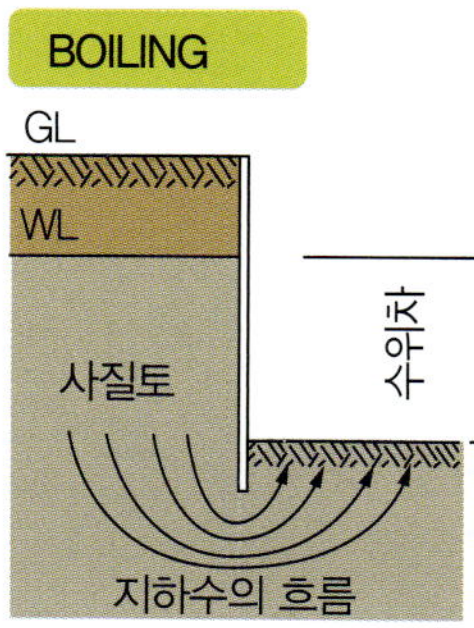

※ 방지대책
- 흙막이의 밑등깊이를 충분히 확보
- 강성이 큰 흙막이 벽체를 사용
- 흙막이벽 배면에 중량물을 제거
  - 자재적재, 장비이동 등
- 지반개량에 의한 하부지반의 강도를 증가

그림 3.44 • 보일링 현상

(2) 히빙 현상(Heaving)

- 연약지반 흙파기에서 흙막이 바깥에 있는 흙의 중량과 지표 재하중의 중량을 못 견뎌 저면 흙이 붕괴되고 바깥에 있는 흙이 안으로 밀려 불록하게 되는 현상

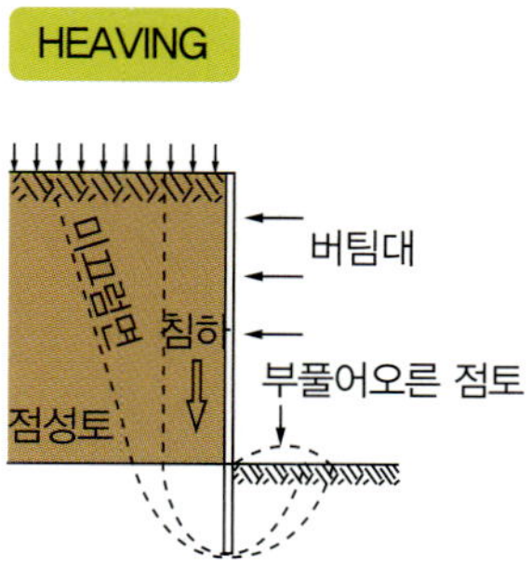

※ 방지대책

- **흙막이의 밑등깊이를 충분히 확보**
- **강성이 큰 흙막이 벽체를 사용**
- **흙막이벽 배면에 중량물을 제거**
  - **자재적재, 장비이동 등**
- **지반개량에 의한 하부지반의 강도를 증가**

그림 3.45 • 히빙현상

(3) 피압수에 의한 지반부풀음

- 연약지반 흙파기에서 흙막이 바깥에 있는 흙의 중량과 지표 재하중의 중량을 못견뎌 저면 흙이 붕괴되고 바깥에 있는 흙이 안으로 밀려 불록하게 되는 현상

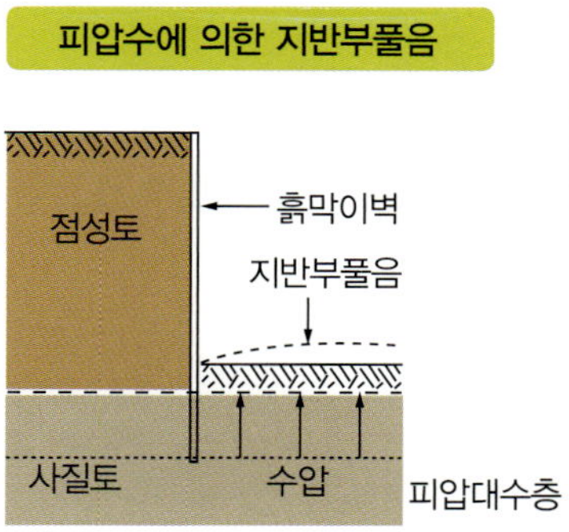

※ 방지대책

- 배수공법으로 피압수위 저하로 수압 저하

그림 3.46 • 피압수에 의한 지반 부풀음

연습문제

1 토공사의 분류에 대하여 설명하시오.

2. 보링테스트란?

3. 표준관입시험이란?

4. 베인 테스트란?

5. 지내력 시험이란?

6. 토공장비 고려사항은?

7. 배토정지용 기계

8. 굴삭용 기계

9. 어스앵커 공법의 활용은?

10 아일랜드 공법과 트렌치컷 공법의 차이점은?

11. 탑다운 공법의 장단점은?

12. 지하연속법 공법에 대하여 설명하시오.

13. 보일링, 히빙, 피압수에 의한 지반부풀음을 설명하시오.

제4장 지정 및 기초공사

4.1 개요

(1) 정의

- 상부구조의 하중을 지반으로 전달하기 위해 지중에 설치한 건축구조 부분이다.
- 건물의 중량 및 이것에 가해진 각종 하중을 안전하게 지반에 전달한다.
- 크게 기초판과 지정으로 나뉜다.
- 기초판 (Footing): 상부구조의 하중을 지반으로 전달하기 위해 기초가 펼쳐진 부분
- 지정: 기초를 안전하게 지탱하기 위해 기초를 보강하거나 지반의 내력을 보강하는 지반다지기, 잡석다짐, 말뚝 등의 부분

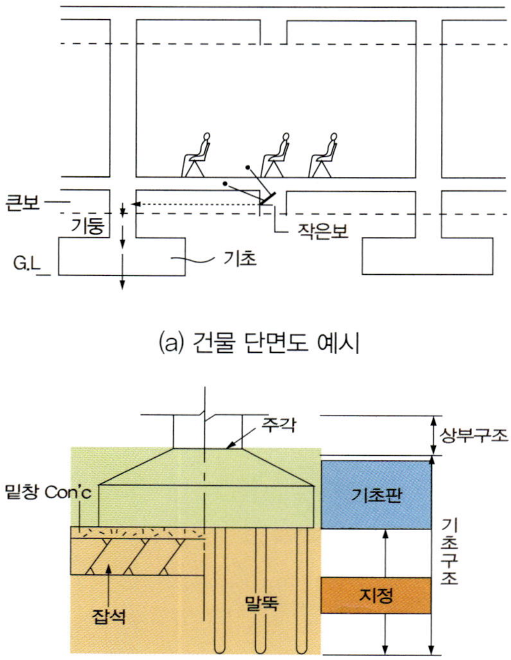

(a) 건물 단면도 예시

(b) 지정 및 기초판

그림 4.1 • 지정 및 기초판 구성

(2) 지정 및 기초의 종류

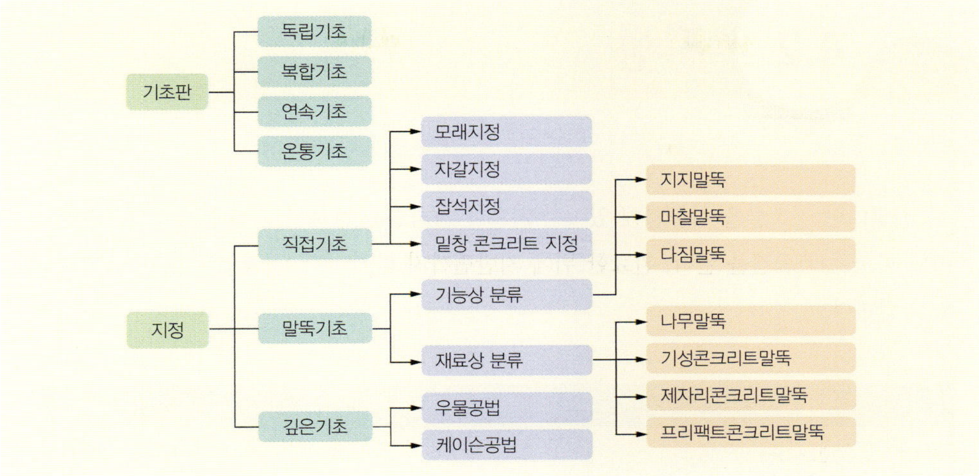

그림 4.2 • 지정 및 기초의 종류

(3) 기초판에 따른 종류

표 4.1 • 기초 종류

기초종류	기초시공	설 명
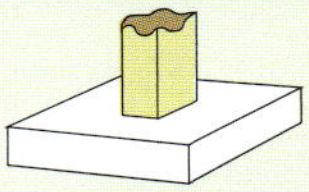 (a) 독립기초		기초 한 개가 기둥 한 개씩 독립적으로 지지하고 있으며, 기둥과 보로 이루어진 건물에 적합하다.
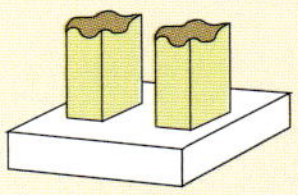 (b) 연속기초		다수의 연속기둥이 있거나 내력벽 또는 조적벽을 이용할 때, 이를 지지하기 위한 기초이다.
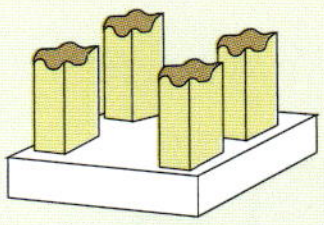 (c) 온통기초		지하실 바닥 전체를 기초로 한 경우이며, 보통 연약한 지반에서 이용 된다.
 (d) 파일기초		지반의 지내력으로 기초 설치 어려울 경우 파일을 지반의 암반층까지 지지

4.2 지정

지정이란 구조물을 시공함에 있어서 기초나 지하실을 구축하기 위해 필요한 지반면까지의 공사로써 공간을 굴착, 완료한 뒤에 지반면까지 다시 메우는 작업을 하는 공사의 총칭을 말한다.

표 4.2 • 지정의 종류

보통지정	말뚝지정	깊은 지초지정
모래지정 자갈지정 잡석지정 밑창콘크리트지정	나무말뚝 기성콘크리트말뚝 제자리콘크리트말뚝 프리팩트	우물통지정

4.2.1 보통지정

(1) 모래지정

- 기초 밑의 지반이 연약하고 그 하부 2m이내에 굳은 지층이 있어 말뚝을 박을 필요가 없을 때 굳은 층까지 파내어 층두께가 충분하도록 모래를 넣는 방법

(2) 잡석지정

- 지름 15~30cm 정도의 잡석을 세워서 밀집하게 나란히 깔고 사춤자갈, 쇄석 등으로 틈새를 메우고 잡석깔기한 상부에 고루펴서 견고하게 다지는 지정

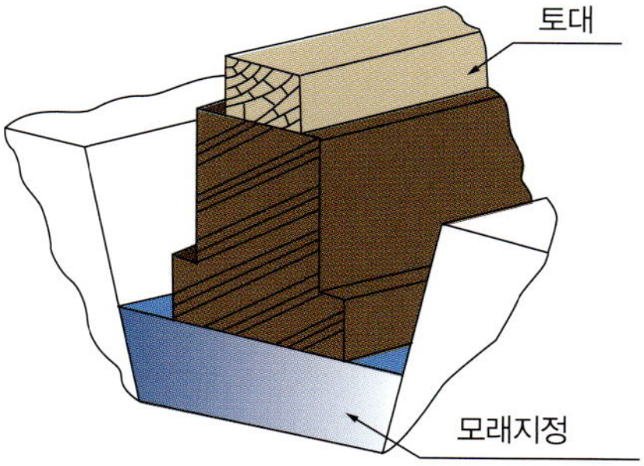

(a) 모래지정

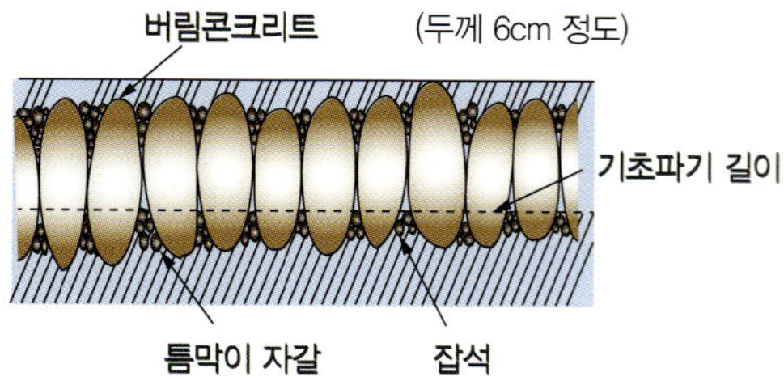

(a) 잡석지정

그림 4.3 • 모래지정 및 잡석지정

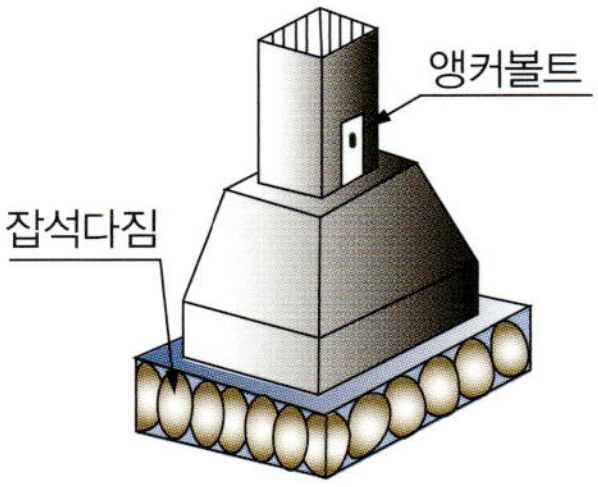

(a) 잡석지정

(b) 래머(Rammer)

그림 4.4 • 자갈지정

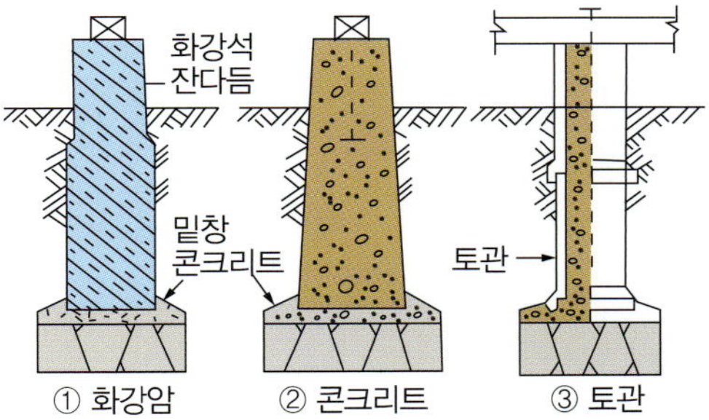

그림 4.5 • 밑창콘크리트 지정

(3) 자갈지정

- 5~10cm 정도의 자갈 쇄석을 소정의 두께로 깔고 래머로 다지는 방법

(4) 밑창콘크리트 지정

- 잡석 지정이나 자갈 지정 등의 위에 기초 저부의 먹매김 등을 위하여 두께 5~6cm 정도의 밑창 콘크리트를 다져놓은 것이며 이 때 콘크리트 배합은 1:3:6으로 함

4.2.2 말뚝지정

기초의 밑면에 접하는 토층이 적당한 지내력을 갖지 못하여 얕은 기초로 할 수 없거나 다른 공법보다 구조물을 말뚝으로 지지하는 것이 경제적으로 될 때 이러한 기초를 말뚝기초라 함. 말뚝지정이란 쳐서, 눌러서 또는 다른 방법으로 흙속에 만들어지는 기둥 구조를 뜻함.

(1) 말뚝지정을 필요로 하는 경우

- 지반이 연약하여 상부 구조물의 하중을 지지 못 할 때, 하중을 암반으로 전달시키기 위해 사용
- 지반이 침식, 유실, 또는 활동파괴의 위험이 있는 경우
- 면적이 넓고 여러 가지 다양한 크기의 하중이 작용하는 경우
- 말뚝지정을 선택하면 신속하고 경제적인 시공이 가능한 경우
- 지하수위가 높은 경우

(2) 말뚝지정 시공 시 고려사항

- 말뚝은 손상됨이 없이 소정의 깊이 또는 정해진 관입량에 도달될 때까지 박혀져야 함.
- 말뚝은 하중을 지지하여 아래쪽의 토층으로 전달되어야 하며 과도한 침하를 일으켜서는 안됨.
- 하중이 편심으로 작용하는 경우, 이에 따라 일어나는 하중증가는 설계에 고려해야 함.
- 하중 또는 그 합력의 작용선은 말뚝의 축과 일치하여야 함.

(3) 지정 분류

- 지정은 아래 표 4.3과 같이 기능과 재질에 따라 분류된다.

표 4.3 • 지정 분류

기능에 따른 분류	재질에 따른 분류
선단지지말뚝	나무말뚝
지지말뚝	기성콘크리트말뚝
마찰말뚝	제자리콘크리트말뚝
다짐말뚝	프리팩트콘크리트말뚝
활동억제말뚝	
인장말뚝	

1) 기능에 따른 분류

① 선단지지말뚝

- 축하중의 대부분을 말뚝 선단을 통하여 지지층에 전달하는 말뚝

② 지지말뚝

- 하부에 존재하는 견고한 지반에 어느 정도 관입시켜 지지하게 하는 것으로 관입한 부분의 마찰력과 선단지지력에 의존하는 말뚝 (지지층 : 사질토층은 N값 50이상, 점성토층은 N값 30이상)

③ 마찰말뚝

- 상부구조물의 하중을 주로 말뚝의 주변마찰력으로 지지하며 지지 가능한 지층이 너무 깊게 위치하여 지지층까지 말뚝을 설치할 수 없어 말뚝의 선단지지력을 기대하지 못할 때 적용한다.

그림 4.6 • 선단지지말뚝

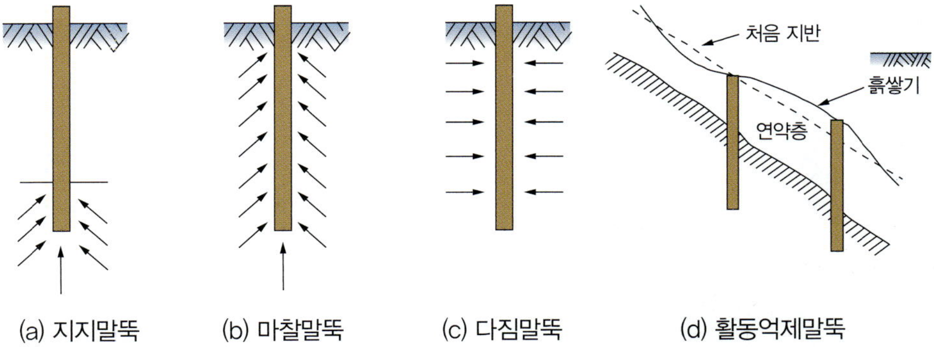

그림 4.7 • 말뚝의 종류

표 4.4 • 나무말뚝지정의 장단점

장점	단점
• 취급이 용이하고 절단이 쉬움 • 값이 비교적 쌈 • 가볍고 수송 및 타입이 쉬움	• 쉽게 부식됨. • 단면의 크기와 길이 및 지지력이 한정됨. • 강한 항타에 의하여 손상되는 경우가 있음. • 부재를 이음하기가 어려움.

④ 다짐말뚝

• 말뚝을 지반에 타입하여 지반의 간극을 말뚝의 부피만큼 감소시켜서 지반이 다져지는 효과를 얻기 위하여 사용하는 말뚝이다.

⑤ 활동억제말뚝

• 말뚝을 사면 등의 활동을 억제하거나 중지시킬 목적으로 유동중인 지반에 설치하는 말뚝이다. 직경이 큰 말뚝을 사용한다. (2~3m)

2) 재질에 따른 분류

① 나무말뚝지정

• 보통 낙엽송이나 미송 등의 통나무를 그대로 사용하는 나무말뚝은 건물의 대규모화, 나무말뚝재의 품귀, 철근콘크리트 말뚝의 보급 등의 이유로 사용이 줄어든다. 나무말뚝 1개당의 허용지지력은 보통 5~10ton, 기성콘크리트 말뚝의 1/2정도이다.

② 기성 철근콘크리트 말뚝지정

• 현장 또는 공장에서 제작한 후에 설치장소로 옮겨서 압입, 타입 또는 보링한 공간에 삽입하여 설치하는 말뚝이다.

그림 4.8 • 나무말뚝지정

그림 4.9 • 기성 철근콘크리트 말뚝지정

- 원심력 철근 콘크리트 말뚝은 기성 철근콘크리트 말뚝으로 가장 많이 사용되며 양생 중에 원심력을 이용하여 콘크리트의 밀도 및 강도를 높인 말뚝이다.

③ 제자리 철근 콘크리트 말뚝

- 굵고 긴 철관을 지하 굳은 층까지 박고 그 속에 콘크리트를 부어 넣은 후 철관을 빼내면서 콘크리트 말뚝 형성, 구근을 만들어 내력을 크게 하는 현장타설 콘크리트이다. 리버스 서큘레이션 공법, 어스드릴 공법, 배노토 공법등이 있다.

(a) 베노토 공법

- 프랑스 베노토 회사에서 개발한 대구경 굴삭기(Hammer grab)를 써서 케이싱을 삽입하고 내부에 콘크리트를 채워 제자리 콘크리트 말뚝을 만드는 공법

표 4.5 • 기성 철근콘크리트 말뚝 장단점

장점	단점
• 말뚝을 쉽게 구입할 수 있음 • 길이 15m이하인 경우 경제적임 • 재질이 균질하여 신뢰할 수 있음. • 강도가 큼	• 무거워 취급이 어려움 • 타입시 말뚝 본체에 균열이 생기기 쉬움 • 균열사이로 수분이 유입되면 철근 부식될 우려가 있음.

표 4.6 • 제자리 철근 콘크리트 말뚝 장단점

장점	단점
• 운반비 및 야적에 따르는 비용이 들지 않음. • 지지층의 깊이에 따라 말뚝길이의 조절가능. • 운반이나 취급중에 손상받을 우려 없음	• 케이싱 등의 타입에 의한 소음이 일어남. • 인접 말뚝 작업 시 진동, 수압, 토압 등을 받아 소정의 치수 및 품질이 되지 않는 경우 있음. • 말뚝 몸체가 지반 내에서 형성되므로 품질관리상 어려움이 있음.

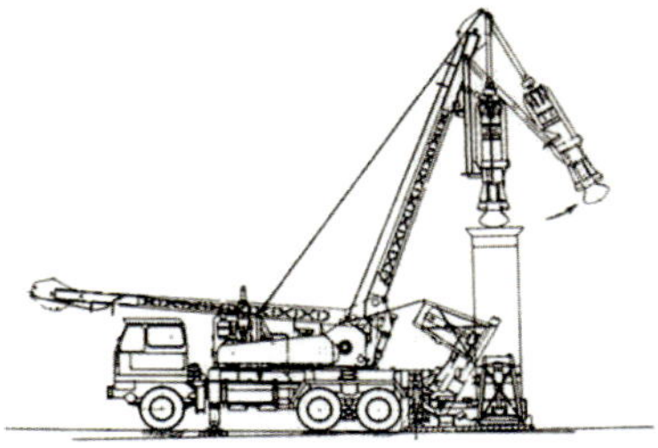

(a) 대구경 굴삭기

(b) 해머버킷

그림 4.10 • 베노토 공법

(a) 어스드릴 공법

(b) 리버스 서큘레이션

그림 4.11 • 어스드릴 및 리버스 서큘레이션 공법

(b) 어스드릴 공법

- 미국의 칼웰드 회사가 개발한 어스드릴이라는 굴삭기를 써서 대구경 제자리 콘크리트 말뚝을 만드는 공법

(c) 리버스 서큘레이션 공법

- 지하수보다 2m 이상 높게 물을 채워서 2t/㎡이상의 정수압에 의해서 공벽의 붕괴를 방지하고 비트의 회전에 의해서 굴착한 다음 철근 콘크리트 말뚝을 형성하는 역순환 공법

④ 프리팩트 콘크리트 말뚝지정

- 땅속에 말뚝구멍을 뚫고 자갈을 먼저 다져 넣은 다음 미리 설치한 주입관을 통하여 모르타르를 주입하여 콘크리트 말뚝을 형성한다. 상부구조물의 하중을 주로 말뚝의 주변마찰력으로 지지하며 지지 가능한 지층이 너무 깊게 위치하

표 4.7 • 베노토 공법 장단점

장점	단점
• 주위 지반의 영향을 주지 않음 • 수중 굴착이 가능	• 기계가 대형임 • 횡하중에 대한 저항력이 약함 • 지하수 처리가 불리함

표 4.8 • 어스드릴 공법 장단점

장점	단점
• 지하수가 없는 곳에서 유리 • 소음, 진동이 적음 • 공사비가 저렴, 공기단축 가능 • 기계가 작고 간단함	• 주변토사의 붕괴위험

표 4.9 • 리버스 서큘레이션 공법의 장단점

장점	단점
• 깊을수록 유리 • 수상공사에 유리 • 저소음이며 속도가 빠름	• 굴착토 처리 문제가 있음 • 심한 피압수 발생시 작업이 곤란

여 지지층까지 말뚝을 설치할 수 없어 말뚝의 선단지지력을 기대하지 못할 수 있다. MIP, CIP, PIP 공법 등이 있다.

(a) C.I.P (Cast In placed Pile) 공법

- 일종의 주열식 현장타설 말뚝으로 소정의 직경으로 천공후 주입식 모르타르에 의해 토류벽을 형성시키는 공법이다. 어스오거로 천공 후 철근망과 자갈을 채

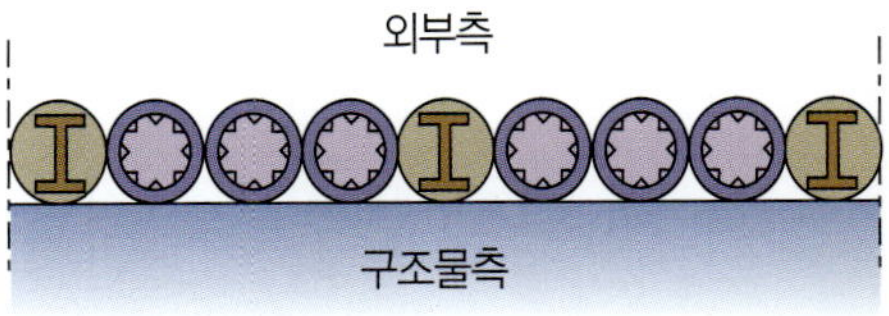

그림 4.12 • 프리팩트 콘크리트 말뚝지정

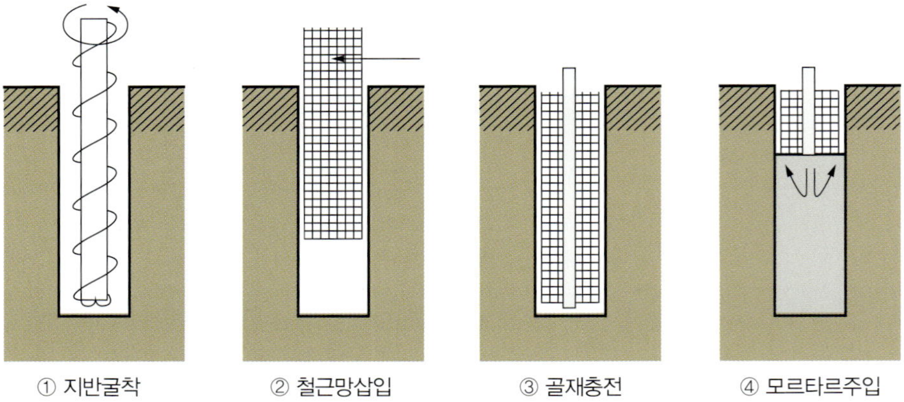

그림 4.13 • C.I.P 공법 순서

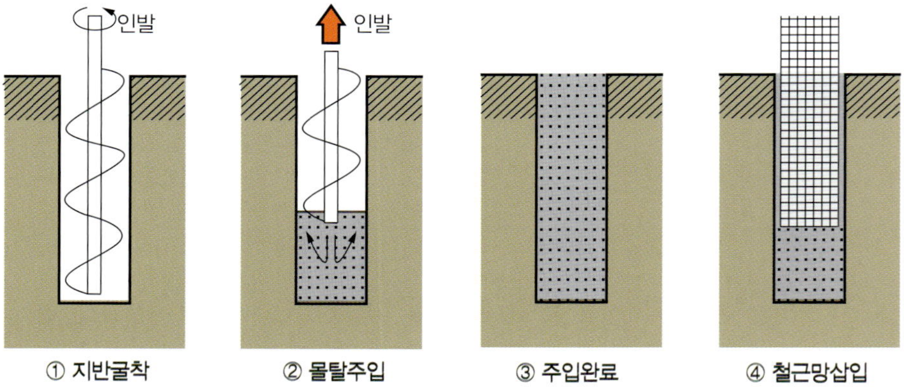

그림 4.14 • P.I.P 공법 순서

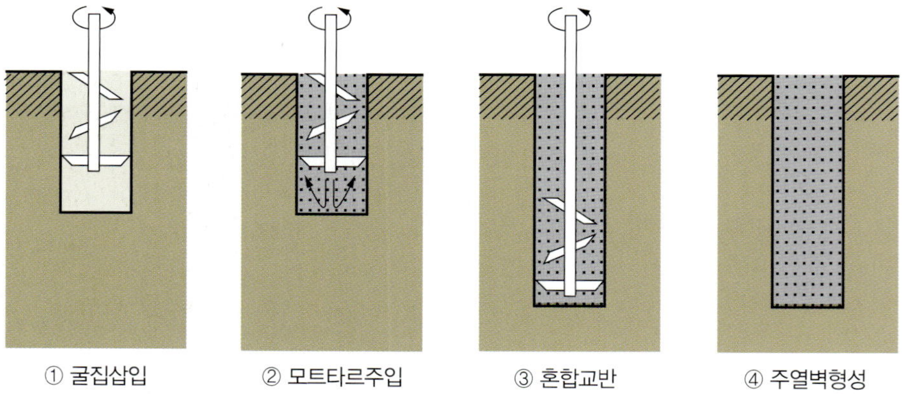

그림 4.15 • M.I.P 공법 순서

운 후 주입관을 통해 모르타를 주입하여 제자리 말뚝을 형성한다. 대부분 지반에서 사용가능하다.

(b) P.I.P (Packed In place Pile) 공법

- 스크류오거로 굴착 후 흙과 오거를 끌어올리면서 오거 선단을 통하여 모르타르 주입하여 제자리말뚝을 형성하는 공법이다. 오거를 뽑아낸 뒤 철근망 또는 H 형강 삽입한다. 비교적 연약지반에서 사용한다.

(c) M.I.P (Mixed In placed Pile) 공법

- 중공관으로 된 회전축 선단에서 모르타르를 분출시키면서 토사를 굴착하여 토사와 모르타르와 혼합,교반하여 만드는 Soil cement 말뚝이다. 오거를 뽑아낸 뒤 필요에 따라 철근망 삽입한다. 사질 및 자갈층에 적합하다.

(d) C.I.P, P.I.P, M.I.P 비교

표 4.10 • 프리팩트 콘크리트 공법별 비교

구분	C.I.P	P.I.P	M.I.P
장비	어스오거	스크류오거	중공오거
시공순서	천공 후 철근망, 자갈채움 후 모르타르 주입	오거를 끌어올리면서 모르타르 주입(필요시 철근망 삽입)	굴착과 동시에 모르타르를 주입하며 흙과 혼합교반
적용지반	경암제외 모든 지반	비교적 연약지반	사질층, 자갈층

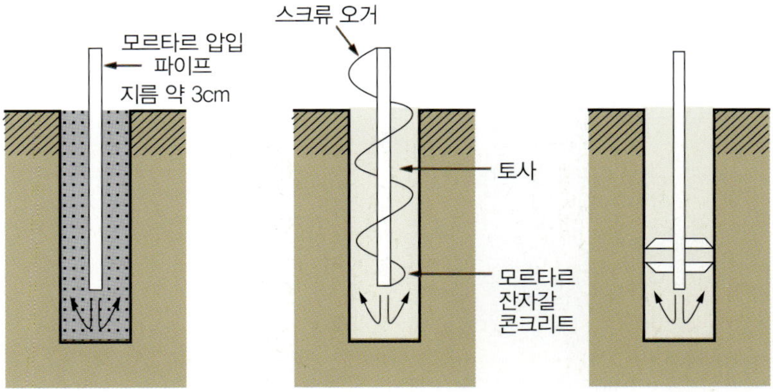

(a) C.I.P 공법 (b) P.I.P 공법 (c) M.I.P 공법

그림 4.16 • 프리팩트 콘크리트 공법별 비교

4.2.3 깊은 기초지정(우물통 지정)

우물통과 같이 뚜껑이나 바닥이 없는 통 모양으로 된 원형 구조물을 소정의 위치에서 어떤 높이까지 건조한 다음 통내의 흙을 크램쉘 등으로 수중굴착하여 침하시키고 차례로 이어서 소정의 지지 지층 깊이까지 도달시킨 기초이다. 저부 콘크리트를 타설하고 그 속에 모래, 자갈, 콘크리트 등을 채우고 상부에 슬래브를 설치한다.

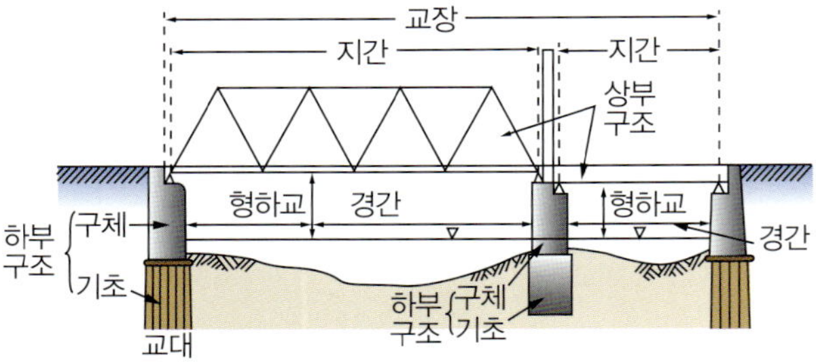

그림 4.17 • 깊은 기초지정

(a) 우물통 제작

(b) 콘크리트 타설

(c) 육상제작 완료

(d) 토사굴착

(e) 우물통 거치

(f) 내부굴착

(g) 속채움 타설

(h) 타설완료

(i) Cap 콘크리트 타설

(j) 제작완료

그림 4.18 • 깊은 기초지정 시공순서

4.2.4 말뚝박기

말뚝을 설치할 때에는 말뚝항타공법이 가장 보편적으로 적용되며 최근에는 소음과 진동이 없거나 아주 적은 압입식, Water jet식이 자주 사용된다.

(1) 항타공법

말뚝을 해머로 타격하여 지반에 근입시키는 방법이다. 무거운 해머를 끌어 올렸다가 낙하시키기 때문에 소음과 진동이 발생한다.

① 드롭해머

- 해머를 끌어 올렸다가 말뚝 상단에 자유낙하시켜 말뚝을 타입하는 장비이다. 타격할 때마다 무거운 추를 끌어 올리는 데 시간이 걸려서 시공능률이 저하되므로 대규모 공사에서는 크게 사용되지 않는다. 해머의 무게는 말뚝 무게의 3배정도로 하는 것이 일반적이다.

② 디젤해머

- 말뚝타격시 디젤이 압축폭발하여 해머로 타격하게됨. 이때 해머는 낙하에너지뿐만 아니라 연소폭발압력의 합이 된다. 단단한 지반에 적합하다.

③ 바이브로해머

- 말뚝상단에 진동을 일으키는 진동기를 설치하여 말뚝을 종방향으로 강제 진동시켜 지반에 관입한다. 시트파일 관입에 효과적이다.

(a) 드롭해머　(b) 디젤해머　(c) 바이브로해머

그림 4.19 • 항타공법의 종류

표 4.11 • 항타공법의 종류별 장단점

종류	장점	단점
드롭해머	• 설비가 간단 • 낙하고를 자유롭게 조절 • 가격이 저렴	• 항두가 손상되기 쉬움 • 편심되기 쉬움 • 타격속도가 느림
디젤해머	• 기동성이 풍부 • 큰 타격력을 얻을 수 있음	• 타격음이 큼
바이브로해머	• 정확한 위치에 타격 • 타격음이 적음 • 항두의 손상이 적음	• 장애물을 관통하지 못할 수 있음 • 전기 설비가 큼
압입공법	• 무소음 및 무진동 • 말뚝에 손상이 없음 • 말뚝 주변에 교란이 없음	• 반력을 얻기 위한 대형 설비 필요 • N = 30이상인 지반은 사용곤란

(2) 압입공법

- 유압잭을 사용하여 말뚝을 강제로 지반에 압입시키는 공법.
- 말뚝 주변 또는 선단부의 지반을 교란시키지는 않으나 압입시에 말뚝 주변에 마찰 저항이 작용하여 이로 인한 압입저항이 큼.
- N=30정도의 지반까지 압입이 가능.
- 저소음, 저공해 공법으로 연약지반에 유리

(3) Water jet 공법

- 고압으로 물을 분사하여 수압에 의해 지반을 무르게 한 후 말뚝을 박는 공법.
- 사질 지반에 유리
- 소음 진동이 작음
- 기초 지반의 교란우려

4.3 부동침하

(1) 부동침하의 원인 및 현상

부동침하란 구조물의 기초지반이 침하함에 따라, 여러 부분에서 불균등하게 침하를 일으키는 현상이다. 침하의 현상으로 주변지반이 부분적으로 침하, 건물이나 벽체가 기울고 벽에 경사균열이 나타난다. 침하가 심하면 구조물이 넘어지거나 붕괴할 수 있다.

그림 4.20 • 부동침하

(2) 부동침하 대책

① 지반에 대한 대책

- 지반에 따른 적합한 연약지반 개량공법 사용
- 지하수위를 낮추어 수압변화 방지

② 기초에 대한 대책

- 기초를 경질지반에 지지
- 독립기초의 경우 지중보를 설치
- 온통기초를 설치하여 강성을 높임

③ 상부구조에 대한 대책

- 상부구조에 따른 중량 및 하중을 균등히 분포시킴
- 인접건물과의 거리는 가능한 멀리, 평면길이는 되도록 짧게 함
- 건물의 중량을 경량화 함

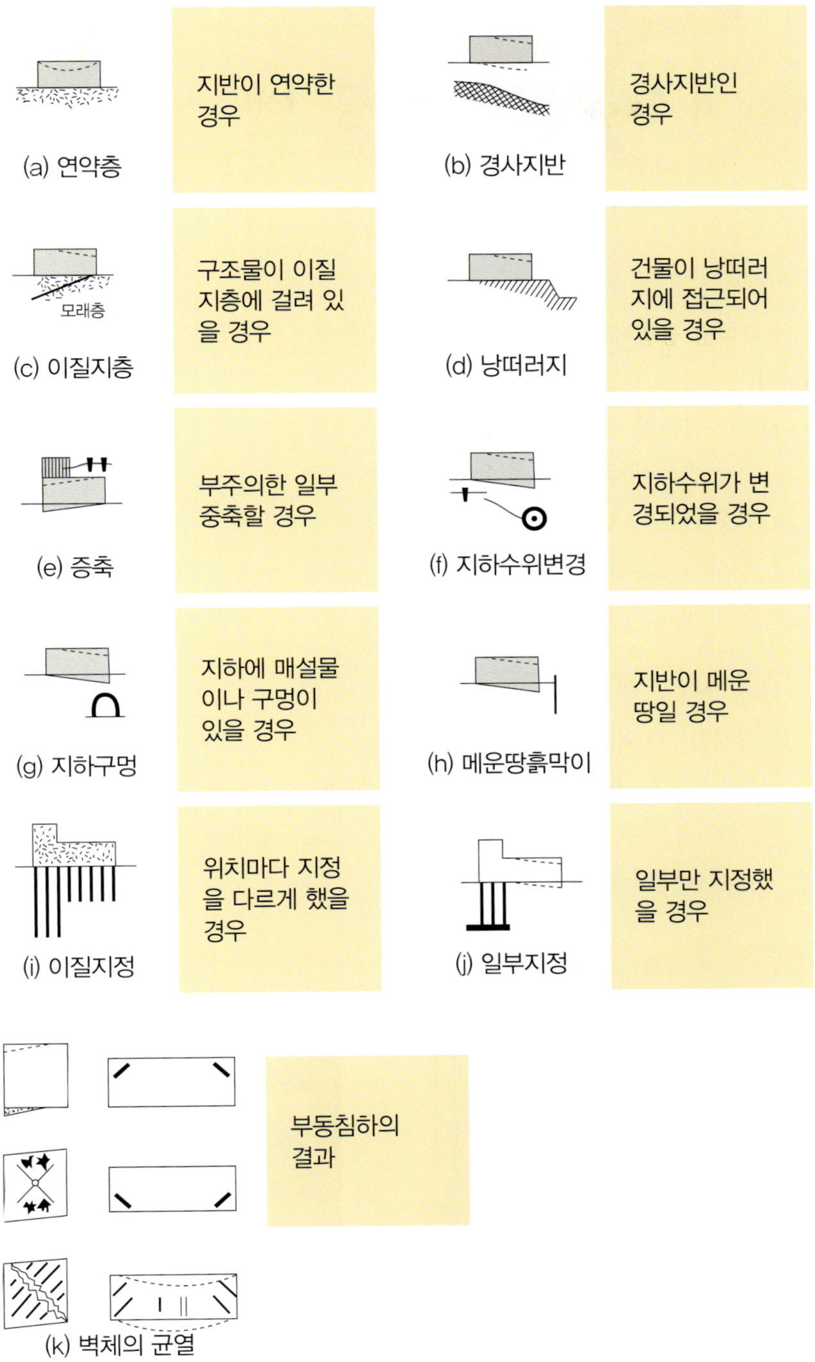

그림 4.21 • 부동침하의 원인과 현상

4.4 언더피닝 공법

(1) 정의

언더피닝 공법이란 기존에 존재하는 건물의 기초를 강화하고 안전하게 하는 과정을 말한다.

- 기존건물의 기초나 지정을 보강
- 기존에서 새로운 기초를 삽입
- 지지면을 더 깊은 지반에 옮겨 안전하게 하기 위한 공사
- 경사된 건물을 바로 잡을 때
- 인접한 터파기에서 기존 건물의 침하를 방지할 목적

(2) 언더피닝 공법의 주요 구성요소

① 엄지말뚝(Soldier pile)

- 언더피닝시 지하연속벽체의 자중을 지지하기 위하여 연속벽 하단부의 언더피닝 구간에 설치하는 말뚝으로 통상 H파일, 레일, 철근다발 등을 지지력과 시공성 등을 고려하여 사용한다.

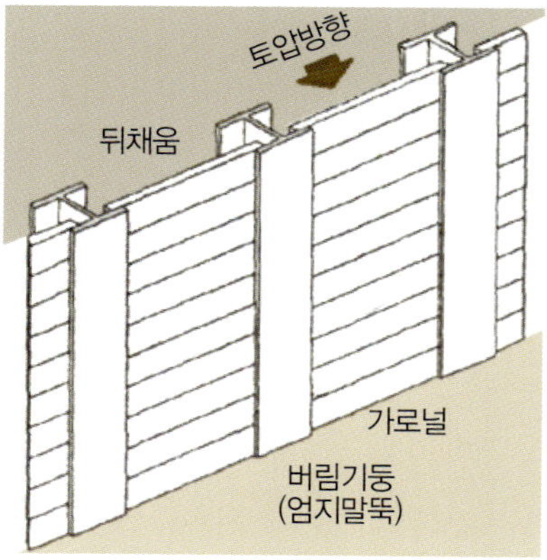

(a) 엄지말뚝

(b) 엄지말뚝

그림 4.22 • 엄지말뚝 시공

(a) 락볼트

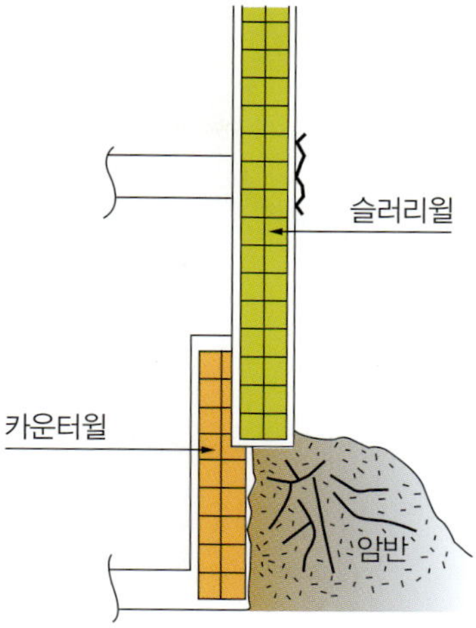

(b) 카운터월

그림 4.23 • 락볼트 및 카운터월

그림 4.24 • 숏크리트 시공

② 락볼트 (Rock bolt): 구체와 암반면의 접속 상태 보강한다.

③ 카운터월 (Counter wall): 건축내벽을 언더피닝 구간에 실시

④ 숏크리트 (Shortcrete): 암반면 보호를 위한 시멘트와 골재를 뿜칠하는 공법

4.5 지반개량 공법

(1) 정의

지반조사결과 지내력이 부족한 경우, 연약지반을 개량하여 지지력을 확보하는 공법으로 치환법, 압밀법, 탈수법, 다짐법 및 약액주입법 등이 있다.

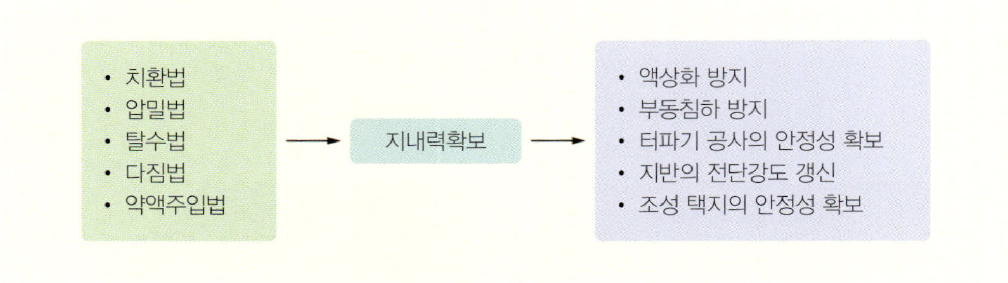

그림 4.25 • 지반개량공법의 종류 및 효과

(2) 치환공법

- 연약토의 일부 또는 전부를 제거하고 양질의 흙으로 치환하여 지반을 개량하는 공법
- 적용범위는 모든 토사지반이며 개량 대상심도가 깊지 않은 곳에 적합.
- 강제치환, 굴착치환으로 나뉨.

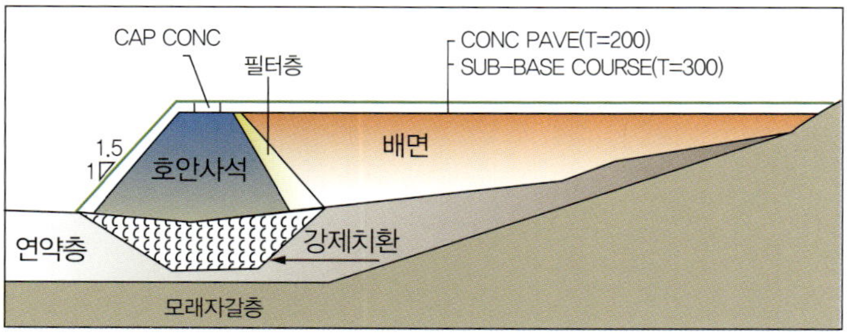

그림 4.26 • 치환공법

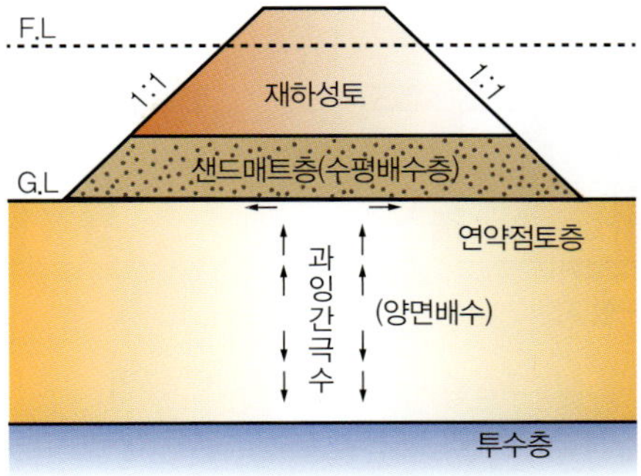

그림 4.27 • 압밀공법

- 연약층이 3m이하에서 사용함
- 강제치환: 폭파 등에 의해 연약층을 개량토로 바꾸는 방법
- 굴착치환: 연약토를 굴착하여 제거 후 개량토를 메우는 방법

(3) 압밀공법(선행재하공법)

연약점토 지반에 구조물을 축조할 경우 구조물 하중 또는 그 이상의 하중을 미리 재하하여 압밀침하촉진 및 지반강도 증대를 얻은 후 하중을 제거한 뒤 구조물을 축조하는 공법으로 일반적으로 연직배수공법과 함께 사용한다.

(4) 탈수공법

① 웰포인트 공법
- 흡수관 웰포인트를 이용하여 지하수면 아래로 관을 부설하여 배수하는 공법
- 1~3m간격으로 파이프를 지중에 박아 이것을 지상의 집수관에 연결하여 펌프로

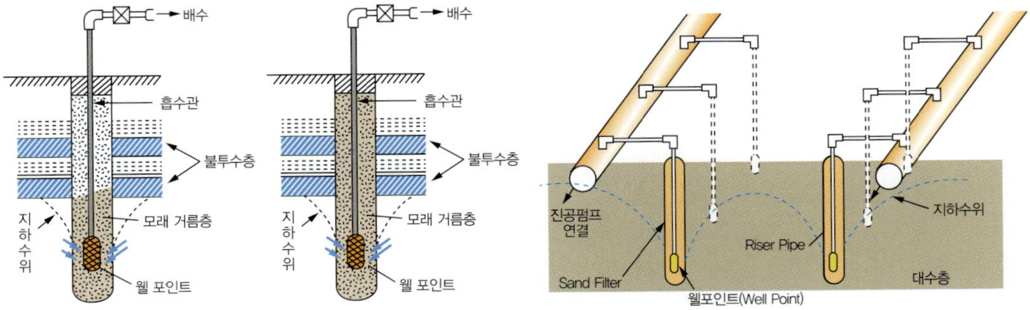

그림 4.28 • 웰포인트 공법

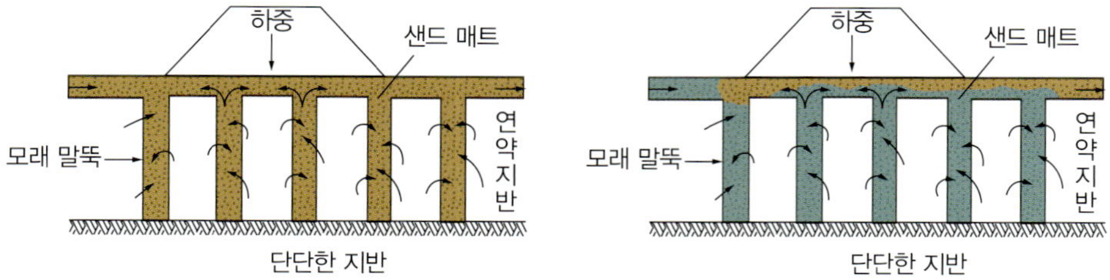

그림 4.29 • 샌드드레인 공법

지중의 물을 배수함

- 투수성이 필요하기 때문에 사질지반에 유효함.

② 연직배수 공법

- 연약지반의 수분을 탈수하여 지반의 압밀을 증가시키기 위한 방법으로서, 지중에 수직의 드레인을 만드는 방법

1) 샌드드레인 공법(Sand Drain 공법)

- 샌드드레인용 기계를 사용하여 연약지반 속에 모래기둥을 만들어 물을 뽑아내어 압밀침하를 시켜 지반을 단단하게 하는 공법

2) 페이퍼드레인 공법(Paper Drain 공법)

- 페이퍼드레인용 기계를 사용하여 샌드드레인의 모래기둥 대신 탈수용 종이를 연약지반 속에 끼워 놓고 물을 뽑는 것

3) 팩 공법(Packed Drain 공법)

직경 120㎜의 케이싱 4본을 동시에 지중에 압입한 후 그 안에 합성섬유로 된 포대를

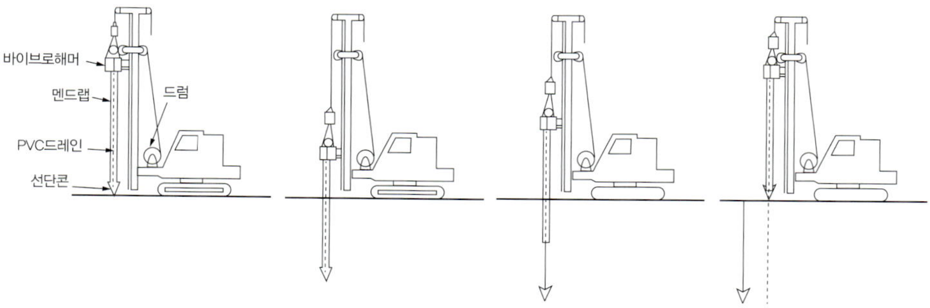

그림 4.30 • 페이퍼드레인 공법

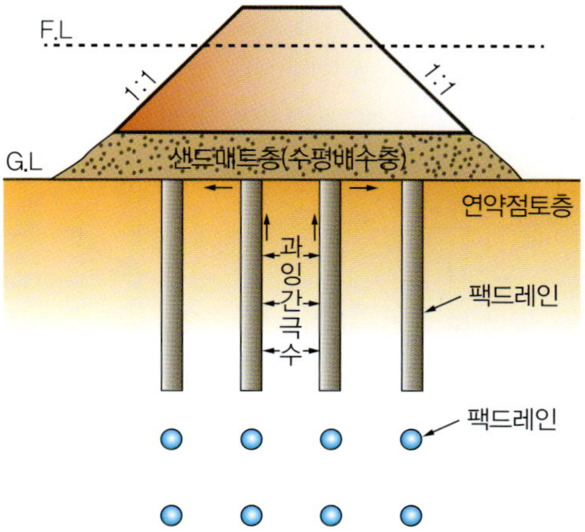

그림 4.31 • 팩드레인 공법

넣고 모래를 채운후 케이싱을 인발하여 포대에 채워진 모래기둥을 형성시키는 공법이다. 질긴 합성섬유로 만든 자루모양의 모래기둥을 연약한 지반 속에 넣어 다짐으로써 배수를 좋게 하고 지반의 스펀지현상을 방지한다.

표 4.12 • 연직배수 공법 비교

구분	샌드드레인공법	페이퍼드레인공법	팩드레인공법
공법원리	직경 0.4m정도의 모래말뚝 설치 후 배수거리 단축을 통한 압밀침하 촉진	모래말뚝 대신 드레인 보드를 설치	모래말뚝 대신 직경 12 cm인 섬유망에 모래를 충진하여 설치
배수재	모래	드레인 보드	모래 + 섬유망
장점	투수효과 확실 시공사례 풍부	샌드드레인에 비해 배수재 절단가능성 적음 샌드드레인에 비해 공사비 저렴 시공사례 풍부	샌드드레인에 비해 배수재 절단가능성 적음 배수재 타설기간 단축 시공속도 빠름
단점	양질의 모래가 다량필요 장비중량이 커서 통행성 확보가 어려움 팩, 페이퍼 드레인에 비해 시공속도가 느림 공사비가 고가임 모래말뚝 절단가능성 내재	드레인 보드 제품의 철저한 관리 요망	페이퍼 타입기보다 장비중량이 큼 철저한 품질관리 필요
공사비비율	1.8 – 2.1	1.0	1.3 – 1.5
시공관리	곤란	양호	양호

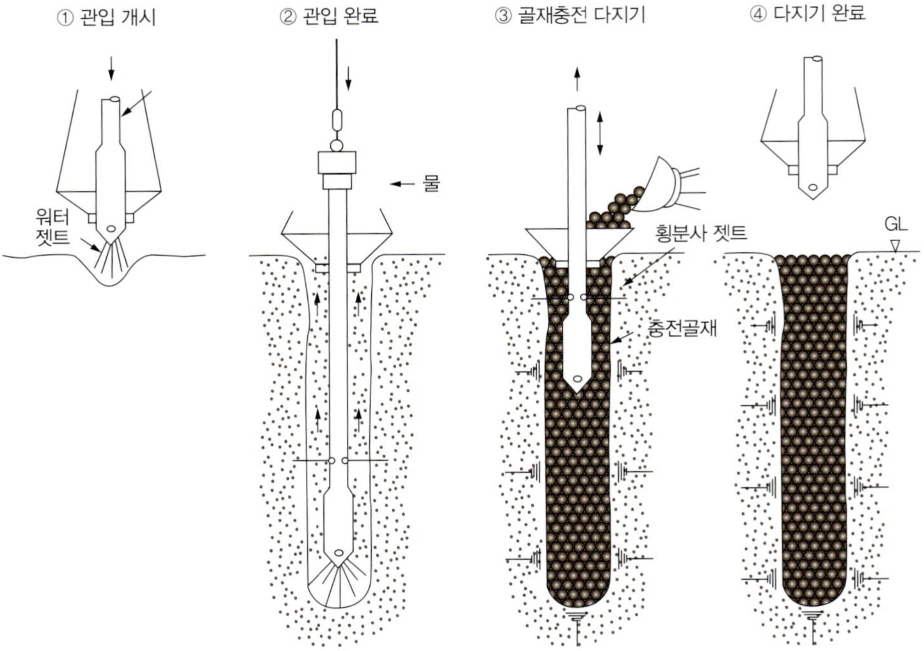

그림 4.32 • 진동다짐공법

(5) 다짐공법

① 진동다짐공법

- 느슨한 사질토 지반을 개량하기 위하여 바이브로플로트라 부르는 봉상진동체에 진동을 가하고 물을 분사하면서 지중에 관입시킴. 이때 지반은 수평다짐이 되고 봉 주위지반에 발생하는 공극에 모래 또는 자갈을 투입하여 다지는 공법.

  1) 먼저, 바이브로플로트 선단에서의 워터젯트와 수평진동에 의해 관입을 개시한다.
  2) 횡분사 젯트로 모래지반을 포화시키면서 수평진동을 가하여 플로트 진동부 주위의 지반을 다지며 소정의 깊이까지 관입한다.
  3) 공극에 충전골재를 보충하여 플로트를 50cm정도 천천히 상하시키면서 진동에 의해 다진다. 이 작업을 되풀이하여 지표면 근처 까지 다지기를 한다.

② 다짐모래말뚝(Sand compaction plie) 공법

- 진동 혹은 충격하중에 의해 지반중에 박는 모래말뚝.

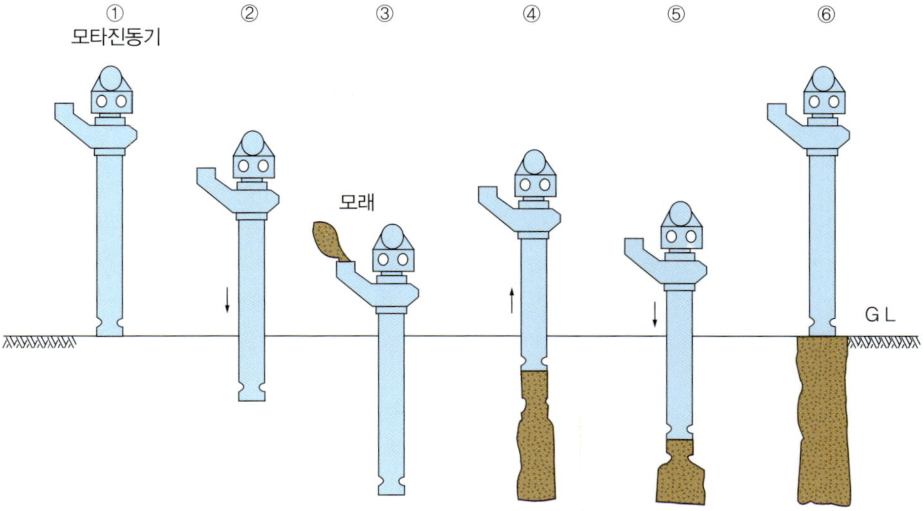

그림 4.33 • 다짐모래말뚝

- 다져진 모래말뚝군을 조성함과 동시에 모래말뚝 주변의 지반을 개량함.
- 연약지반이나 느슨한 모래질 지반에 적용됨

1) 케이싱을 소정위치에 설치함
2) 진동기를 작동하여 케이싱을 지중에 관입함.
3) 소정의 심도에 도달하면 케이싱내에 일정한 양의 모래를 투입함.
4) 케이싱을 규정높이로 인상하면서 내부의 모래를 압축공기에 의해 케이싱선단에서 밀어냄.
5) 케이싱을 다시 쳐서 밀어낸모래를 진동에의해 다짐
6) 작업 3)~5)를 되풀이하며 지표까지 모래말뚝을 조성함.

③ 약액주입법

- 몰탈주입재등을 지반에 주입하여 지반의 투수성을 감소시키거나 강도를 증진시키는 공법으로 지반의 투수성 감소 및 지반강도 증대 목적
- 흙막이 공사의 Heaving방지
- 도심지 굴착시 인접건물의 Under pinning
- 토류벽 후면 토압경감
- 댐의 기초차수
- 터널굴진시 상부 붕괴 방지

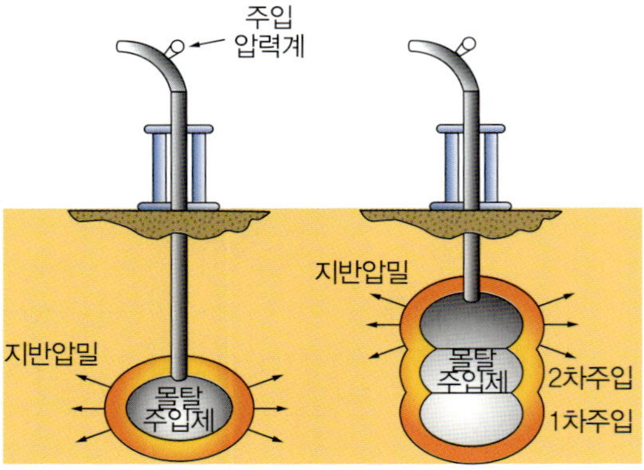

그림 4.34 • 약액주입법

표 4.13 • 약액주입법 장단점

장점	단점
• 소규모 설비 시공가능 • 소음, 진동이 적음 • 공기 짧고 시공용이	• 지반개량 효과의 여부가 불확실 • 주입재의 내구성 불확실

연습문제

1. 지정의 종류는?
2. 기성 철근콘크리트 말뚝의 장단점은?
3. CIP, PIP, MIP 공법에 대하여 도식하시오.
4. 항타공법의 세 가지 종류는?
5. 부동침하의 원인과 현상 그리고 대책방안에 대하여 설명하시오.
6. 언더피닝 공법의 주요 구성요소를 설명하시오.
7. 지반개량공법의 다섯 가지 방법은?
8. 웰포인트 공법에 대하여 설명하시오.
9. 연직배수 공법을 비교하시오.
10. 약액주입법의 장단점은?

제5장 철근콘크리트 공사

5.1 개요

철근콘크리트 공사란 철근콘크리트 구조물의 시공에서 거푸집공사, 철근공사 및 콘크리트공사를 의미한다. 철근콘크리트 구조는 인장응력을 가진 철근과 압축응력을 가진 콘크리트 재료로 구성된 물체로써 내구성 및 내화성이 우수한 합리적인 일체식 구조이다. 우리나라에서는 20세기 초부터 철근콘크리트 건물이 설립되었으며, 서울역(1925년), 서울시청사(1926년), 화신백화점(1937년) 등을 시점으로 하여, 1990년대 이후 철근콘크리트 고층 아파트 건설이 일반화되고 있다.

(a) 화신백화점

(b) 서울역사

그림 5.1 • 철근콘크리트 구조

5.2 거푸집 공사

5.2.1 개요

(1) 정의

거푸집이란 콘크리트 구조물의 가설 틀로써 콘크리트가 굳지 않은 상태, 즉 콘크리트가 불안정한 시기부터 콘크리트가 강도를 발현하여 자립할 시기까지 굳지 않은 콘크리트를 지지하는 가설구조물을 말한다.

(2) 거푸집의 주요 역할

① 콘크리트를 소정의 형상과 치수로 유지
② 콘크리트 경화 시 필요한 수분의 누출방지
③ 외기영향을 차단하여 콘크리트를 양생
④ 원하는 모양과 크기의 콘크리트 구조물을 만들 수 있어야함
⑤ 자체하중, 콘크리트, 장비 및 인력을 지탱할 수 있도록 구조적으로 안정해야 함

(3) 거푸집 공사의 중요성

① 품질: 구조물의 품질에 직접적인 영향
② 안전: 콘크리트 타설 시 안전사고원인
③ 공기: 전체공기의 25% 차지하며, 공기단축의 여지가 가장 높음
④ 원가: 골조공사의 30~40%, 전체공사의 10~15%이며, 원가절감의 여지가 매우 높음

(4) 거푸집 시공시 유의사항

① 강도: 각종 외력에 충분히 안전하고 변형되지 않게 할 것
② 정밀도: 형상, 치수가 정확하며 충분히 수밀성이 있을 것
③ 경제성: 소요자재가 절약되고 반복 사용되어 경제적일 것
④ 공사의 간편성: 가공 조립이 간단하고 해체가 쉬울 것

(5) 거푸집의 측압에 영향을 주는 요소

표 5.1 • 거푸집의 측압에 영향을 주는 요소

항 목	콘크리트 측압에 미치는 영향
콘크리트 타설 속도	• 속도가 빠를수록 측압이 크다.
컨시스턴스	• 묽은 콘크리트일수록 측압이 크다.
시멘트량	• 부배합일수록 크다.
콘크리트의 온도 및 습도	• 온도 및 습도가 높으면 경화가 빠르므로 측압이 작아진다.
타설 방법	• 높은 곳에서 낙하시켜 충격을 주면 측압은 커진다.
철골 또는 철근량	• 철골 또는 철근량이 많을수록 측압은 작게된다.

(6) 거푸집의 조립순서

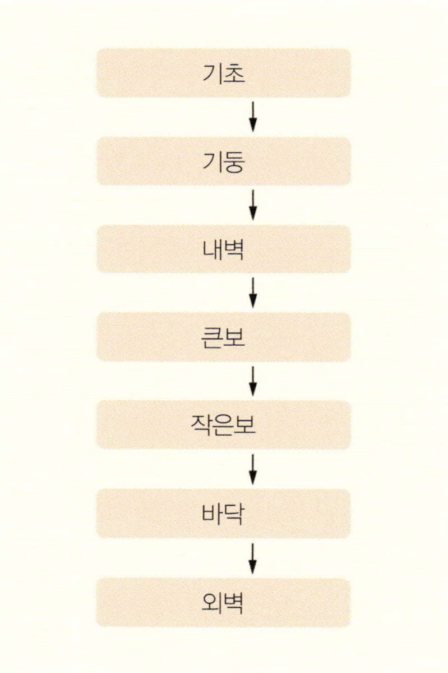

그림 5.2 • 거푸집 조립순서

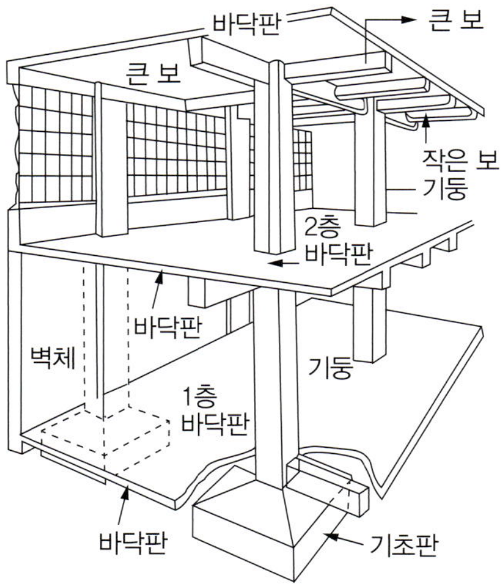

그림 5.3 • 철근콘크리트 구조

5.2.2 거푸집 부수재료

① 긴장재(Form tie)

• 콘크리트의 측압에 거푸집널이 벌어지거나 변형되지 않게 연결 고정하는 것

② 격리재(Separator)

- 거푸집널 상호간의 간격을 유지, 측벽 두께를 유지를 유지하기 위한 것이다. 긴장재 사용시 거푸집널 상호간의 간격을 유지하기 위해 거푸집널 사이에 고정시킨다.

③ 간격재(Spacer)

- 철근과 거푸집 간격을 유지시켜 철근의 피복 두께를 일정하게 유지시킨다.

④ 박리재(Form oil):

- 거푸집의 해체를 용이하게 하기 위하여 거푸집 면에 도포하는 기름류이다.

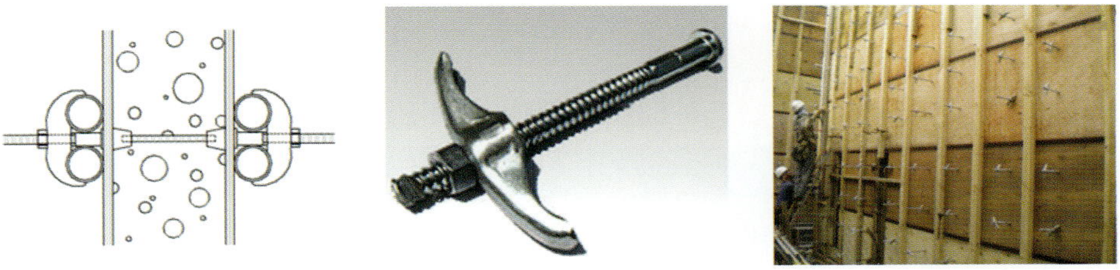

그림 5.4 • 긴장재(Form tie)

그림 5.5 • 격리재(Separator)

그림 5.6 • 간격재(Spacer)

5.2.3 시스템 거푸집

시스템화 거푸집이란 거푸집 공사를 합리화하기 위하여 공사의 성격에 따라 특정 목적에 맞게 제작, 사용하는 거푸집을 의미한다.

(1) 철재패널폼

- 일명 유로폼, 아파트를 포함한 철근콘크리트 구조물 전반에 폭넓게 사용
- 벽체용, 기둥용, 바닥용으로 구분
- 모듈화 및 규격화되어 생산성 향상, 자재의 전용회수 증대를 목적으로 개발됨
- 활용도가 높은 반면에 재래식 공법의 범주를 크게 벗어나지 못함
- 신품구입후 15회정도 교체없이 사용가능

표 5.2 • 철재패널폼의 장단점

장 점	단 점
• 시공상의 정밀도가 높음 • 타 거푸집 시스템과의 조합이 쉬움 • 대형장비가 불필요 • 초기투자비가 적음 • 거의 모든 구조물에 적용가능	• 해체 조립 반복으로 인력소모가 많음 • 시공속도가 늦고 인력수급상황에 민감 • 곡면 시공이 어려움 • 높은 측압에 약함 • 시공 품질이 작업자의 기능도에 좌우

그림 5.7 • 유로폼(Euro form)

그림 5.8 • 알폼(Al–form)

(2) 알폼

- 벽과 바닥이 모두 알루미늄 폼으로 경량으로 구성된 일체화 폼
- 벽체, 슬래브 일체화이며, 전용회수가 많고 마감면 상태 양호

(3) 슬라이딩폼

- 벽체 전용 거푸집으로서 거푸집과 벽체 마감공사를 위한 비계틀을 일체로 조립하여 한꺼번에 인양시켜 거푸집을 설치
- 타워크레인 또는 자체 유압기를 이용하여 인양
- 거푸집작업과 마감작업을 위한 비계틀이 일체로 제작, 비계설치가 필요 없음
- 고소 작업시 안전성이 높음
- 거푸집 해체 시 콘크리트에 미치는 충격이 적음
- 장비를 이용, 인력절감 및 공기단축
- 콘크리트면의 품질이 양호
- 초기투자비가 큼

그림 5.9 • 슬라이딩폼 시공

(a) 폼 고정볼트 해체 (b) 폼탈형 - 브라켓 후퇴 (c) 인양로프 고정

(d) 인양 (e) 인양 완료 및 브라켓 전진 (f) 시공 후 모습

그림 5.10 • 슬라이딩폼 시공 순서

(4) 슬립폼

그림 5.11 • 슬립폼 시공

- 수평적 또는 수직적으로 반복된 구조물을 시공이음이 없이 균일한 형상으로 시공하기 위하여 거푸집을 연속적으로 이동시키면서 콘크리트를 타설하여 구조물을 시공하는 거푸집 공법이다. 특징은 유압잭에 의한 상승방식 사용한다.
- 시공이음이 없으므로 수밀성, 차폐성이 높은 구조물 시공가능
- 형상 및 치수가 정확, 시공오차 적음
- 작업대, 비계틀이 동시상승, 안전성 높음
- 콘크리트 연속 타설로 일체성 확보

(5) 갱폼(Gang form)

사용할 때마다 작은 부재의 조립, 분해를 반복하지 않고 대형화/단순화하여 한 번에 설치하고 해체하는 거푸집이며, 거푸집판과 보강재가 일체로 된 기본패널, 작업자의 작업을 위한 작업 발판대로 구성한다.

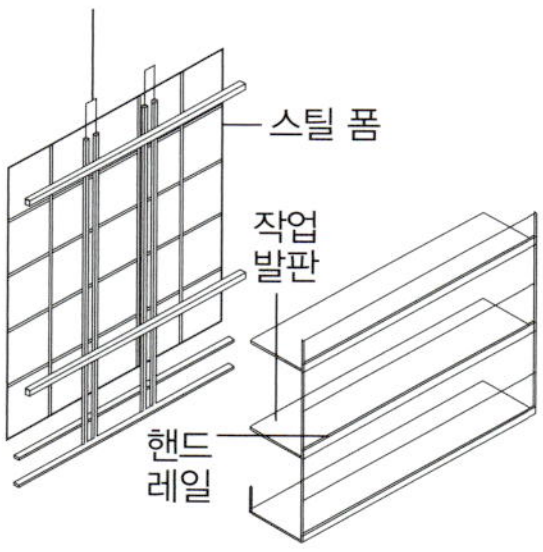

그림 5.12 • 갱폼(Gang form)

표 5.3 • 갱폼의 장단점

장 점	단 점
• 거푸집작업, 마감작업을 위한 비계틀이 일체로 제작, 비계설치가 필요없음 • 조립분해 생략, 설치와 탈형만 함으로 인력 절감 • 기능공의 기능도에 좌우되지 않음 • 한 현장 사용 후 재사용가능	• 대형장비 필요 • 초기 투자비가 큼 • 기능공의 교육 및 숙달기간 필요

(a) 건물 각부의 위치를 확인

- 조립 및 해체순서 협의
- 작업통제구역 지정
- 와이어로프/ T/C점검

(b) 인양장비와 갱폼연결

- T/C을 갱폼 인양 HOOK에 고정
- 줄걸이 및 체인상태 사전점검

(c) 갱폼간 연결핀 제거

- 연결된 갱폼간 연결핀 제거
- 앵글 용접부 용접상태 점검

(d) 갱폼 인양

- 갱폼을 구체로부터 탈형
- T/C를 이용하여 상부로 인양
- 인양 시 충돌 최소화

(e) 하부 고정

- 하부 고정앵커 설치
- 설치위치 수직/수평 확인

(f) 갱폼 전도방지 조치

- T/C와 인양 HOOK 해지
- 갱폼 전도방지 조치

그림 5.13 • 갱폼의 시공순서

(6) 플라잉폼

바닥전용 거푸집으로써 거푸집판, 서포트 등을 일체로 제작하여 수평, 수직방향으로 이동하는 거푸집이며, 보통 갱폼과 조합되어 사용된다.

표 5.4 • 플라잉폼의 장단점

장 점	단 점
• 조립 및 분해 생략 → 설치기간 단축 • 거푸집의 처짐량이 작음 • 합판을 제외한 주요 부재 재사용 가능 • 기능공의 기능도에 좌우되지 않음	• 대형장비 필요 • 테이블폼 도입에 따른 초기 투자비 큼

(a) 테이블 폼 해체

(b) 테이블 폼 운반

(c) 양중 작업대로 이동

(d) 타워크레인으로 상부층 인양

(e) 상부층 설치

그림 5.14 • 플라잉폼 시공 순서

그림 5.15 • 와플 폼(Waffle form)

(7) 와플 폼(Waffle form)

- 격자천장 형식의 바닥판을 만드는 거푸집공법
- 내부공간의 극대화
- 거푸집 제작이 복잡

(8) Metal deck

- 초고층 건축공사의 바닥판공법으로 많이 사용됨
- 콘크리트 경화 전 액성상태의 콘크리트 자중 및 시공시 하중을 견디는 역할
- 철골구조의 슬래브 거푸집 대체용으로 사용
- 일반목재합판등으로 제작하여 써포트처리하고 이를 해체하는 번거로움이 없으므로 비용절감효과
- 설치가 용이

그림 5.16 • Metal deck

5.2.4 주요 부재의 종류와 특징

① 장선

- 거푸집판을 지지하고 콘크리트의 측압력을 거푸집에서 전달받아 보강재, 동바리, 긴결재에 전달시키는 부재로서 보통은 거푸집판과 일체로 제작된다.

② 보강재

- 벽 또는 기둥 거푸집에서는 거푸집 패널을 지지하고 콘크리트 측압을 전달받아 변형이 되지 않도록 유지시켜 주는 수직부재와 수평부재이며, 바닥 거푸집에서는 거푸집 패널 중량, 콘크리트 중량, 작업을 위한 적재하중, 충격하중 등을 전달받아 동바리에 전달하는 매우 중요한 구성부이다.
- 비계용 파이프(구조용 강관) : 바닥바닥 거푸집에서는 장선재로 이용, 벽체용 거푸집에서는 수직 또는 수평보강재로 이용, 철재 패널 폼(유로폼)에서는 수직보강재, 수평보강재로 이용

(a) 목재장선

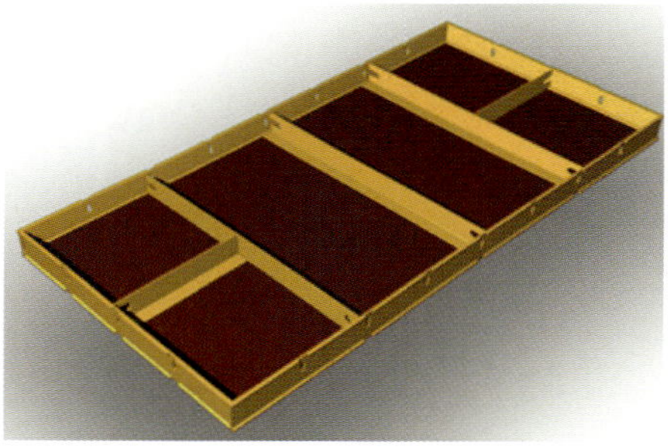

(b) 철재장선

그림 5.17 • 장선

(a) 각목

(b) 비계용 파이프(구조용 강관)

그림 5.18 • 보강재

③ 지지재(동바리)

- 철재 서포트: 바닥 거푸집에서 거푸집의 자중과 콘크리트 중량, 작업하중을 지지하여 바닥 구조물이 안전하고 정확하게 시공되도록 하는 부재이다.
- 시스템화 지주: 지주를 부품화, 조립화, 경량화, 고강도화 하여 시공이 간편하고 중하중에도 안전하도록 제작한 것이다.
- 컵록 서포트 : 연결부위에 하부부재 상단에 상부부재를 받을 수 있게 컵케이스를 만들어 놓아, 동시에 횡부재에 구속력을 갖게 만들어 횡부재를 활용해 높은 곳 작업에 Access용 사다리나 계단과 작업발판 을 설치케 한다.
- 잭 서포트: 현장의 여건이 협소하여 공사중에 지하주차장 상부를 효율적으로 사용하여야 하므로 지하주차장 상판구조물에 과다한 하중 및 진동으로 인한 균열, 붕괴의 위험을 방지하기 위하여 주차장의 보 슬라브의 적정지점에 지보를 세워 구조물에 가해지는 과다한 하중을 흡수 분산 시킬 수 있도록 잭 서포트가 사용된다. 이러한 잭 서포트는 잭을 설치하여 높이를 조절할 수 있다.

(a) 철재동바리

(b) 컵록 서포트

(c) 잭 서포트

그림 5.19 • 동바리

5.3 철근 공사

5.3.1 개요

(1) 정의

콘크리트의 경우 압축력은 강하지만 인장력에는 약하다. 따라서, 콘크리트의 약점을 보강하기 위해 콘크리트 속에 강봉을 묻어 일체가 되어 외력에 저항하도록 하는데, 이와 같은 강봉을 철근이라 한다.

(2) 특성

- 인장력이 우수하여 콘크리트의 약점 보완
- 콘크리트 내 철근은 부식되지 않음
- 가공성, 내구성이 강함
- 내구연한이 반영구적임

(3) 철근의 종류

① 원형철근 (SR:Steel Round)

- 마디와 리브가 없는 철근

그림 5.20 • 원형철근

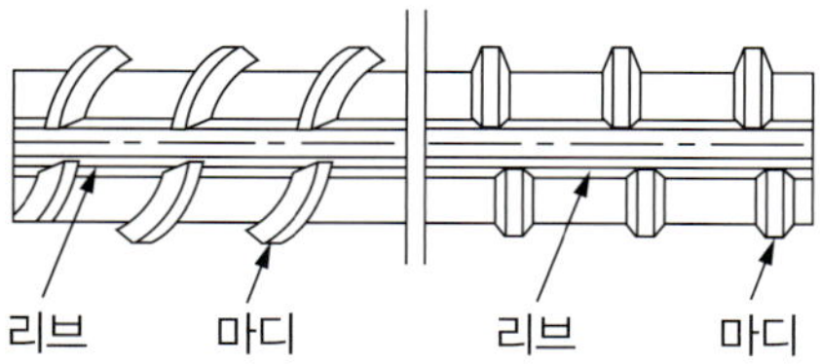

그림 5.21 • 이형철근

- Φ 6,9,12,13,16,19,22,25,28,36

② 이형철근(SD:Steel Deformed)

- 마디와 리브가 있어 부착력 및 정착력을 증가시킨 철근
- Φ 6,10,13,16,19,22,25,29,32,35,38,41

표 5.5 • 철근 기호

강종기호	인장강도 (N/mm2)	색상	롤링마크
SD300	300이상	 녹색	표시없음
SD350	350이상	 적색	3 또는 ★
SD400	400이상	 황색	4 또는 ★★
SD500	500이상	 흑색	5 또는 ★★★
SD600	600이상	 회색	6 또는 ★★★★
SD700	700이상	 하늘색	7 또는 ★★★★★

적힌글자	KS	HS	13	4
의미	한국산업규격	현대제철	D13(13mm)	SD400
읽는 방법	원산지	제조사 표기	지름	강종구분

그림 5.22 • 철근 기호 읽는 방법

(4) 철근의 기호

5.3.2 철근공사 시공

(1) 착수 및 준비단계

① Shop Drawing 작성

- 철근 가공도 및 커팅 리스트
- 이음, 정착 상세 도면 작성
- 개구부 및 주위 보강근 상세도
- 각 부위별 피복두께 및 피복유지를 위한 스페이서 설치 계획 및 위치도

② 자재 청구 및 검사

- 자재인수검사는 규격, 수량이 일치하는지 확인
- 자재저장은 규격별로 분리하여 저장하고 인식표를 설치하여 관리
- 철근의 품질시험은 KS 자재이므로 불필요하나 감리 등 요구 시 외부시험을 의뢰

③ 철근가공

- 철근가공은 loss가 최소가 되도록 커팅 리스트에 의해 가공
- 절단 및 가공 전 이음 및 정착길이는 도면과 시방서를 다시 한번 확인
- 절단, 가공된 철근은 규격, 길이별로 분리하여 저장하고 1개층 단위로 묶어서 운반
- 절단은 산소 등 불을 사용해서는 안되며 반드시 커팅 기계를 사용

③ 조립 및 설치

- 벽철근은 수직근을 안쪽으로 수평근은 바깥쪽으로 배근
- 벽철근은 폭고정근을 설치하여 철근상호간의 간격을 유지
- 전기, 설비 box 주위는 반드시 철근보강을 실시

(2) 시공단계

(a) Shop-D.W.G 검토

(b) 철근 절단

(c) 철근 절곡

(d) 인양

(e) 철근 조립

그림 5.23 • 철근 시공 순서

(3) 철근 선조립 공법

- 현장 조립에 비해 공기단축, 자재 재고 확보에 따른 공정관리 용이
- 사전 품질점검을 통한 품질확보 및 철근 인양의 안전성 제고
- 시스템 폼 상단의 작업발판 공간을 효과적으로 이용
- 고층 작업을 지상으로 옮김으로 작업자 이동을 줄이고 효율 향상

그림 5.24 • 철근 선조립공법

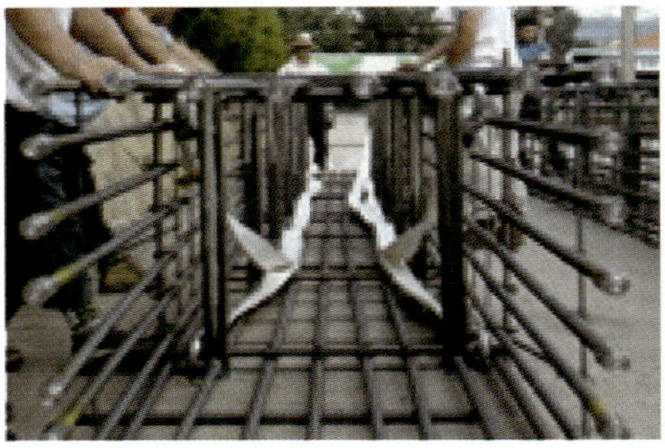

(a) 조립 완료 및 양중 걸기

(b) T/C 양중

(c) 선조립 철근망 위치잡기

(d) 선조립 철근망 체결

그림 5.25 • 철근 선조림 작업흐름도

(4) 철근 가공방법 비교

표 5.7 • 가공방법 비교

구분	현장 가공	공장 가공
가공 정밀도	일반	우수
철근 Loss율	높다(3% 내외)	낮다(3% 이내)
비상 대응 능력	높다(현장대응)	낮다(추가운반 등)
현장 내 공간	가공/자재 야적을 위한 대규모 야적공간	잔재 야적용 소규모 야적공간
투입물량 파악	어렵다	용이하다
가공도 작성	수작업	수작업 또는 전산작업

5.3.3 피복두께

(1) 정의

철근의 피복두께란 철근 콘크리트 구조체에서 철근의 부식이나 화재열등으로부터 철근을 보호하기 위한 목적으로 철근을 콘크리트로 감싼 두께를 말하며 철근 조립 및 콘크리트 타설시 철근의 피복두께 확보 및 콘크리트의 철저한 품질관리를 통해 철근콘크리트의 구조성능저하가 없도록 하여야 한다.

(2) 철근 피복두께의 필요성

① 내구성 확보
② 내화성 확보
③ 부착성 확보
④ 방청성 확보
⑤ 콘크리트 유동성 확보

(3) 피복두께 확보방안

- 철근 배근시 피복두께 확보 및 준수
- 펌프 타설시 철근의 변형 및 이동방지
- 해수에 접하여 시공시 피복두께 최소 5cm이상 확보
- 스페이서는 충분한 강도를 가진 것을 사용할 것

그림 5.26 • 스페이서

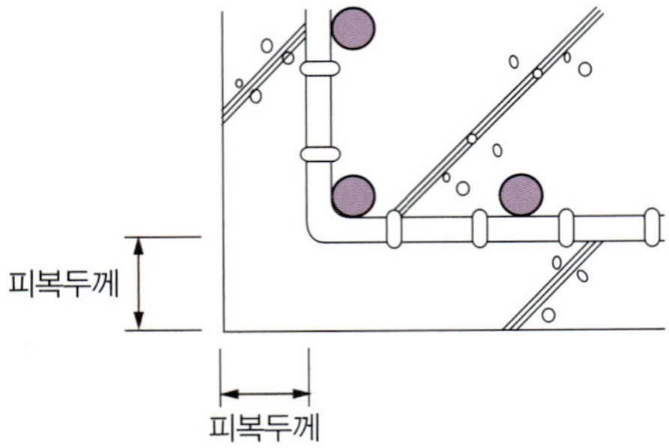

그림 5.27 • 피복두께 확보

표 5.8 • 최소 피복두께 (단위: mm)

부위			피복두께
수중에 타설			100
영구히 흙에 묻히는 부위			80
흙에 접하거나 옥외공기에 직접 노출		D29	60
		D25	50
		D16	40
옥외의 공기나 흙에 직접 접하지 않음	슬래브, 벽체, 장선	D35 초과 철근	40
		D35 이하 철근	20
	보, 기둥		40

- 스페이서는 충분히 고일 것
- 콘크리트 타설 전 철근의 피복두께 등을 철저히 검사

(4) 피복두께의 중요성

① 응력전달측면

- 콘크리트 타설 시 굵은 골재의 유동성과 관련
- 외부철근과 거푸집 내면 사이의 공간에 밀실한 콘크리트 타설
- 피복 부위의 콘크리트 강도와 관련

② 내구성 측면 (콘크리트 중성화)

- 알칼리성의 콘크리트가 공기 중의 수분과 탄산가스에 의해 중성화됨
- 중성화의 진전으로 철근에 녹이 슬게 됨. 철근에 녹이 슬면 부피가 팽창하여 콘크

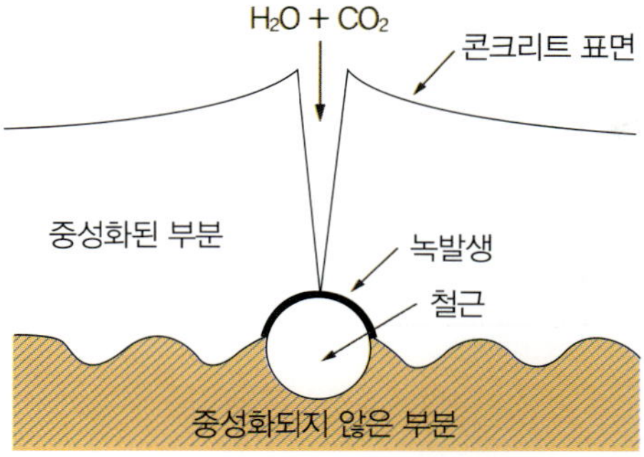

그림 5.28 • 콘크리트 중성화

(a) 중앙계단 코아의 철근부식 모습

(b) 화장실 상부의 철근부식 모습

그림 5.29 • 콘크리트 중성화에 따른 철근 부식

리트 파괴되며 결국, 내구연한이 짧아지게 됨. 따라서, 철근콘크리트 구조물의 내구성은 콘크리트의 중성화에 의해 결정됨.

- 피복두께가 두꺼울수록 내구성은 큼

5.3.4 이음 및 정착

(1) 이음

- 이음은 겹치거나, 용접하거나, 또는 기계적 장치에 의하거나 하여 철근을 접속한다.
- 이음부분이 동일 개소에 집중하지 않도록 하고 응력이 큰 곳은 피한다.
- D29, 28mm 이상의 이형 및 원형철근은 겹침이음을 하지 않는다.
- 지름이 다른 철근의 겹침이음 길이는 가는 철근을 기준한다.

① 겹침이음

- 콘크리트와의 부착력에 의존, 결속선 사용
- 두 곳 이상 결속

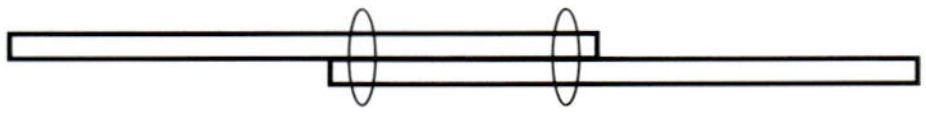

그림 5.30 • 겹침이음

② 가스압점이음

- 철근 접착 면을 가공한 후 압접기구를 이용하여 고열로 철근을 가열하면서 압착 접합

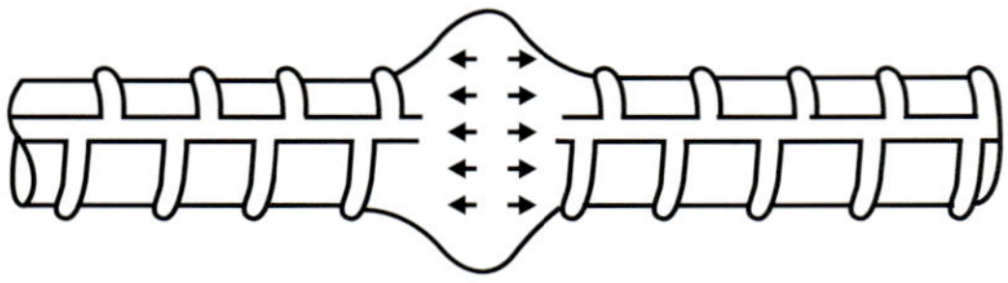

그림 5.31 • 가스압점이음

(a) 연마 장면

(b) 기계 정착 및 가열 장면

(c) 1차 가압된 장면

(d) 2차 가압된 장면

(e) 3차 가압된 장면

(f) 압접 완료된 장면

그림 5.32 • 가스압접이음 순서

③ 용접이음

- 철근과 용접봉과의 사이에 발생한 열에 의해 철근 및 용접봉을 용해해서 철근과 철근을 용착금속으로 접합

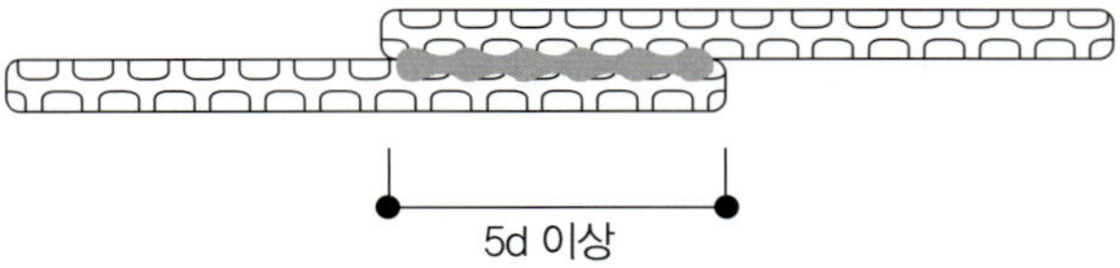

그림 5.33 • 용접이음

④ 기계식이음

- 철근 단부에 나사선을 내고 커플러를 사용하여 이음

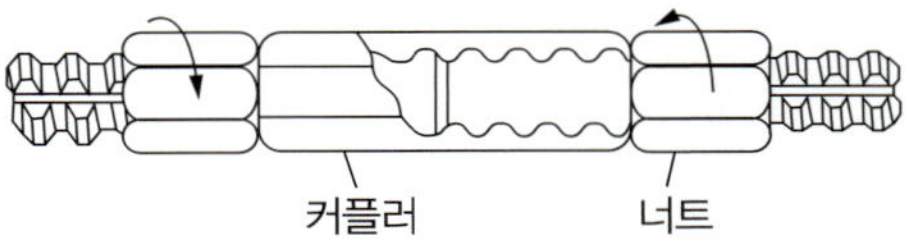

그림 5.34 • 기계식이음

(a) 가스압점이음

(b) 기계식이음

(c) 커플러

그림 5.35 • 이음사례

(2) 정착

- 철근콘크리트 부재 각 단면의 철근에 작용하는 인장력 또는 압축력이 단면의 양 측에서 발휘될 수 있도록 묻힘길이, 갈고리, 기계적 정착, 또는 이들의 조합에 의하여 철근을 콘크리트에 정착하는 것
- 인장 부분 : L ≥ 40d, 압축 부분 : L ≥ 25d
- 정착위치
  - 기둥 주근: 기초 또는 바닥판
  - 보의 주근: 기둥 또는 큰보
  - 지중보 주근: 기초 또는 기둥
  - 벽철근: 기둥, 보, 바닥판
  - 바닥철근: 보 또는 벽체

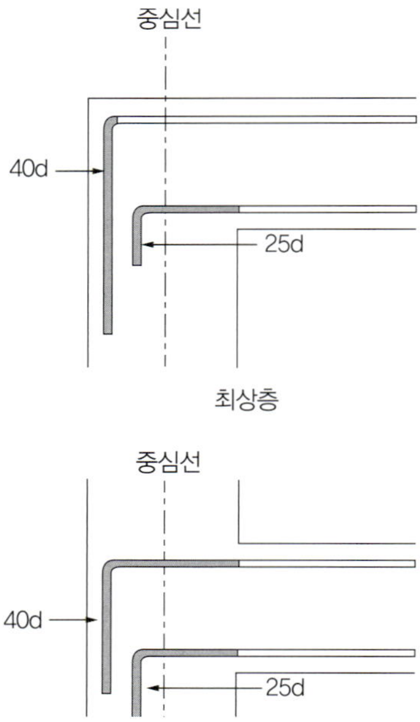

그림 5.36 • 층별 철근의 정착

그림 5.37 • 철근 정착

5.3.5 기타

① 온도철근

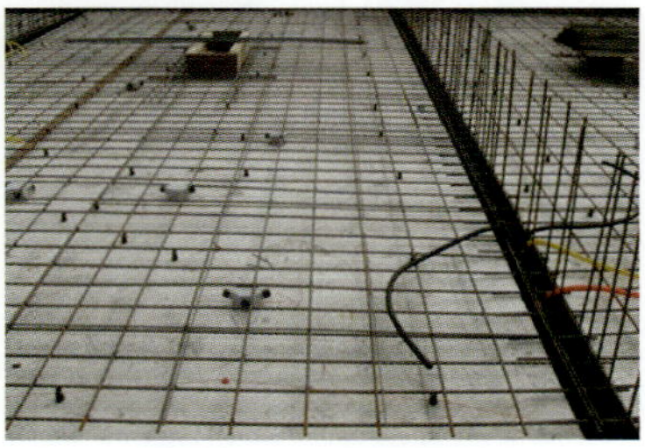

그림 5.38 • 온도철근

- 온도철근이란 온도변화와 콘크리트 수축에 의한 균열을 줄이기 위하여 배근하는 보강 철근으로 흔히 구조용 용접철망을 사용
- 시멘트가 수화함에 따라 수화열이 발생하며 이로 인해 내부온도가 증가함
- 초기 양생 후 수화온도가 내려가면서 강도가 증가하고, 수축작용도 일어남
- 수축작용시 발생하는 균열을 방지 위해 설치함
- 기능
  - 콘크리트 수축에 의한 균열저감
  - 온도변화에 의한 콘크리트 균열저감

② 용접철망

- 콘크리트 보강용 용접망으로서, 철선을 직각으로 교차시켜 각 교차점을 전기저항 용접한 철망, 시트철망과 롤철망이 있음

③ 철근격자망

- 콘크리트 보강용 용접망으로서, 철근과 철근 또는 철근과 철선을 직각으로 교차시켜 각 교차점을 전기저항용접한 격자망.

④ 배근시공도

- 철근의 가공 및 조립을 위해 작성하는 것으로서, 바-스케쥴과 바-리스트는 물론, 철근의 이음위치, 조립순서 및 부재접합부 배근상세 등을 포함하는 도면

1) 바-스케쥴(bar schedule)

- 배근시공도의 일부분으로서 철근의 가공형상, 치수 및 부재별 기호 등을 표로 만든 것

2) 바-리스트(bar list)

- 배근시공도의 일부분으로서 철근의 지름, 개수, 간격, 소요길이, 이음할증 및 소요철 근량 등의 항목으로 구성된 표

5.4 콘크리트 공사

5.4.1 개요

(1) 정의

시멘트, 굵은 골재, 잔골재를 물에 섞어 혼합하여 거푸집에 채워 넣어 모양을 주고 경화시킨 다음 탈형한 것으로 필요에 따라 혼화제를 넣어 사용하기도 한다.

(2) 굳지 않은 콘크리트의 성질

① 시공연도(workability)

- 작업의 난이도 정도 및 재료의 분리에 저항하는 정도를 나타내는 것으로, 모르타르나 콘크리트의 작업성의 난이도를 말하는 정도의 정성적인 것으로 정량적으로 표시할 수 없다.

② 반죽질기(consistency)

- 콘크리트 유동성의 정도. 유동성은 콘크리트의 워커빌리티에 아주 크게 영향을 주나 유동성이 큰 것이 반드시 시공하기 적당하다고 할 수 없다.

③ 압송성(pumpability)

- 콘크리트 시공 시 펌프공법을 채용할 때에 콘시스턴시가 불량하면 콘크리트 펌프의 폐색사고가 발생하여 압송이 불가능하게 되어 현장의 작업이 곤란하게 됨. 이처럼 펌프용 콘크리트의 워커빌리티를 판단하는 하나의 척도로 사용한다.

④ 성형성(plasticity)

- 거푸집 등의 형상에 순응하여 쉽게 다져 넣을 수 있고, 거푸집을 제거하면 천천히 형상이 변하기는 하지만 허물어지거나 재료가 분리하거나 하는 일이 없는 성질이다.

⑤ 마감성(finishability)

- 굵은 골재의 최대치수, 잔골재율, 잔골재의 입도, 콘시스턴시 등에 따르는 마무리하기 쉬운 정도이다.

(3) 콘크리트 재료

① 물

- 물은 콘크리트 용적의 약 15% 차지
- 배합수는 콘크리트의 유동성을 가져다 줌과 동시에 시멘트와 수화반응을 일으켜 경화를 촉진하는 등의 역할
- 기름, 산, 유기불순물, 혼탁물 등 콘크리트나 강재의 품질에 나쁜 영향을 미치는 물질의 유해량을 함유해서는 안되며 해수를 배합수로 사용해서는 안 됨

② 시멘트

1) 보통 포틀랜트 시멘트

- 일반적인 시멘트
- 시멘트 생산량의 90% 정도를 차지
- 토목, 건축공사에 보통 사용

2) 조강 포틀랜트 시멘트

- 석회와 알루미나 성분을 많이 포함한 시멘트
- 보통 포틀랜드 시멘트의 7일 강도를 3일 만에 발현
- 고강도를 요하는 구조에 사용

그림 5.39 • 콘크리트 재료

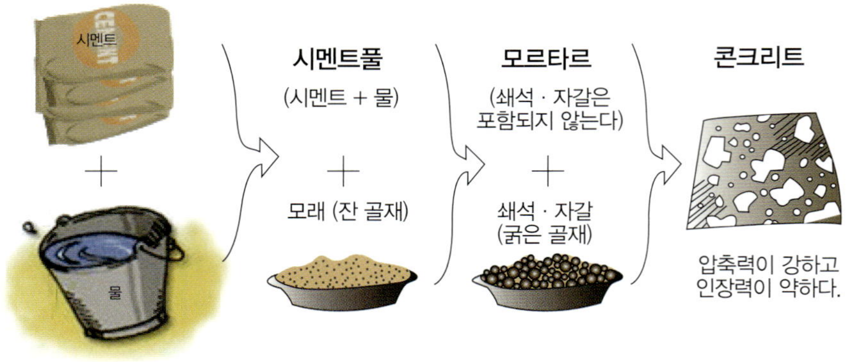

그림 5.40 • 콘크리트 구성

- 공기를 단축하기 위한 공사에 사용
- 수화발열량이 많아 건조수축균열에 대비
- 동절기 공사에 사용

3) 중용열 포틀랜트 시멘트

- 보통시멘트보다 석회와 알루미나분이 적음
- 수화열이 낮음
- 수축율이 적고 균열발생율이 적음
- 댐, 포장공사에 사용됨
- 하절기 공사에 사용됨
- 초기강도의 발현은 늦으나 장기강도에는 유리한 시멘트

③ 혼합시멘트

1) 플라이애시 시멘트

- 포틀랜트시멘트에 플라이애시를 혼합한 시멘트
- 수화열이 낮고 팽창수축이 적음
- 유동성이 좋아 펌프에 의한 타설용 콘크리트 및 경량콘크리트용

2) 고로 시멘트

- 용광로에서 선철을 제조할 때 생기는 부산물인 슬래그에 포틀랜드 시멘트와 석고를 혼합하여 만든 혼합 시멘트
- 보통 시멘트에 비하여 수화열이 낮음
- 내구성이 높으며 화학저항성이 큼

- 대규모 콘크리트 공사(하천, 항만, 댐, 도로 등)에 사용

3) 실리카 시멘트

- 포틀랜드시멘트에 규산질의 혼합재를 혼합한 시멘트
- 초기강도는 낮으나 장기간에 걸쳐 강도의 증진이 계속됨
- 해수 등에 대한 화학저항이 큼
- 댐, 터널, 지하철, 도로, 화학공장 축조에 사용

4) 알루미나 시멘트

- 알루미나가 주성분인 시멘트
- 내화성, 급결성, 발열성이 있음
- 긴급을 요하는 공사. 한냉공사에 사용
- 고가로서 1일에 28일 강도 낼 수 있음

5) 백색 시멘트

- 색체가 백색인 시멘트
- 보통시멘트 수준의 강도
- 안료를 사용하는 마무리공사에 사용

④ 시멘트의 특성

- 수경성이 있어 물에 의하여 경화됨
- 시멘트성분이 일정한 경우 입자가 미세할수록, 분말도가 높을수록 물과의 접촉 표면적이 크며 수화가 빨리 진행되어 초기강도가 증가
- 분말도가 높을 때 단점은 풍화되기 쉽고, 수축균열 등이 생기기 쉬움
- 수화열 : 시멘트에 물을 가하여 비비면 시멘트 중의 수경성 화합물과 물이 화학반응($CaO + H_2O \rightarrow Ca(OH)_2$)을 일으킨다. 이 반응을 수화반응이라 하고, 이 반응에 의하여 발생하는 열이다.

⑤ 골재

- 콘트리트 중 골재가 차지하는 용적은 70~80%
- 골재는 콘크리트의 시공성, 강도, 내구성에 큰 영향을 미침
- 유해량의 먼지, 흙, 유기불순물, 염화물 등이 없을 것
- 잔골재(모래): 10mm체를 전부 통과하고 5mm체를 85%이상 통과
- 굵은골재 : 5mm체에 85% 이상 남는 골재.

(a) Ø0~8 mm 골재 (b) Ø0~25 mm 골재 (c) Ø25~40 mm 골재 (d) Ø40~70 mm 골재

그림 5.41 • 골재종류

⑥ 혼화재료

1) 혼화제

- 콘크리트 성질을 개량할 목적으로 섞는 재료로 사용량이 적어 콘크리트 배합계산에 무시되는 것

(a) AE제(Air Entraining Agent)

- AE제는 콘크리트 속에 독립된 미세한 기포(지름 0.05~0.125mm) 를 만들어 골고루 분산시키는 작용을 하여 그 기포가 미세한 잔골재 주위에서 마치 볼베어링의 역할을 함으로서 콘크리트의 시공연도가 좋아지고 단위수량을 감소시킬 수 있는 혼화제이다.
- AE제의 혼입은 휨강도와 압축강도를 감소시키지만 AE제의 사용으로 인한 단위수량의 감소와 시공연도의 증대로 거푸집의 충진성이 좋아져 타설 결함이 감소되고 이에 따른 강도의 증가가 이를 상쇄시키며 경제성으로도 차이가 없다.

(b) 감수제

- 소정의 콘시스턴시를 얻는데 필요한 단위수량을 감소시키고 콘크리트의 시공연도를 향상시키기 위해 사용되는 혼화제로 콘크리트 중의 공기를 연행시키지

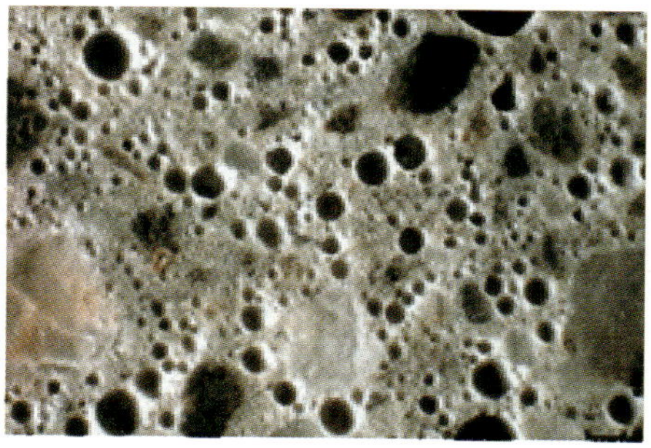

그림 5.42 • AE제

그림 5.43 • 감수제

않고, 시멘트 입자를 분산시켜 유동성을 증대시킨다.

(c) 응결경화 촉진제

- 콘크리트 응결이 촉진되고 조기강도가 증대하므로 한중콘크리트에 사용되는 염화칼슘, 규산소다 등이 있다.

(d) 응결지연제

- 시멘트의 응결시간을 지연시키는 혼화제로 레드믹스트콘크리트의 운반거리가 멀거나 서중콘크리트에 사용

(e) 방수제

- 콘크리트의 방수성을 높이기 위한 것이다.
- 콘크리트의 공극을 안정하게 채우는 것은 소석회, 석분, 규조토, 규산백토, 염화암모늄과 철분의 혼합물 등이 있다.

(f) 발포제

- 콘크리트에 알루미늄 또는 아연분말을 혼입하면 시멘트 중의 알칼리와 반응하여 수소가스가 발생하고 그 가스가 기포로 되어 콘크리트 중에 함유되어 유동성이 좋아진다.

(g) 방청제

- 염화물에 의한 철근의 부식을 억제시킨다.

(h) 유동화제

- 배합이나 경화 후의 품질을 변치 않도록 하고, 유동성을 대폭으로 개선시킨다.

2) 혼화재

- 콘크리트 성질을 개량할 목적으로 섞는 재료로 사용량이 비교적 많아 그 자체의 부피가 콘크리트배합의 계산에 관계되는 것

(a) 플라이애시

- 일반적으로 석탄에는 실리콘이나 알루미늄 성분이 함유되어 있어 화력발전소 등 석탄을 연료로 사용하는 시설에서는 여러 가지 이유로 석탄을 가루로 만들어서 태우는데 석탄을 태우고 나면 이러한 성분들이 산화물 형태로 남아 산화실리콘(SiO_2)나 산화 알루미늄(Al_2O_3) 성분의 미세한 먼지로 남게 된다. 이러한 먼지들을 수거한 것이 플라이애시이다.

(a) 플라이애시 (b) 플라이애시 SEM (c) 고로슬래그 (d) 고로슬래그 SEM

그림 5.44 • 포졸란 재료

(b) 포졸란

- 시멘트가 수화할때 생기는 수산화칼슘[$Ca(OH)_2$]과 화합하여 불용성 화합물을 만드는 실리카물질을 함유하는 미세분재료(화산재, 규조토, 규산백토, 고로슬래그, 소성점토, 혈암, 플라이애시 등)로서 콘크리트의 장기강도, 해수 등에 대한 화학적 저항성, 수밀성등의 성질을 개선하거나 콘크리트 증량제로 사용된다.

(c) 착색재

- 빨강(제2산화철), 노랑(크롬산 바듐), 초록(산화크롬), 갈색(이산화망간), 검정(카본블랙)

(4) 콘크리트 강도에 영향을 주는 요인

① 물시멘트비(W/C) = Water/Cement

- 물시멘트비는 콘크리트 내의 시멘트 중량에 대한 물의 중량의 백분율이다.
- 시멘트가 경화하는데 필요한 물은 시멘트 중량의 35~ 37% 정도이고 나머지 물은 콘크리트의 워커빌러티를 위하여 필요하다.
- 시멘트의 경화에 필요한 물보다 더 많은 나머지 물은 자유수라 하고 콘크리트 경화 시 자유수는 증발하여 외부로 빠져나가면서 콘크리트 중에 공극을 만들어 이 공극으로 인해 강도가 감소하게 된다. 또한, 자유수의 증발 시 콘크리트 체적이 감소하는데 이를 건조수축이라 하고 이 자유수의 증발이 콘크리트 전체에서 고른 증발이 될 수 없으므로 수축의 차이로 내부 응력이 발생하게 된다. 따라서 물시멘트비는 콘크리트 강도를 좌우하는 가장 큰 요인이며 콘크리트 강도는 물시멘트비와 반비례한다.

② 골재의 품질

- 경화된 콘크리트 용적의 70~75%를 차지하는 골재(잔골재, 굵은골재)는 입도가 골

표 5.9 • 시공연도 영향 요인

요인	내용	강도
시멘트	종류, 분말도에 영향	
골재	둥근 골재는 시공연도 좋음	
굵은 골재의 최대치수	치수 작으면 시공연도 좋음	강도는 저하
잔골재율(미립골재, 시멘트)	잔골재율 클수록 시공연도 좋음	강도는 저하
물	물 많으면 시공연도 좋음	강도는 저하
W/C 비	W/C가 높으면 시공연도 좋음	강도는 저하
혼화제	A.E제 사용하면 시공연도 좋음	강도는 저하
공기량	공기량이 많을수록 시공연도 좋음	강도는 저하

고루 섞여서 최소한의 시멘트와 물로 공극을 채워나가는 것이 강도 및 경제상으로 유리하며, 골재자체의 강도는 큰 것이 좋다.

③ 양생

- 양생이란 적당한 온도의 수분을 공급해서 콘크리트의 경화가 원활히 진행되도록 하는 것으로 콘크리트 타설 후 7일 (강도의 70% 발현)동안의 양생조건이 콘크리트 강도를 크게 좌우된다.
- 수분의 공급 없이 너무 빨리 건조되면 강도의 30% 정도를 잃게 되고, 굳지 않은 콘크리트가 얼게 되면 50%의 강도를 잃게 되므로, 타설 후 1주일 동안은 적당한 습도와 4도 이상의 온도를 유지해야 한다.

④ 혼화재료

- 콘크리트 성질을 개량하는 것으로 강도에는 불리한 경우가 많으므로 사용량을 적게 하고 주의해야 한다.

⑤ 배합

- 적당한 배합으로 소요의 시공연도를 얻게 하며 장시간 비빔시 재료분리, 경화체 강도 저하가 발생한다.

⑥ 타설

- 밀실하게 타설되도록 하며 과도한 다짐은 재료분리를 가져와 강도 저하의 원인이 된다.

(5) 콘크리트 배합설계

- 콘크리트 배합이란 콘크리트를 구성하기 위한 각 재료의 비율, 즉 시멘트, 잔골재, 굵은골재, 물, 혼화재료의 사용량이다.
- 배합설계는 필요로 하는 강도, 내구성, 수밀성 및 작업성이 적합한 콘크리트를 가장 경제적으로 얻을 수 있도록 각 재료의 비율을 정하는 것이다.
- 좋은 콘크리트란 작업에 적합한 워커빌리티가 얻어지는 범위 내에서 물량을 가능한 한 적게 하고 콘크리트는 균일하면서 경제적이어야 할 것과 경화 후에는 소요의 강도, 내구성 등의 성능을 만족시키는 것이다.
- 배합설계 절차

  ① W/C 비 결정

  ② 굵은 골재의 최대치수 결정

  ③ 슬럼프치 결정(워커빌리티)

  ④ 잔 골재율 결정

  ⑤ 단위수량 결정

  ⑥ 시방배합 산출 및 조정

  ⑦ 현장배합으로 수정

(6) 콘크리트 타설

① 운반, 타설 전 점검사항

- 운반, 타설 방법과 기계, 기구
- 노무조직
- 비빔개시부터 타설완료 시까지의 시간의 한도
- 타설 구획별 타설 순서
- 시간당 타설량
- 품질이 변화된 콘크리트에 대한 조치

그림 5.45 • 콘크리트 타설

(a) 바이브레이터를 이용한 진동 다짐

(b) 흙손 마감

(c) 피막 보양제를 이용한 피막양생

(d) 양생을 위한 비닐을 씌우는 모습

그림 5.46 • 콘크리트 타설

② 콘크리트 타설

- 거푸집, 배근, 배관, 매입물 등을 타설 전에 점검, 검사하고 거푸집을 청소하고 물뿌리기를 한다. 단, 동절기 공사 시 동결의 위험이 있을 때 물뿌리기를 해서는 안 된다.

③ 콘크리트 타설시 주의사항

- 먼 구획부터 수평이 되도록 타설
- 타설 시 철근, 파이프류, 나무벽돌 등이 이동되지 않도록 주의
- 1m 이상 높은 곳에서 낙하시켜서는 안됨
- 이어치기 시간간격은 25°C 이상일 때 60분 이내, 25°C 미만일 때, 90분 이내
- 다짐은 충분히 같은 정도로 함.
- 보-양단에서 중앙을 향해 타설.
- 기둥콘크리트 타설 후 보, 슬래브 타설

5.4.2 콘크리트 운반

(1) 손수레

- 운반거리가 짧고 평탄한 통로에 사용

그림 5.47 • 손수레

(2) 버킷

- 비빔콘크리트를 담아 운반하는 용기

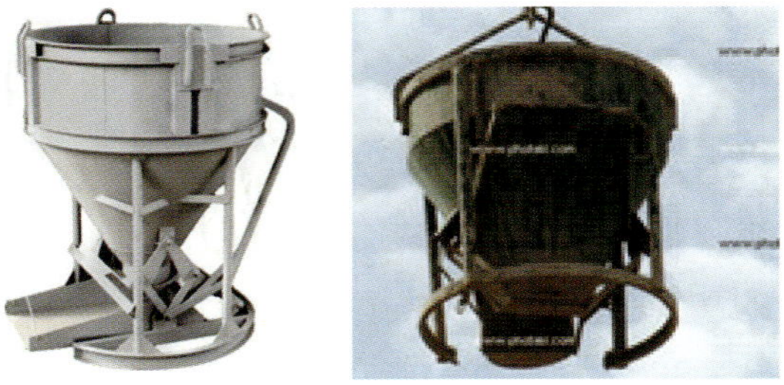

그림 5.48 • 버킷

(3) 펌프카

- 최대 52m 이내의 거리에 있는 콘크리트 타설에 사용
- 레미콘 차량이 진입하기 어려운 협소한 구간
- 장점
  - 기동성이 풍부
  - 노동력이 대폭 절약됨
  - 콘크리트를 연속적으로 수송할 수 있음

그림 5.49 • 펌프카

그림 5.50 • 콘크리트 펌프

(4) 콘크리트 펌프

- 펌프카를 이용한 직접 타설이 불가능한 고층건물(통상 아파트 14층 이상)이나 수평 이동거리가 긴 구간에 사용하며 필요에 따라 배관을 설치하여 CPB, CD와 조합하여 사용

(5) 콘크리트 분배기(Concrete Distributor)

- 초고층 및 대형 건물 등 펌프카를 이용한 직접 타설이 불가능한 경우에 사용
- 콘크리트 펌프,배관과 조합하여 사용, 별도의 장비를 통해 양중(T/C 등)

(6) CPB(Concrete Placing Boom)

- 초고층 및 대형 건물 등 펌프카를 이용한 직접 타설이 불가능한 경우에 사용하며 콘크리트 펌프, 배관과 조합하여 사용
- 건물 중앙부의 수직배관을 통해 설치

그림 5.51 • 콘크리트 펌프

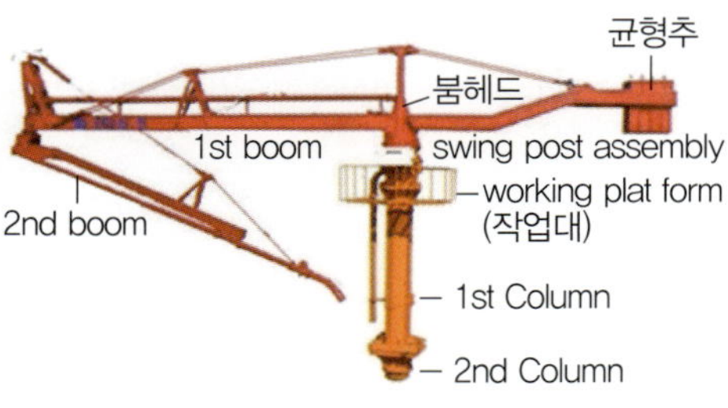

그림 5.52 • CPB

그림 5.53 • 시공이음

그림 5.54 • 콜드조인트

5.4.3 콘크리트 이음

(1) 시공이음 (Construction Joint)

- 시공줄눈은 경화된 콘크리트에 새로 콘크리트를 이어붓기 함으로 발생되는 줄눈
- 구조적으로 꼭 필요한 줄눈이라기 보다는 시공과정상 발생하는 줄눈

(2) 콜드조인트 (Cold Joint)

- 콘크리트 타설시 운반 및 타설이 지연되어 먼저 타설한 콘크리트의 경화가 시작 후 그 위에 타설한 콘크리트와 품질자체가 일치되지 않고 불연속면을 이루는 것이다.
- Cold joint는 물이 통과하기 쉬워 동결, 융해, 작용을 받아 철근부식 및 균열을 발생시키므로 콘크리트의 강도, 내구성, 수밀성을 저하한다.

표 5.10 • 콜드조인트 발생원인 및 대책

발생원인	대책
• 레미콘 트럭의 현장 도착시간이 지연되고 타설 시간이 장시간 소요될 때 • 콘크리트의 온도가 높을 때 • 혹서기 콘크리트 이어치기 간격이 장시간 소요시간	• 콘크리트의 온도를 낮춤. • 콘크리트 타설시 인원, 장비, 자재 계획 수립 • 고온 시 타설 중지 • 운반타설시 시간이 걸릴 때 응결지연제 사용

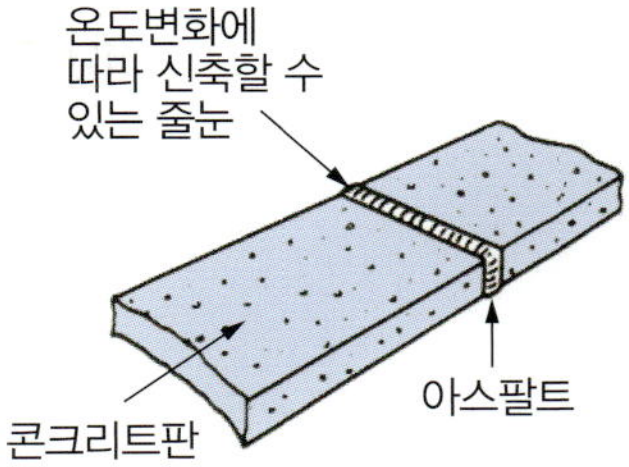

그림 5.55 • 신축이음 구성

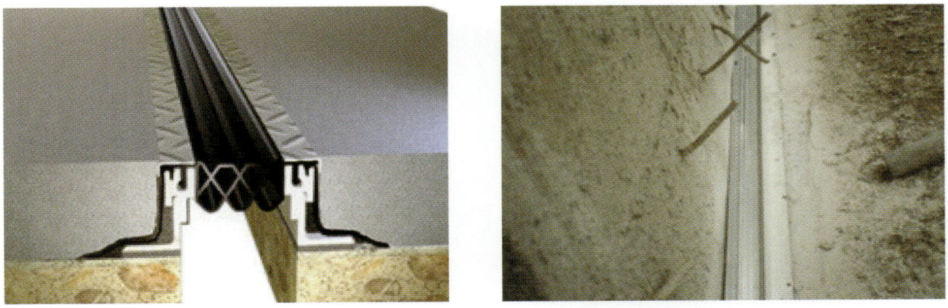

그림 5.56 • 신축이음

(3) 신축이음 (Expansion Joint)

- 콘크리트는 온도 및 습도변화에 의해 신축을 하는데 그 신축을 억제할 경우 균열이 발생할 수 있으므로 이것을 방지하기 위하여 설치
- 기능
  - 온도 및 습도 변화에 따른 콘크리트 수축 팽창저하
  - Mass 콘크리트 등에 많이 사용
  - 침하가 예상될 경우 유도용 줄눈

5.4.4 품질관리 및 검사

(1) 슬럼프 시험

- 굳지 않은 콘크리트의 반죽질기(Consistency)를 측정하여 시공연도(Workability)를 판단하고자 실시하는 시험이다.
- W/C 및 골재 크기의 비율을 조절해 봄으로써 콘크리트의 반죽질기를 알아보기 위해서이다.
- 측정기구: 슬럼프콘, 다짐대, 흙손, 수밀평판

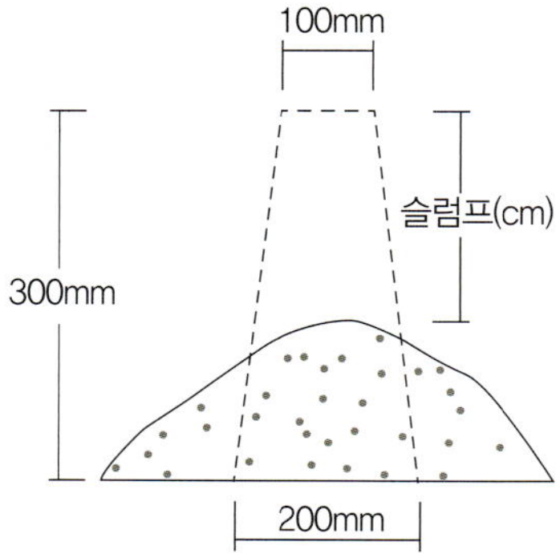

그림 5.57 • 슬럼프 측정 방법

(a) 슬럼프 시험 도구　　(b) 실험 방법

그림 5.58 • 슬럼프 시험

- 슬럼프 값이 작을수록 된반죽이고 값이 크면 진반죽임.
- 값이 크면 일반적으로 작업성이 증가됨. 즉 철근 사이사이로 잘 퍼지는 반죽임.
- 철근콘크리트 일반적인 경우 5~12cm임.

(2) 콘크리트의 비파괴 시험

① 슈미트 해머

- 해머를 벽면에 밀어붙여 일정압력이 되면 추를 밀어내는 스프링의 반발하는 힘을 읽어내는 방법.
- 사용이 간편하고 강도추정이 좋으나 콘크리트 내부의 품질을 판정할 수 없다.

그림 5.59 • 슈미트 해머

그림 5.60 • 초음파법

그림 5.61 • 재료분리 현상

② 초음파법

- 콘크리트를 전파하는 파동의 속도로서 강도의 추정, 균열, 결함의 유무와 위치, 콘크리트 응결시간 측정 등에 쓰임.
- 미국에서는 전파속도에 등급을 매겨 콘크리트 재질의 양부 판정을 하고 있으나 전파 속도만으로는 콘크리트의 품질을 판정하기는 어려움.

(3) 재료분리 현상

- 콘크리트는 비중과 입자의 크기 등이 다른 여러 종류의 재로로 구성되어 있음.
- 따라서 비비기, 운반, 다지기 등의 시공 중에 재료분리를 일으키기 쉬운 경향이 있음.

(4) 블리딩과 레이턴스

- 블리딩은 거푸집에 타설된 콘크리트에 있어서 시멘트, 골재가 침강하고 물이 상승하여 표면에 모이는 현상을 말한다.
- 콘크리트는 침강 및 블리딩에 의해서 용적이 감소하고 블리딩 수가 증발을 종료하면 이어서 콘크리트 수축이 일어난다.

표 5.11 • 재료분리에 의한 피해, 원인 대책

원인	피해	대책
• 굵은 골재의 최대치수가 지나치게 큰 경우(40mm초과) • 슬럼프치가 높을 경우 • 비빔시간의 지연 • 물시멘트비가 클 경우	• 콘크리트의 강도 저하 • 수밀성의 저하 • 철근과의 부착강도 저하	• 잔골재율의 증가 • 물시멘트비의 감소 • AE제, 플라이애시 등의 사용 • 타설 높이를 1m로 제한

(a) 블리딩　　　　　　　　　　　(b) 레이턴스

그림 5.62 • 블리딩과 레이턴스

- 또한 물이 상승할 때에는 비교적 가볍고 미세한 물질을 동반하므로 콘크리트에 상부면에는 블리딩에 의하여 떠오른 미립분이 침적되어 있고 이 침적물은 레이턴스라 칭하고 콘크리트 표면에 하얀 가루 얇은 층이 형성된다.

① 블리딩에 의한 영향

- 콘크리트 표면이 급속히 건조한 경우에는 수축 균열이 발생할 가능성 있음.
- 블리딩에 수반된 침하가 철근까지 미치면 부식 가능성 있음.
- 콘크리트 표면까지 다다르지 않은 블리딩 수에 의한 영향도 있어 콘크리트 중에서 철근이나 조골재 등에 블리딩 수가 남아 있는 경우에는 철근과 콘크리트 또는 골재와 시멘트 페이스트와의 부착력저하, 콘크리트의 강도 저하가 생김.

② 레이턴스에 의한 영향

- 콘크리트 표면의 블리딩수가 건조된 후 콘크리트 표면에 침적된 레이턴스는 흰색 가루로 미관상 좋지 않음.
- 레이턴스를 제거 하지 않고 콘크리트를 타설 연결한 경우에는 극단적으로 부착강도가 낮아져 콘크리트의 내구성을 손상하게 됨.

5.4.5 특수 콘크리트

(1) 개요

- 현장의 공사조건, 구조물의 설계특성 등에 적합한 구조물을 축조하기 위해 혼화제, 특수 시멘트 및 골재를 혼합하여 생산한 콘크리트
- 콘크리트 비빔, 운반, 타설 및 양생 시에 특별 관리가 요구됨

그림 5.63 • 한중콘크리트 보양

(2) 한중콘크리트

- 한중콘크리트란 콘크리트 타설 시부터 양생기간 콘크리트가 동결한 위험이 있는 경우에 시공되는 콘크리트
- 일 평균기온이 4℃ 이하 혹은 타설 후 28일간 예상평균기온 3.2℃ 이하인 경우
- 시공 계획 및 목표
  - 초기동해를 방지
  - 거푸집을 빨리 제거할 수 있도록 조기에 충분한 강도를 발휘시킴
  - 적정한 보양조건(온도, 습도)의 유지와 관리를 함
  - 급격한 온도변화를 방지
- 시공법
  - 가급적 활성이 높은 조강시멘트나 알루미나 시멘트를 사용함
  - AE제를 가급적 사용함
  - 초기양생기간은 양생온도가 0도 이하가 되지 않도록 함
  - 초기 양생 후에도 2일 이상 시트 등으로 덮어 보온함
  - 타설 시 온도가 10~20℃가 되도록 물,골재(시멘트 제외)를 가열한 후 사용

(3) 서중콘크리트

- 월평균 기온 25℃를 초과할 때 시공하는 콘크리트
- 슬럼프저하, 급격한 수분의 증발

① 고온시 콘크리트가 입는 영향

- 콘크리트의 온도가 상승.
- 소요의 콘시스턴시를 얻기 위해 수량이 증가

그림 5.64 • 차폐콘크리트 보양

- 시멘트의 수화가 촉진되어 콘크리트의 응결이 빨라짐
- 슬럼프 저하.
- 콜드죠인트가 발생하기 쉬움.
- 강도가 저하.
- 부착력과 수밀성이 저하.
- 시멘트의 급격한 수화작용, 급격한 수분증발
- 균열발생

② 조치사항

- 재료의 온도를 충분히 낮출 것
- Pre-cooling, Pipe-cooling: 콘크리트 온도상승을 억제하여 균열을 방지하는 공법으로 Mass Concrete에 사용하는 냉각공법.

(4) 차폐콘크리트

- 방사선을 차폐할 목적으로 만든 콘크리트
- 차폐효과는 차폐 재료의 비중과 두께에 비례

표 5.12 • Pre-cooling과 Pipe-cooling 비교

Pre-cooling	Pipe-cooling
• 콘크리트 재료의 일부 또는 전부를 미리 냉각하여 콘크리트 온도를 저온화시키는 방법 • 물, 굵은골재 일부 또는 전부를 냉각시켜 사용 • 비빔물의 일부를 얼음으로 대체 사용	• 콘크리트 타설 전 관경 25mm pipe를 수평으로 배치 • 파이프 내 자연지하수 또는 인공냉각수를 통과 순환시킴 • 시멘트는 열을 내리되 급랭 시켜서는 안 됨

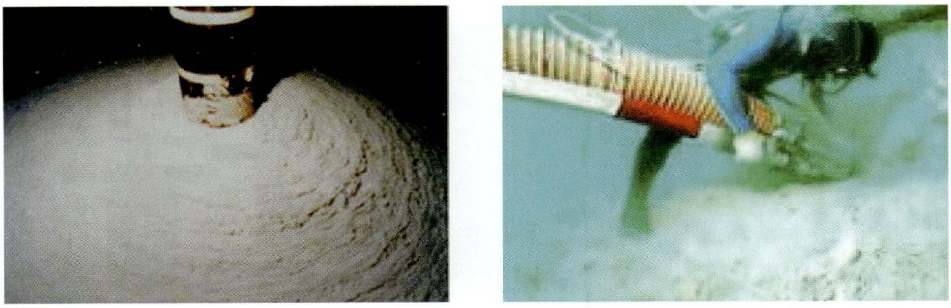

그림 5.65 • 트레미관 타실

① 사용재료

- 시멘트 : 수화열 발생이 적은 중용열시멘트나 플라이애시시멘트를 사용하여 수화열에 의한 균열을 방지
- 골재 : 한정된 벽두께로 차폐성능을 만족시키기 위해 비중을 크게 하기 위해 중량골재가 사용되며 금속재료로 비중이 큰 철, 자철광, 사철, 감철광, 적철광, 중정석 등이 쓰임

② 보양

- 일반콘크리트와 같은 보양이 필요하나 수화열에 의한 온도상승 억제 필요
- 콘크리트 내부에 배관하여 파이프 쿨링하는 방법은 비용이 많이 들고 차폐상 약점이 되므로 많이 사용되지 않으나 수화열 방지에 최선의 방법
- 콘크리트 표면을 물로 냉각하는 방법(살수보양)은 건조방지나 수화에 필요한 수분의 공급에도 기여하므로 많이 이용

(5) 수중콘크리트

- 수중에서 타설되는 콘크리트로 타설 방법이 중요
- 재료분리가 생기기 쉬움

① 트레미관 공법

- 직경 15~25cm의 철관으로 하부개구부는 자유로이 개폐가능

② 프리팩트 콘크리트

- 수중콘크리트 가장 좋은 타설 방법으로 수중의 물과의 접촉이 없으므로 배합관리를 쉽게 실시하는 방법

그림 5.66 • 매스콘크리트

③ 콘크리트 펌프공법

• 수중에 설치한 거푸집 내에 육상의 펌프에서 콘크리트를 직접 압송하여 시공하는 것

(6) 매스콘크리트

• 기초, 기둥, 보 등의 부재단면이 큰 대규모 콘크리트
• 부재단면 80cm 이상
• 수화열에 의한 콘크리트 내부 최고온도와 외기 온도차가 25℃ 이상이 예상되는 콘크리트
• 배근, 배합설계, 배합, 타설, 양생 등에 대한 특별관리 필요
• 시공관리 주요사항
  - 수화열이 작은 시멘트(중용열, 플라이애쉬 시멘트 등) 사용
  - 균열의 분산: 균일 허용균열 이하로 분산하도록 균열방지를 위한 배근
  - 균열의 집중: 신축줄눈을 설치해 규칙적인 균열을 유도하여 사후처리가 용이 하도록 하는 방법
  - 굵은 골재 최대치수를 크게, 잔골재율은 작게
  - 콘크리트 내부온도는 가능한 낮게
  - 양생 시 콘크리트의 표면 및 내부 온도변화는 서서히 낮춤

(7) 프리스트레스트 콘크리트(PSC, 미리 응력을 준 콘크리트)

• 인장측 콘크리트에 균열이 발생하면 콘크리트는 힘을 받지 못하게 되어 인장응력은 무시하고 철근이 인장력을 모두 받는 것으로 보고 설계.
• 이렇게 생긴 균열은 아물지 않으며 이것이 발달하면 철근을 부식시켜서 부재의 내구성을 저하시킴

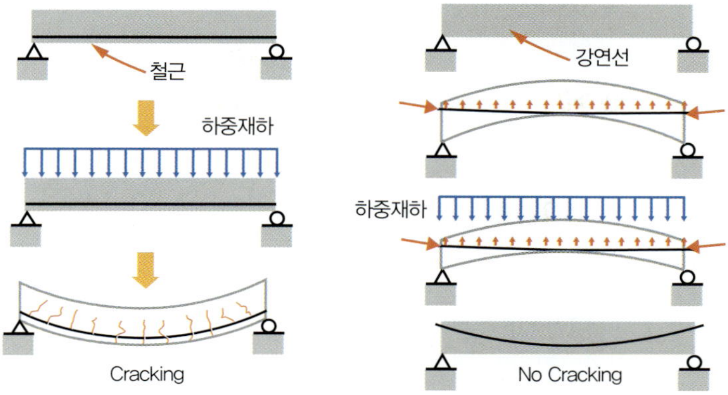

(a) 일반 공법　　(b) 프리스트레스트 콘크리트 공법

그림 5.67 • 프리스트레스트 콘크리트 공법 원리

- 이러한 철근 콘크리트의 결점을 없애거나 완화하려면 철근 콘크리트 보에 일어나는 인장응력을 상쇄할 수 있도록 미리 콘크리트에 압축응력을 주면 될 것임.

(8) 포스트텐션 콘크리트

- 콘크리트에 프리스트레스를 주는 방법의 하나. 거푸집내에 PC강재를 배치하여 콘크리트를 타설하고, 콘크리트 경화 후에 PC강재를 긴장하여 정착구를 써서 단부에 정착시킴으로써 인장응력을 도입하는 방법

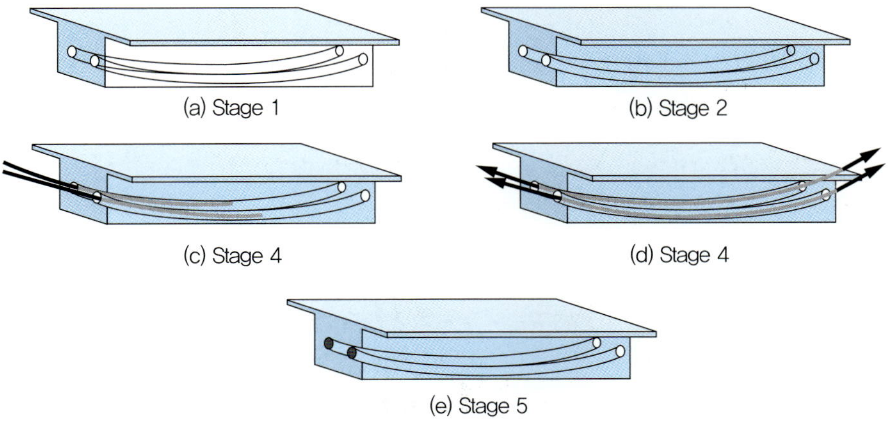

그림 5.68 • 포스트텐션 콘크리트 시공

(a) 일반 콘크리트의 파괴 (b) 섬유보강콘크리트의 연성파괴

그림 5.69 • 유리섬유보강 콘크리트의 원리

(9) 유리섬유보강 콘크리트(Glass fiber reinforced concrete)

- 유리섬유 보강콘크리트란 내알칼리성 유리섬유를 보강재로 사용하여 콘크리트의 인장강도를 보강한 콘크리트를 말함.
- 콘크리트의 충격, 휨, 인장 강도를 증가
- 내진 성능이 우수, 경량

(10) 제물치장 콘크리트

- 외장을 하지않고 노출되는 콘크리트 자체가 치장이 되게 마무리하는 콘크리트
- 표면평활, 빛깔균등, 흠집이 없어야 하기때문에 거푸집의 공작법과 콘크리트 시공이 중요
- 시공관리 주요사항
  - 시멘트는 동일회사, 동일공장 제품 사용
  - 굵은골재는 25mm 이하 사용
  - 철근의 피복두께는 외장을 하지 않기 때문에 1cm 정도 두껍게
  - 벽, 기둥은 상부까지 한번에 타설
  - 거푸집 이음새 처리에 주의
  - 거푸집에 막대한 비용과 노력이 필요하고 시공의 정확성을 요함.

그림 5.70 • 제물치장 콘크리트

(11) 경량기포 콘크리트

- 경량 콘크리트는 중량 경감의 목적으로 만들어짐.
- 종류
  - 경량 골재 콘크리트: 콘크리트에 사용되는 골재를 다공질 경량 재료인 질석, 퍼라이트, 화산암등을 사용하거나 스티로폴 알갱이 등을 사용하여 생산된 콘크리트
  - 경량 기포 콘크리트: 화학약품을 시멘트에 첨가하여 기포를 발생시킨 다공질 콘크리트

(12) 경량골재 콘크리트

① 구조용

- 연약지반상의 건축이나 건물자중을 경량화할 필요가 있을때 철근, 철골과 같이 사용 주요구조체로 이용한 콘크리트

② 비구조용

- 비내력벽이나 설비배관의 피복, 방수층 누름 등으로 사용

(13) 유동화 콘크리트

- 미리 비벼낸 콘크리트에 고성능 감수제를 첨가하고, 이것을 교반시켜 유동성을 증대시킨 콘크리트
- 콘크리트 품질개선, 시공능률 향상, 시공성 개선 등의 목적으로 사용
- 고성능 감수제는 일반 감수제의 기능을 더욱 향상시켜 시멘트를 효과적으로 분산시키고, 응결지연 등의 악영향 없이 사용가능
- 특성
  - 시공성 향상
  - 수밀성 및 내구성 향상
  - 수화열에 의한 균열 감소
  - 유동화제 투입 후 조속 시공
  - 재료분리 가능성
- 시공관리 주요사항
  - 유동화를 위한 비빔은 공사현장에서 실시
  - 타설 완료 시간은 유동화제 첨가 후 30분 이내
  - 콜드 조인트가 발생되지 않게 연속 타설

5.4.6 균열 및 대책

(1) 화학적 철근 부식과 콘크리트 중성화

① 철근의 부식과 균열발생

- 건물외부 벽체 등 철근 콘크리트 구조물의 노출된 균열 부위를 통하여 철근에 물과 공기가 접촉함으로 부식이 가속화되고 철근이 부식하여 팽창할 때 그 팽창력에 의하여 구조체에 균열 발생함
- 철근이 부식하면 부식부분은 빗물의 이동 통로 역할을 하며 노후된 건물에서 물이 새는 원인이 됨
- 철근(Fe)이 물(H_2O)와 공기가 접촉하면 녹($Fe(OH)_3$)와 수소이온(H^+)이 발생하며 수소이온은 철근부식작용을 가속화

② 콘크리트 부식과 균열발생

- 철근콘크리트 건물에서 철근은 빗물이 유입되어 부식하고 콘크리트는 탄산가스(CO_2)에 노출되면 부식이 촉진됨
- 시멘트(CaO)와 물(H_2O)이 혼합된 콘크리트는 강알칼리성을 가지고 있으나 공기 중에 존재하는 산성인 이산화탄소(CO_2)와 접촉하여 탄산칼슘($CaCO_3$)와 물(H_2O)로 변화하는 콘크리트 중성화 현상이 발생함
- 이런 반응으로 차량 매연 등 공기 오염도가 높은 지역의 콘크리트는 부식속도가 빠르며 구조체 표면 균열이 발생할 경우 내부까지 탄산가스가 접촉하므로 구조체 전체가 부식하고 도색된 페인트가 벗겨지는 등 부식이 가속화됨

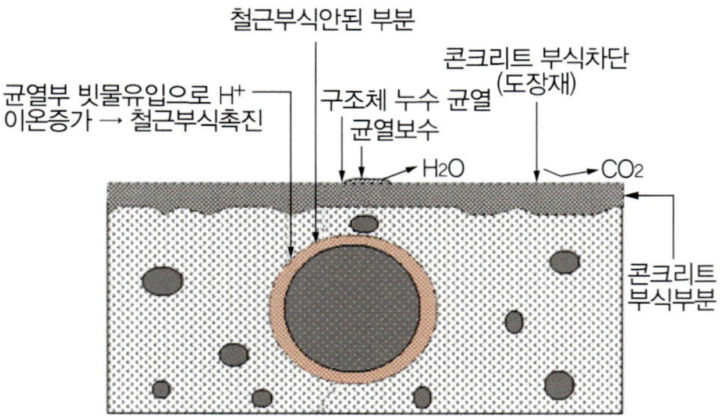

그림 5.71 • 철근 부식 원리

(2) 중성화 방지대책

① 내부에 공극이 없는 치밀한 골재를 사용
② 콘크리트 타설시 철저한 다짐으로 내부에 공극 및 기포가 없는 치밀한 콘크리트를 만듬
③ 콘크리트의 표면을 마감처리
④ 양생을 철저히 함
⑤ 적절한 철근의 피복두께를 확보하도록 하고 가능한 피복두께를 늘림
⑥ 콘크리트의 표면을 표면 강화제를 도포 및 침투

(3) 염분에 의한 균열

- 염분이 바람에 의해 콘크리트에 침투함으로서 철근이 부식
- 해안으로부터 가까울수록 손상이 큼
- 연간 해풍 평균속도와 손상과는 비례관계가 있음
- 해사에 함유되어 있는 염분이 콘크리트 속에 철근부식에 영향을 미치므로 콘크리트 재료로 사용하는 해사의 허용염분 규제치를 중량의 0.04%로 규제함

그림 5.72 • 염분에 의한 균열

(4) 기타균열

- 물시멘트비가 클수록, 단위시멘트량이 증가할수록, 잔골재율이 클수록 수축율이 큼
- 콘크리트의 조기건조를 막고 거푸집 존치기간을 충분히 길게하면 균열이 적음
- 콘크리트는 온도변화에 따라 신축하고 건조하여도 신축하므로 신축줄눈을 설치하여 내부응력의 전달을 막고 신축에 대처해야 함
- 부동침하, 지진력, 풍압력에 의한 균열로 기초의 내력을 충분히 검토하고 풍압력이나 지진력을 예측하여 구조설계시 반영
- 레미콘 사용시 발생하는 균열: 장시간 혼합한 레미콘은 균열이 발생하기 쉬움

연 습 문 제

1 거푸집의 주요 역할은 무엇인가?

2. 거푸집의 측압에 영향을 주는 요소는?

3. 격리재, 간격재, 박리재를 설명하시오.

4. 슬라이딩폼이란?

5. 갱폼의 장단점을 설명하시오.

6. 플라잉폼의 장단점을 설명하시오.

7. 철근선조립 공법이란?

8. 피복두께의 필요성은?

9. 철근의 이음 방법의 종류에 대하여 설명하시오.

10. 굳지 않은 콘크리트의 성질에 대하여 설명하시오.

11. 수화반응이란?

12. AE제란?

13. 콜드조인트 발생원인 및 대책에 대하여 설명하시오.

14. 블리딩과 레이턴스에 대하여 설명하시오.

15. 콘크리트 중성화 현상이란?

제6장 철골공사

6.1 개요

(1) 정의

철골공사란 강재로부터 철골부재를 생산하여 구조물을 축조하는 것을 말하며 대규모의 초고층 건축물로부터 소규모의 저층사무소나 창고까지 광범위하게 걸쳐 사용된다. 철골공사에서는 구조설계상의 의도를 파악하고 실현하여 구조물의 안전을 확보하는 것이 중요하고 철골의 각 구조부위에 요구되는 성능과 품질을 만족시키기 위하여 공장제작 및 공사현장시공에 있어서 각 공사의 시공지침을 정하여 공사의 표준화를 도모하고 시공기술의 신뢰성을 높이고 있다. 철골의 특징은 다음과 같다.

표 6.1 • 철골공사의 장단점

구분	항목	내용
장점	고강도	강도는 콘크리트의 10배, 장스팬 및 고층구조물에 적합
	시공성 용이	공장제작, 현장조립 → 양생기간 불필요, 공기단축
	환경친화적	해체 후 재활용 가능
	안전성	내구성, 내진성이 이수
	재료 품질 확보	엄격한 품질관리에 의한 공장생산 → 정밀도 높은 구조물
	경량	철근콘크리트구조에 비해 자중이 가벼움
단점	녹 발생	녹막이 칠 필요 → 교량 등에는 내후성 강재 사용
	불에 약함	300℃에서 강도 저하 시작 → 600℃에서 강도 50%, 강성 60% 감소
	좌굴	고강도 특성에 따른 세장한 부재를 사용하므로 발생
	경제성	공사비가 상대적으로 비쌈
	접합부	일종의 조립식 구조 → 접합에 주의 요함

(1) 구조용 강재

- 강철을 압연하여 가공을 한 자재이며 95%이상의 철분과 함께 탄소, 크롬, 망간, 몰리브덴. 니켈 등의 부가물을 함유하고 있는 금속이다. 강재는 내구성이 좋고 불연성이며 용접성이 뛰어난 재료이다.

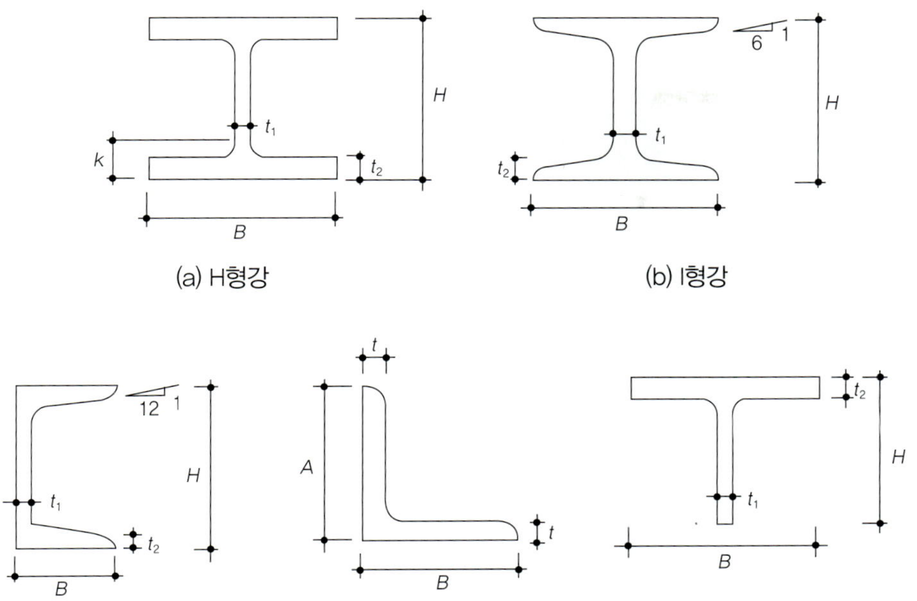

(a) H형강 (b) I형강

(c) ㄷ형강 (d) ㄱ형강 (e) T형강

그림 6.1 • 형강재의 종류

① 형강재

- 단면의 형태가 일정하도록 압연하여 만든 강재의 총칭이며, 종류로는 H형강, I형강, ㄷ형강, ㄱ형강, T형강 등이 있다.
- H형강과 I형강의 차이점은 다음과 같다.
  - H형강은 플랜지의 두께가 일정하지만 I형강은 플랜지 끝으로 갈수록 얇아진다.
  - H형강은 플랜지 끝부분이 둥그스름하지 않지만 I형강은 둥그스름하다.
  - H형강은 너비와 높이가 같은 규격이 있지만 I형강은 너비가 높이보다 작다.

(2) 강판

- 보, 기둥의 보강재(Stiffener, 스티프너) 등의 2차 부재로써 보, 기둥 등의 보강용 구조부재로 사용된다.

(3) 봉강

- 단면이 둥근 둥근강(Round steel bar)과 단면이 사각형인 네모강(Square steel bar)이 있으며, 경량형강, 강관 등이 있다.

그림 6.2 • 보강재(Stiffener, 스티프너)

그림 6.3 • 봉강

6.2 철골구조의 접합

6.2.1 접합의 종류

철골구조는 철근콘크리트와 같은 일체식 구조와는 달리 강판재 또는 형강재를 공장에서 정해진 형상, 치수로 절단, 구멍뚫기, 볼트 및 용접접합에 의해 기둥과 보로 제작, 조립하여 현장에 반입하고 현장에서는 설계에 따라 접합, 설치하여 완성시킨다. 구조뼈대의 접합은 설계를 포함하여 공장가공과 현장시공 전반에 걸쳐 양향을 미치게 되고, 완성된 구조물에 대한 안전성 확보, 경사비의 경제성 확보에도 중요한 영향을 미치는 요소이다. 접합방법의 종류는 다음과 같다.

표 6.2 • 접합방법의 종류

리벳접합	• 강판, 형강 등을 리벳을 이용하여 연결하는 접합방법
볼트접합	• 볼트와 너트에 의한 압축력을 이용하여 부재를 접합하는 방법
고력볼트접합	• 고장력볼트를 사용하여 접합할 강재를 강하게 조이는 힘에 의해 생기는 마찰력에 의해 접합하는 방법
용접접합	• 금속의 접합부를 일로 녹여 원자간 결합시키는 접합방법

(1) 리벳접합

리벳접합은 철판, 형강 등을 접합할 때 리벳을 사용하는 접합으로 영구적으로 접합하는데 사용된다. 리벳을 800~1,000℃로 가열한 뒤 타격하여 변형시키며 리벳구멍은 리벳보다 1mm 크게 한다. 리벳접합은 소음이 커 주변 민원제기의 가능성이 크다. 리벳은 그머리 형상에 따라 둥근머리, 접시머리, 둥근접시머리, 납작머리, 얇은납작머리 등이 있으며, 보통 둥근머리 리벳을 주로 사용한다.

(2) 볼트접합

볼트접합은 볼트와 너트에 의한 압축력을 이용하여 부재를 접합하는 방법으로 보통볼트접합과 고력볼트접합으로 나뉜다. 보통볼트접합은 볼트 구멍의 지압내력에 의해 응력을 전달하는 접합방식이며 고력볼트접합은 고탄소강 또는 합금강을 열처리한 고강도볼트를

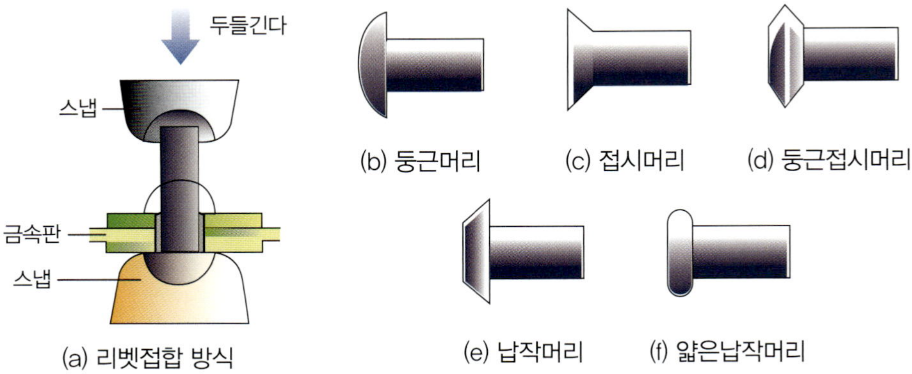

그림 6.4 • 리벳접합 및 리벳의 종류

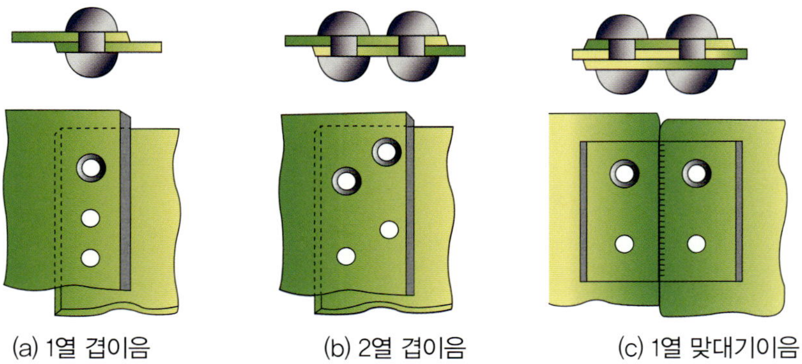

그림 6.5 • 리벳접합 이음

조여서 부재의 마찰력으로 응력을 전달하는 접합방식이다. 고력볼트접합의 특징은 다음과 같다.

표 6.3 • 고력볼트접합의 특징

장점	단점
• 접합부의 강성이 높음 • 불량부분 수정이 쉬움 • 화재, 재해의 위험이 적음 • 접합부에 생기는 국부적인 응력집중현상이 없음	• 볼트의 재질, 형상, 치수, 기계적 성질, 제조방법 등 품질의 균질화 확보에 노력해야함 • 접합부의 마찰면 상태에 따라 체결력에 변화가 발생

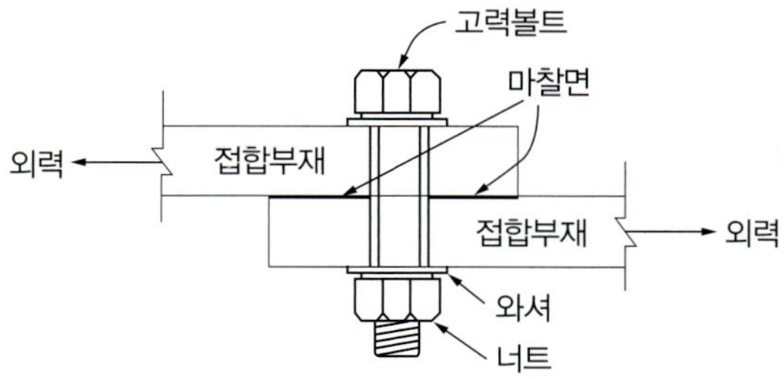

그림 6.6 • 고력볼트접합

(3) 용접접합

용접접합은 금속의 접합부를 열로 녹여 원자간 결합시키는 접합으로 용접봉 끝에 열을 가하여 녹이면서 동시에 모재도 국부적으로 녹여 용접봉의 녹는 쇳물과 함께 일체가 되도록 결합시키는 방법이다. 철골공사에서 일반적으로 사용되는 방법으로 접합부가 일체화되는 강접합이다. 용접접합의 특징은 다음과 같다.

표 6.4 • 용접법합의 장단점

장점	단점
• 소음, 진동이 없음 • 접합부의 강성이 크며 응력의 전달이 확실함 • 보강재 등의 부자재를 사용하지 않음 • 용접에 의한 돌출부가 적음 • 구멍에 의한 부재단면의 결손이 없음	• 용접공의 기량에 대한 의존도가 높음 • 용접시 열에 의한 변형이나 응력이 생길 수 있음

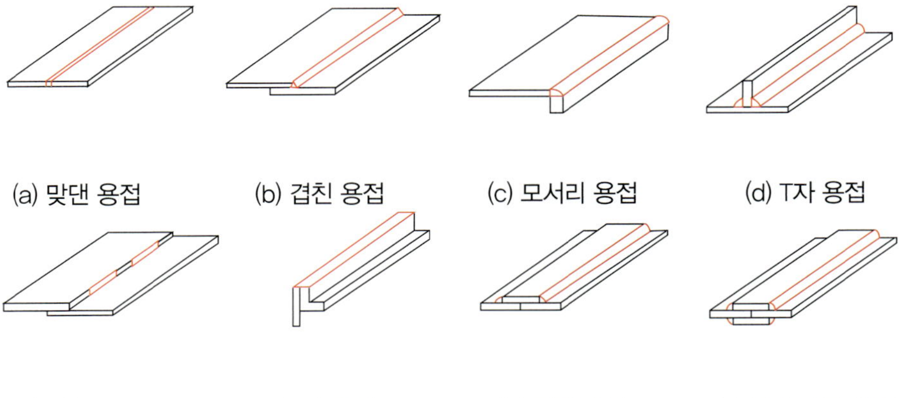

(a) 맞댄 용접 (b) 겹친 용접 (c) 모서리 용접 (d) T자 용접

(e) 단속 용접 (f) 갓 용접 (g) 덧판 용접 (h) 양편 덧판 용접

그림 6.7 • 각종 용접의 모양

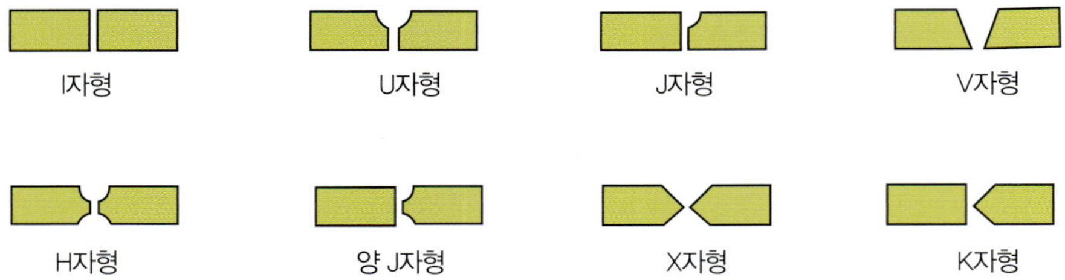

그림 6.8 • 맞댄 용접의 종류

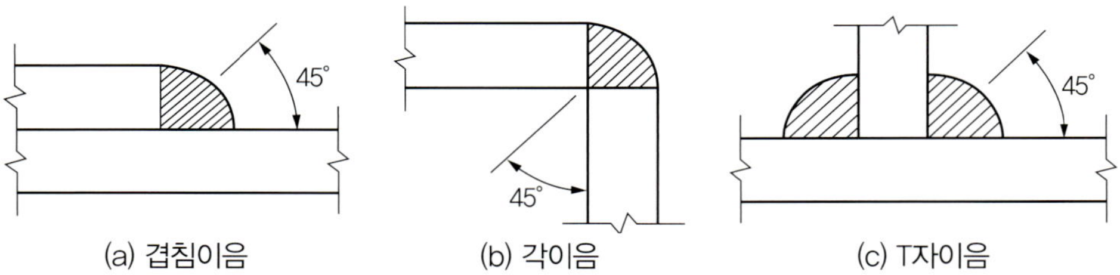

그림 6.9 • 모살용접의 이음 종류

① 맞댄용접

- 접하는 두 부재의 사이를 트이게 홈을 파고 그 사이에 용착금속을 채워 두 부재를 결합하는 용접.

② 모살 용접

- 가장 많이 사용되는 용접으로 철판과 철판이 겹치든가 맞닿는 부분의 각을 이루는 부분을 용접하는 것이다.
- 모재에 홈파기 등의 사전 가공을 하지 않고, 그냥 용접할 수 있는 것이 특징이다.

(4) 용접접합 결함의 종류

① 슬래그 혼입

- 타다 남은 불연성의 광물질이 용착금속에 혼입되어 강도를 약화시킨다.
- 방지대책:
  - 모재의 슬래그를 브러시 및 그라인더로 완전히 제거하고 적당한 용접각도를 유지함.

② 블로우 홀 (Blow hole)

- 용융금속이 응고할 때 방출되어야 할 가스가 남아서 생긴 작은 구멍이 산재되어 있

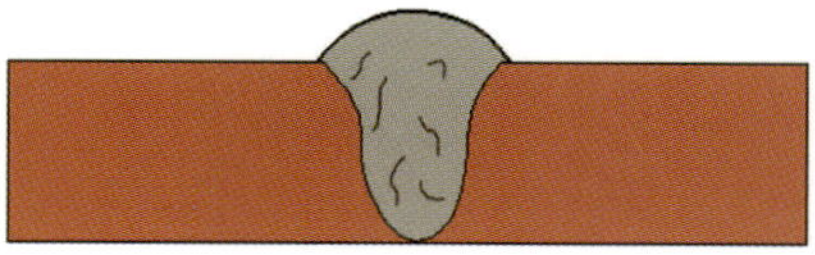

그림 6.10 • 슬래그 혼입

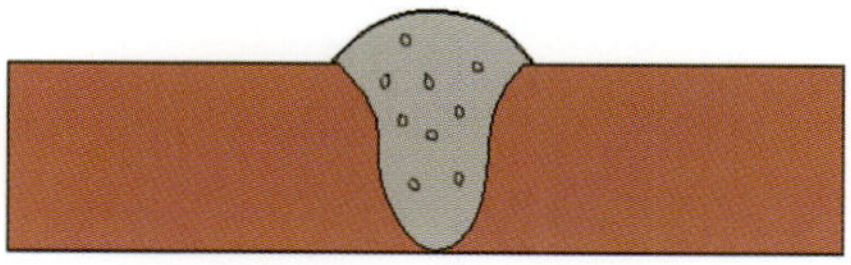

그림 6.11 • 블로우 홀

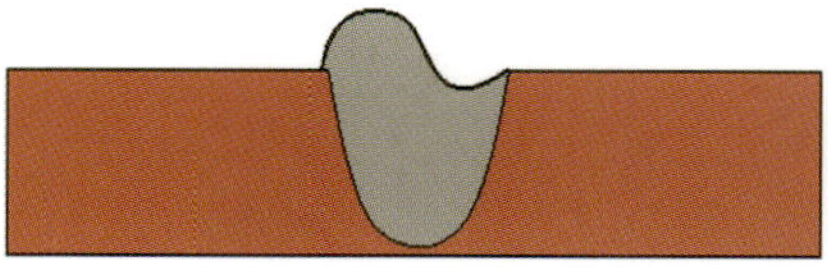

그림 6.12 • 언더컷

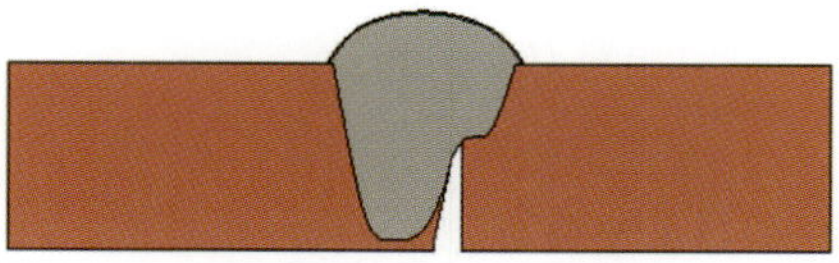

그림 6.13 • 용입불량

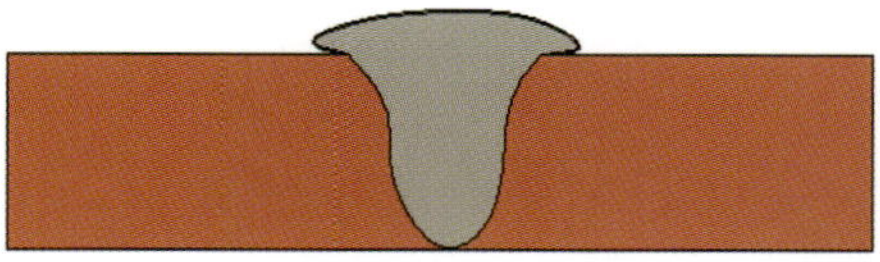

그림 6.14 • 오버랩

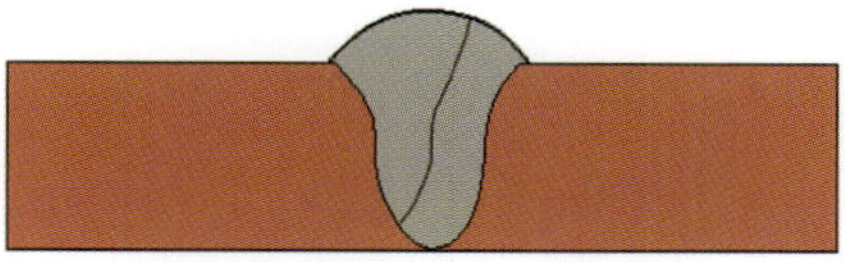

그림 6.15 • 균열

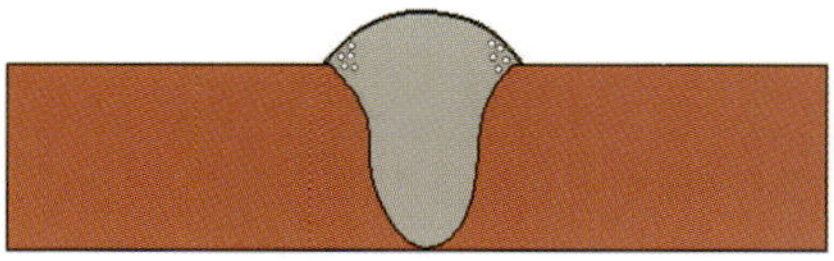

그림 6.16 • 피트

는 형태로 가장 취약적인 상황으로 용접부를 완전 제거한 후 재용접한다.

- 방지대책:
  - 모재에 부착된 불순물을 사전 점검하여 제거함.
  - 용접봉 선정을 정확히 함.

③ 언더컷 (Under cut)

- 용접상부(모재 표면과 용접 표면이 교차되는 점)에 따라 모재가 녹아 용착금속이 채워지지 않고 홈으로 남아있는 부분을 말한다.
- 방지대책:
  - 용접속도가 지나치게 빠를 때 발생하므로 용융금속이 충분히 용착될 수 있도록 용접속도를 선정함.

④ 용입불량

- 모재가 녹지 않고 용착금속이 채워지지 않고 홈으로 남아있는 부분을 말한다.
- 방지대책:
  - 용접속도가 지나치게 빠를 때 발생하므로 용융금속이 충분히 용착될 수 있도록 용접속도를 선정함

⑤ 오버랩 (Overlap)

- 용착금속이 용접상부의 모재와 용접표면이 교차되는 지점에서 모재에 용합되지 않고 겹친 부분을 말한다.
- 방지대책:
  - 용접속도가 지나치게 느릴 때 발생하므로 용융금속이 충분히 용착될 수 있도록 용접속도를 선정함

⑥ 균열 (Crack)

- 용착금속이 냉각 후 실모양의 균열이 형성되어 있는 상태를 말한다.
- 방지대책:
  - 용착금속의 급랭시 생기는 갈라짐으로 작업자의 숙련도가 부족하여 발생하므로 충분한 교육 및 연습을 통해 작업자의 숙련도를 향상시킴

⑦ 피트 (Pit)

- 모재표면의 화학성분 불량 등으로 용접부의 바깥면에 나타나는 작고 오목한 구멍을 말한다.
- 방지대책:
  - 용접부를 청결하게 함

(5) 용접부 검사

철골의 용접작업 후 진행하는 용접부 검사는 육안으로 하는 외관검사와 비파괴검사인 방사선투과검사, 초음파탐상검사, 침투탐상검사 등이 있다.

① 방사선투과검사

- 가장 널리 사용되는 검사방법으로써 X선, γ선을 용접부에 투과하고, 그 상태를 필름에 형상을 담아 내부결함을 검출하는 방법이다.
- 특징:
  - 검사 장소의 제한

- 검사한 상태를 기록으로 보존 가능
- 두꺼운 부재의 검사가능방사선은 인체 유해
- 검사관의 판단에 개인판정 차이가 큼

② 초음파탐상검사

- 초음파(2MHz, 5MHz)의 반사파를 피검사체 일면에 입사시켜 그 반사파의 시간과 크기를 브라운관을 통해서 관찰하여 결함을 발견하는 검사방법이다.
- 특징:
  - 검사길이, 두께가 커도 가능
  - 검사에 요하는 비용이 싸고 단시간
  - 장치가 간편해서 현장에 적합
  - 인체에 위험을 미치지 않음
  - 형이 작고 복잡한 것은 검사가 곤란
  - 기록성이 없음
  - 검사관의 기량에 판정의존

③ 침투탐상법

- 용접부위에 침투액을 도포하여 결함부위에 침투를 유도하고 표면을 닦아낸 후 판단하기 쉬운 검사액을 도포하여 검출하는 방법이다.
- 특징:
  - 검사가 간단하며 1회에 넓은 범위를 검사할 수 있음
  - 비철금속 가능
  - 표면 결함분석이 용이

(6) 각종 접합시 응력분담관계

- 각종 접합시에 응력의 분담관계는 여러 접합방식이 혼용되어 있는 경우 내력계산에서 먼저 고려해야 할 방식이다.
  - 용접하고 고력볼트 체결시 – 용접이 전응력 부담
  - 리벳, 고력볼트 접합시 – 각각 응력 부담
  - 볼트, 리벳, 고력볼트, 용접 혼용시 – 용접이 전응력 부담
  - 볼트 〈 리벳 = 고력볼트 〈 용접

6.3 철골공사 절차

6.3.1 철골공사의 계획 및 절차

(1) 철골공사 계획

① 공기, 타공사 관련 제작공정, 기상조건 등을 고려한 공정표 작성

② 분류, 반입, 장비운반, 세우기를 위한 반입가설, 운반 기계, 대지조성, 구내도로 등의 검토

③ 공장의 입지조건, 건물의 규모, 구조, 공기 등에 적합한 기계의 선정

④ 각 공정에 필요한 인원계획의 작성

⑤ 가설, 작업, 운전, 화재, 위생 등에 대한 재해예방 및 안전관리 대책

⑥ 가설계획 및 관청신고 및 허가(도로점유, 중장비운반 허가)

(2) 공장작업 계획

① 현장세우기 계획에 따라 순서에 맞게 가공

② 장대, 중량물은 수송이나 세우기가 용이하도록 분할 가공

③ 동일부재가 많을 경우 능률을 생각하여 연속가공

④ 가공이 끝난 제품은 변형, 파손이 되지 않도록 주의하고 반출이 쉽도록 쌓아 둘 필요가 있음

(3) 현장작업 계획

① 세우기 계획

- 건물의 규모, 형상, 구조 및 철골의 총 중량
- 철골일절(one piece)의 형상, 줄양
- 현장의 입지조건
- 굴삭 및 콘크리트 타설공사와의 관계
- 공기, 장비 사용료 등

② 개략공정 파악

- 부재별 세우기 소요시간 및 사이클 타임 결정
- 부재수량 산출

③ 철골 이외의 작업 종류 및 재료조사

- 발판재
- 소요 공구류(와이어 등)
- 컨테이너(볼트보관용, 공구보관용)
- 용접기구
- 보조 크레인

④ 시공관계사항

- 재료의 특성, 경제성 비교
- 설계도서의 내용
- 장비의 종류와 중량
- 장비의 배치계획과 작업반경
- 조립방법의 결정
- 야적장 및 지하구조물
- 풍우 및 기후 관계
- 안전관리

(4) 반입계획

- 도로사정/도로교통법의 확인
- 차량운송기준(전장, 폭, 전고, 총중량, 회전반경 등)
- 부재별 야적장 확보, 부재의 망실(damage) 방지조치
- 일반부재: 무게 10ton, 길이 12m, 폭 2m 이내
- 허가가 필요한 부재: 무게 30~40ton, 길이 20~25m, 폭 3~4m 초과

(5) 가설계획

- 안전성(설치 또는 작업중 낙하방지 등)
- 이동성(작업공정, 인력에 의한 작업 등)
- 타공사와의 관계(설치, 해체시기, 설비기구의 부착)
- 작업통로, 작업발판, 가설전기 등

(6) 철골현장조립

6.3.2 철골공사 제작

(1) 철공 공사 제작 순서

공사계약	• 업체 선정
↓ 설계 검토	• BASIC DWG, 특기시방서, 자재구매
↓ Shop Dwg. 작성/승인	• 도면검토(DIMENSION), 용접기준도, 상세도, 변경내용 등 추가 작도 및 승인
↓ Cutting Plan	• 현척도 작업, 자재절단 계획 수립
↓ 1차 가공	• BEAM 가공, 기계가공(절단, HOLE, 개선면), 소부재 가공 등
↓ 2차 가공	• 마킹, 조립(FIT–UP), 용접 등에 의한 완제품 생산
↓ 품질 검사	• DIMENSION검사, 외관검사, 용접부 비파괴검사
↓ 도 장	• 표면처리 기준에 의한 전처리, 도장사양에 의한 도막관리
↓ 포장 및 출하	• 운송시 도장Damage최소화, 현장 설치 순서에 따라 납품

그림 6.17 • 철골 공사 제작 순서

① Cutting plan

(a) 원자재입고 후 H-beam 구분작업

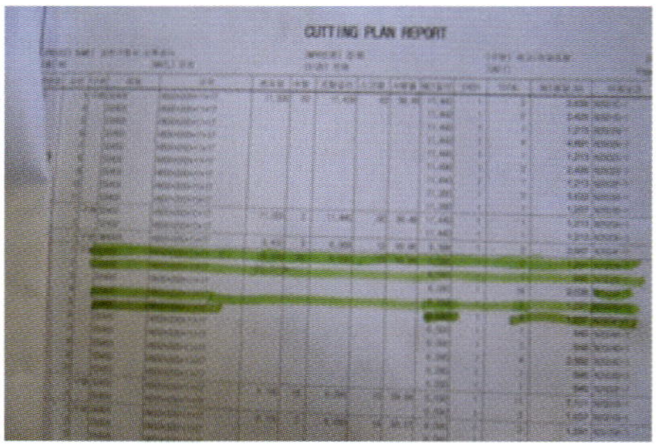

(b) Cutting plan report에 의해 작업 진행

그림 6.18 • Cutting plan report 작업 과정

② 1차 가공

(a) H-beam hole 가공 및 절단

(b) 소부재 가공

그림 6.19 • 1차 가공 작업

③ 2차가공

(a) 소부재 조립

(b) 부재간 조립 : 기둥 + 보 브라켓

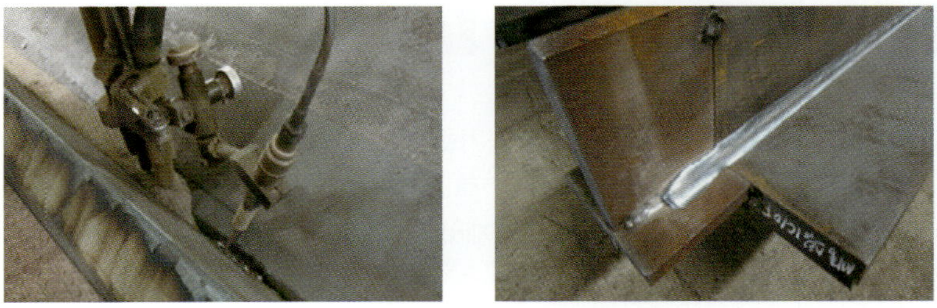

(c) 부재간 용접

그림 6.20 • 2차 가공 작업

④ 품질 검사

(a) 용접부 검사 : 초음파 탐상검사　　　　　　(b) 제품 완성 검사

※ 초음파를 용접부에 투입하여 결함에 의해 반사되어 되돌아오는 신호를 읽어 결함상태를 검측

그림 6.21 • 품질 검사 작업

⑤ 도장

(a) 도장 전 표면처리 : 샌드 플라스트

(b) 도장작업 후 건조/적재　　　　　　(c) 제품 포장 및 출하

※ Sand Blast : 모래를 노즐에서 고압공기로 부는 것으로 강재표면의 녹 제거 이외에 고품질의 도막 부착력이 요구될 때 적용

※ 모래 대신 사용되는 쇼트볼 : 모래 자재비 상승과 환경보호 차원에서 최근 철 재질의 쇼트볼로 대체하는 추세

그림 6.22 • 도장 작업

6.3.3 철골시공 준비

(1) 야적장

- 현장 내 적정 야적장 확보
- 부재류는 가능한 포개지 말고 같은 종류끼리 야적
- 총 작업량, 1일 작업량에 적합한 면적 고려
- 자재 반입이 용이하고 상, 하차 시 동선이 유리하도록 확보
- 장비의 작업 반경이 원활한 위치

그림 6.23 • 야적장

(2) 작업장 확보 및 작업 동선

- 야적장내 자재 반 출입 및 정리 작업이 가능한 공간 확보
- 차량, 장비, 소모 공구의 이동이 원활하도록 유지
- 공정 진행에 따른 작업 내용 및 위치 변동에 대응

그림 6.24 • 작업장 및 동선 확보

(3) 비계 설치

- 고층부의 비계발판과 건물의 내부 발판
- 내외부 비계(철골 조립용, 조립 수정용, 볼트 조임용, 도장용 비계)
- 수평 방향의 이동이 용이할 것
- 가설 및 해체가 안전하고 신속하게 될 것

그림 6.25 • 비계설치

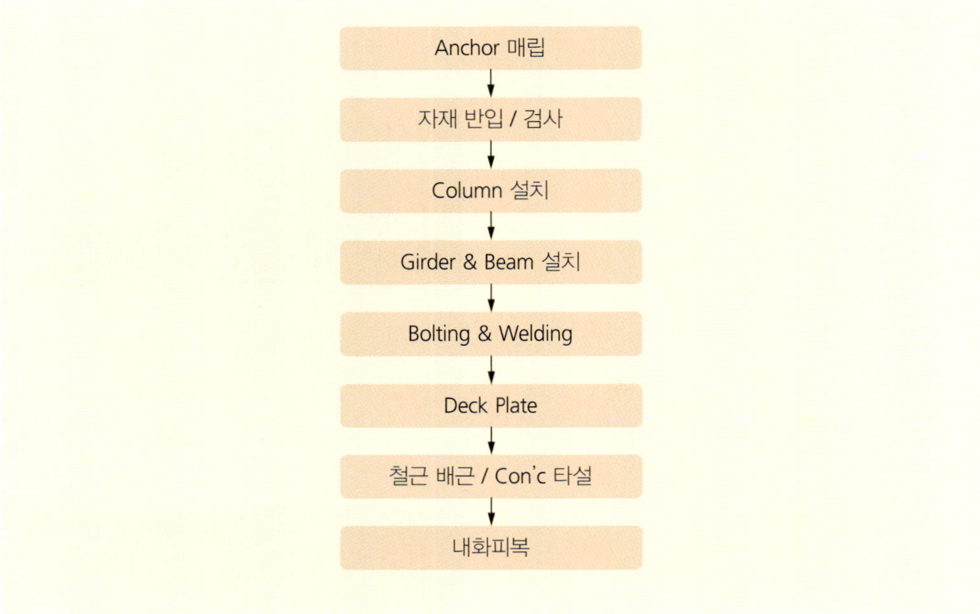

그림 6.26 • 철골 시공 순서

6.3.4 철골 시공

(1) Anchor 매립

① 주각

- 주각은 상부구조의 응력을 지반에 전달시키는 접점으로서 철골구조물의 기둥과 기초 콘크리트와의 접합부를 말함.

그림 6.27 • 주각

그림 6.28 • Anchor Bolt 정밀도

그림 6.29 • 자재 반입/검사

② Anchor bolt의 정밀도

- Anchor bolt의 노출길이는 이중너트 조임을 한 것을 표준으로 함.
- 볼트의 길이 및 직경은 설계도상에 의하고 콘크리트에 묻히는 길이, 선단의 형태 중요.
- 선단에 Hook를 붙이는 경우 철근콘크리트 구조계산 규정에 의함.

(2) 자재 반입/검사

- 제품반입은 설치 순서에 준하여 반입
- 반입 제품은 Packing list와 대조, 반입수량/치수/도장 등의 이상 유무를 확인
- 적치 시 적당한 받침대를 이용 지면에 닿지 않도록 관리

(3) Column 설치

- 세우기 전에 하부메탈 접촉부위에 고무판을 설치하여 가공면의 손상을 방지
- 기설치 기둥의 중심선과 일치하도록 조정

(4) Girder & beam 설치

- 보 인양시 인양 부재의 무게중심을 확인

(a) 인양

(b) 세우기

(c) 경사잡기

(d) 가조립

그림 6.30 • Column 설치 과정

그림 6.31 • Girder & beam 설치

그림 6.32 • Bolting & welding

- 볼트는 미리 정해진 수량에 따라 필요한 곳에 체결
- Frame의 수직/수평 조정

(5) Bolting & welding

- 볼트/용접 병용 경우 볼트 본조임 후 용접 작업 실시
- 고력볼트 마찰 접합부, 현장 용접부위, 콘크리트에 묻히는 부분 등에는 도장을 실시하지 않음

① 고력볼트 체결 순서도

(a) 1차 조임 (b) 금긋기 (c) 본조임/검사

그림 6.33 • 고력볼트 체결 순서

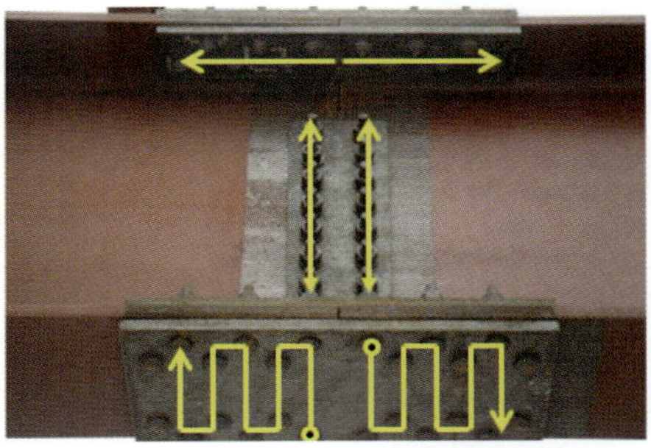

※ 본 체결은 Flange에서는 이음 부 중앙에서 양단부로 지그재그 형태로,
※ Web은 이음부 중앙에서 양단으로

그림 6.34 • Flange, Web의 이음부 순서

그림 6.35 • Deck plate 시공

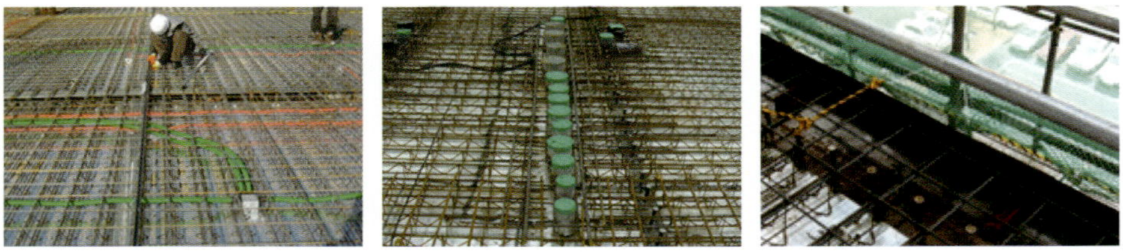

그림 6.36 • 철근 배근 / Con'c 타설

(6) Deck plate

- 데크 플레이트 판개 후, 상부에 과다한 자재의 적재를 주의

(7) 철근 배근 / Con'c타설

- 설비/전기 공사 중 슬래브의 주철근 절단 시 보강작업 철저
- 콘크리트 타설 시 집중하중 금지

(8) 내화피복

- 철골조는 화재 시 강도가 저하되는(350°C에서 약 2/3, 500°C에서 약1/2, 600°C에서 약1/3) 약점을 지니고 있음
- 그러므로 화재 시 철골의 강도를 저하시키지 않게 하기 위해서는 어떤 재료로 표면을 피복하여 허용온도 이하로 보호하여야 하는데, 이와 같이 표면을 피복하여 내부 철골의 내화성 등을 높이는 것을 내화피복이라 말함.
- 우리나라에서는 건축물의 층별, 부위별 내화성능을 30분, 1시간, 3시간 내화의 시간별로 규정하고 있음.

① 타설공법

- 철골 주위에 경량콘크리트나 기포콘크리트 등으로 타설하는 공법.

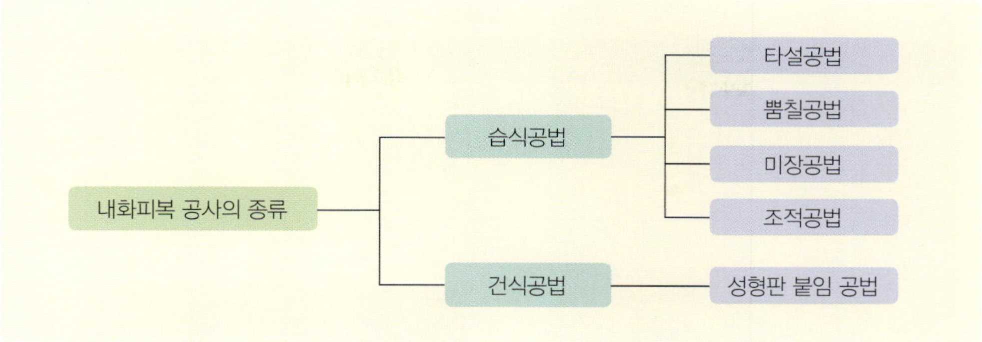

그림 6.37 • 내화피복 공사의 종류

표 6.5 • 타설공법의 장단점

장점	단점
• 임의의 치수와 형상으로 내화피복이 가능 • 부재접합부의 시공용이 • 강재와 내화 피복재를 일체로 하여 성형화하므로 공법의 신뢰성 높음	• 경화 후 피복접합부의 위치에 발생하는 균열 • 내화피복재의 건조수축 때문에 발생하는 균열

표 6.6 • 뿜칠공법의 장단점

장점	단점
• 철골의 형상에 대해 제약이 적음 • 공기단축의 효과	• 시공 장비의 능률이 나쁘고 재료의 비산산량이 많아 방지책 필요 • 기둥형, 보형의 모서리 내기가 곤란, 마무리 재료로 적당치 않음

② 뿜칠공법

• 강재 표면에 접착제를 도포한 후 질석, 암면 등의 내화재를 도포하는 공법.

③ 미장공법

• 철골에 Metal lath나 용접철망을 부착하여 단열모르타르로 미장하는 공법.

④ 건식공법(성형판 붙임 공법)

• 경량으로 내화 단열성이 우수한 각종의 성형 판을 철골 위에 접착제와 철물 또는 경량 철골 틀을 설치하고 그 위에 붙이는 공법.

표 6.7 • 미장공법의 장단점

장점	단점
• 부재 접합부나 임의 적인 형상의 철골면을 시공 할 수 있음	• 바탕작업에 많은 작업을 요하고 바른 후의 양생 시간이 걸림 • 현장작업이 차지하는 비율이 크고 노무가 많이 소요

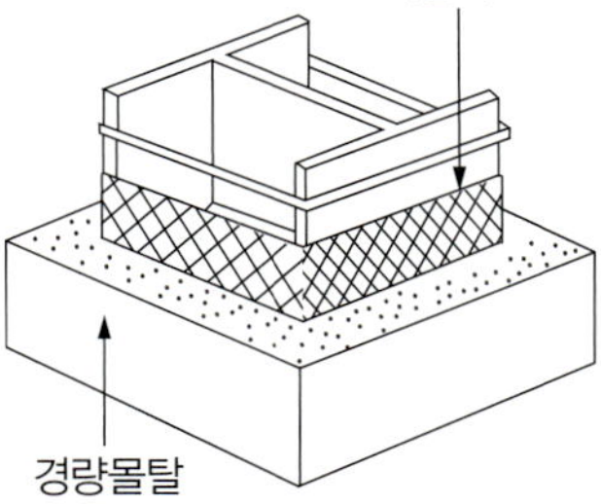

그림 6.38 • 미장공법 및 Metal lath

표 6.8 • 건식공법의 장단점

장점	단점
• 공장에서 일괄 관리체제하에 대량으로 제조 • 품질의 신뢰성이 높고 또한 일반적으로 가공성이 좋음 • 각진 부분의 처리도 비교적 용이	• 절단, 가공에 의한 성형판의 재료손실이 큼 • 접합부가 불량하면 접합부의 결함원인이 되어 내화피복 성능 저하

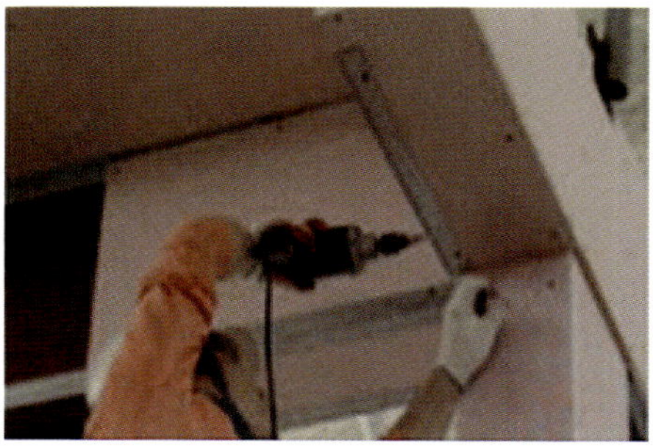

그림 6.39 • 건식공법

연습문제

1. 철골접합방법의 종류에 대하여 설명하시오.
2. 고력볼트접합의 장단점은?
3. 용접접합의 장단점은?
4. 용접접합의 결함을 나열하고 방지대책을 설명하시오.
5. 각종 접합 시 응력분담관계를 나타내시오.
6. 내화피복 공사의 종류에 대하여 설명하시오.

제7장 조적공사

7.1 개요

7.1.1 조적공사의 특징

(1) 정의

조적공사는 벽돌, 블록 등의 재료를 시멘트와 같은 접착재료나 연결철물 등을 사용하여 소규모의 건축물, 칸막이 벽체, 외부마감 등을 형성하는 공사이다. 이러한 조적조는 내화, 내풍 등의 성능을 갖추고 있으며 시공이 용이하고 공기절감 등 여러 장점을 가지고 있지만 횡력에 대한 저항성이 약하므로 구조재로서 기능은 줄고, 건물의 고층화, 대형화하는 현재에는 마감재로 쓰이는 경우가 대부분이다. 또한, 조적조는 3~4층 이하의 소규모 건축물의 내력벽이나 라멘 구조체의 장막벽, 보온 및 방습 등을 위한 공간벽으로 널리 쓰이고 있다.

① 내력벽: 상부에서의 수직하중과 풍압력, 지진력 등의 수평하중을 지지하는 벽체
② 장막벽: 구조적 역할이 아닌 벽체 자중 만을 부담하고 자립하는 비내력벽
③ 공간벽: 공간층을 두어 보온, 방습, 차음을 위해 쌓는 공동벽을 의미함
④ 부축벽: 내력벽이나 기타 벽을 부축하기 위하여 달아낸 버팀벽
⑤ 대린벽: 서로 직각으로 교차되는 내력벽(L자형, T자형 등)

(2) 벽량

내력벽 길이의 총합계를 그 층의 건물 면적으로 나눈 값을 벽량이라고 한다. 즉, 단위면적에 대한 그 면적 내에 있는 벽 길이의 비를 말한다. 내력벽의 벽량이 많을수록 횡력에 저항하는 힘이 커진다.

$$\text{벽량}(cm/m^2) = \frac{\text{내력벽으로 둘러싸인 벽체의 길이}(cm)}{\text{바닥면적}(m^2)}$$

(3) 조적조의 강도에 영향을 주는 요소

- 조적개체의 강도
- 접합재의 강도
- 쌓기 작업의 정밀도
- 쌓기 방법

7.2 벽돌공사

7.2.1 벽돌의 종류

벽돌은 재료에 따라 점토벽돌, 시멘트벽돌, 황토벽돌 등이 있으며 용도와 형상에 따라 내화벽돌, 경량벽돌, 이형벽돌 등으로 나누어진다.

(1) 재료에 따른 종류

① 점토벽돌: 점토 등을 주원료로 하여 소성한 벽돌

② 시멘트벽돌: 시멘트에 모래 또는 자갈을 혼합하여 물반죽한 것을 형틀에 넣고 다져서 굳힌 벽돌

(2) 용도와 형상에 따른 종류

① 내화벽돌: 내화성이 높은 내화 점토를 원료로 하여 고온에서 소성한 벽돌로서 사성내화, 염기성내화, 중성내화벽돌 등으로 분류

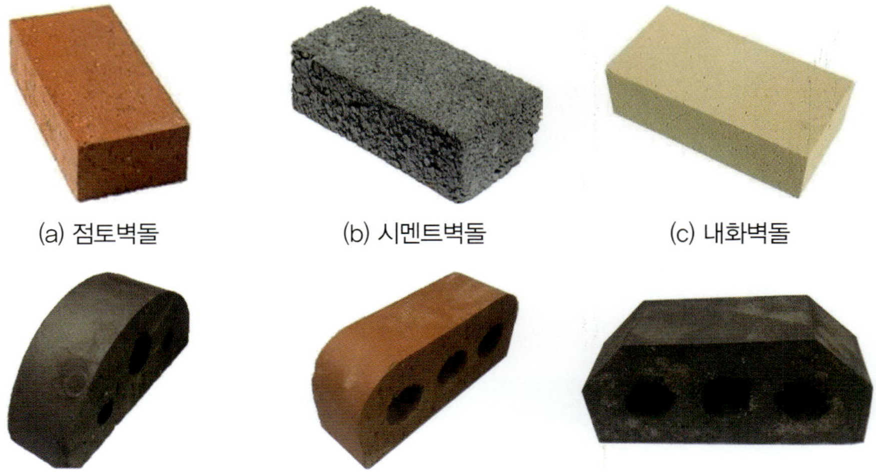

(a) 점토벽돌　(b) 시멘트벽돌　(c) 내화벽돌

(d) 아치벽돌　(e) 둥근모벽돌　(f) 육모벽돌

그림 7.1 • 벽돌의 종류

② 경량벽돌: 벽돌의 무게를 감소시킬 목적으로 내부에 구멍을 내는 등 보통벽돌보다 가벼운 벽돌

③ 이형벽돌: 보통벽돌보다 형상, 치수가 특이한 벽돌로서 특수한 형태의 구조체에 사용할 목적으로 만든 것으로 아치벽돌, 원형벽돌, 둥근모벽돌, 육모벽돌, 팔모벽돌 등으로 분류

7.2.2 벽돌의 규격

(1) 벽돌의 규격

벽돌의 규격은 표준형, 기존형, 내화벽돌로 나누어지며 이형벽돌은 홈벽돌, 둥근 모접기 벽돌과 같이 기본벽돌과 동일한 크기인 치수 및 허용차는 기본벽돌에 준한다.

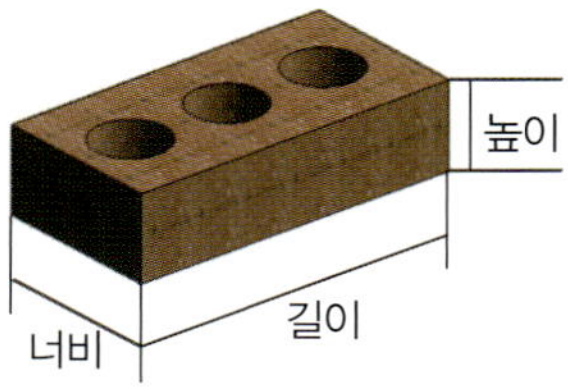

그림 7.2 • 벽돌 규격명칭

(1) 벽돌 마름질

벽돌 마름질이란 벽돌을 적당한 크기와 모양으로 깨뜨려 사용하는 것을 말하여 크기에 따라 온장, 반토막, 반절, 이오토막, 칠오토막, 반반절로 마름질하여 사용한다.

7.2.3 모르타르

모르타르는 벽돌의 줄눈, 충전, 붙임, 및 채움 목적으로 활용되며 보통 포틀랜드시멘트와 입도 1.2~2.5mm의 모래가 대부분 사용된다. 모르타르로 사용되는 모래는 보통모래로 밀실하고 철근 및 보강철물 등의 부식을 저해하지 않아야 한다. 이러한 모르타르는 벽돌강도와 비슷해야 한다.

① 쌓기용 모르타르 – 시멘트 : 모래 = 1:3

② 치장용 모르타르 – 시멘트 : 모래 = 1:1

표 7.1 • 벽돌의 규격

구분		길이	너비	높이
표준형	치수(mm)	190	90	57
기존형	치수(mm)	210	100	60
내화벽돌	치수(mm)	230	114	65
허용오차(mm)		±3	±3	±4

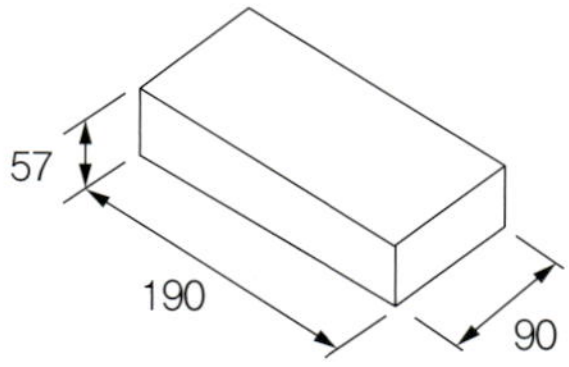

(a) 온장

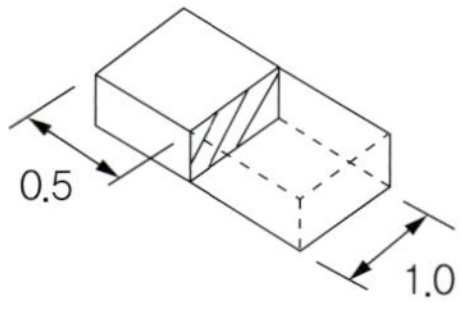

(b) 반토막

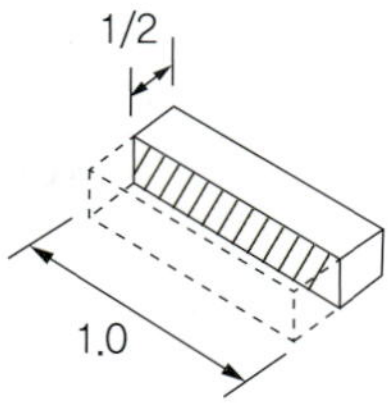

(c) 반절

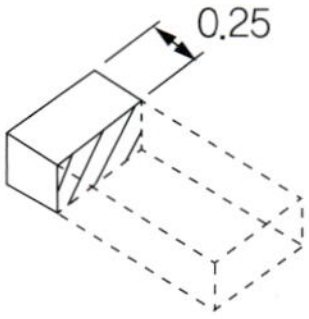

(d) 이오토막

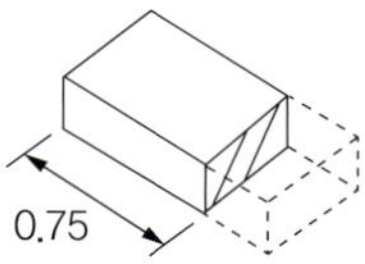

(e) 칠오토막

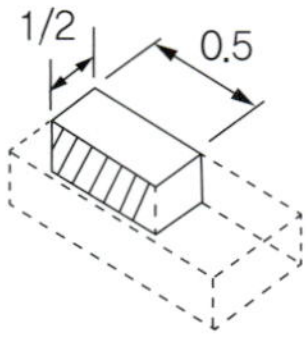

(f) 반반절

그림 7.3 • 벽돌 마름질의 종류

그림 7.4 • 모르타르 작업

7.2.4 벽돌 쌓기

(1) 기본 쌓기

그림 7.5 • 벽돌면 분류

① 마구리 쌓기: 벽체 입면에 마구리면이 나오도록 함.

② 길이쌓기: 벽체 입면에 길이면만 나오도록 함

③ 옆세워쌓기: 마구리방향으로 세워서 쌓는 방법

④ 길이세워쌓기: 길이방향으로 세워서 쌓는 방법

이외에도 45°각도로 모서리면이 나오도록 쌓는 엇모쌓기, 벽돌벽면에 구멍을 내어 쌓는 방식인 영롱쌓기 등이 있다.

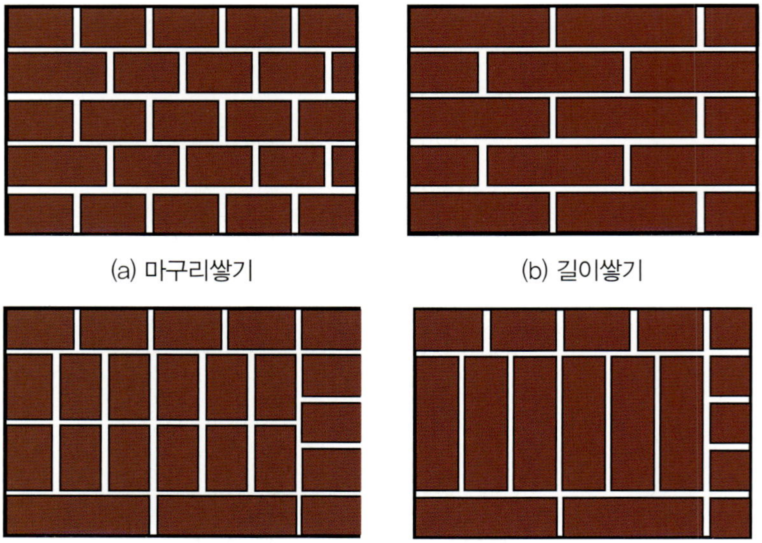

(a) 마구리쌓기 (b) 길이쌓기 (c) 옆세워쌓기 (d) 길이세워쌓기

그림 7.6 • 벽돌 쌓기

(2) 벽체 쌓기 두께 (0.5B, 1.0B, 1.5B, 2.0B 2.5B)

0.5B쌓기는 벽돌 한 장을 길이 쌓기한 두께이며 1.0B쌓기는 벽돌 한 장을 마구리 쌓기한 두께를 말한다. 1.5B쌓기는 0.5B와 1.0B를 합쳐 벽돌 두 장을 한 장은 길이쌓기 한 장은 마구리쌓기를 한 것이다. 2.0B는 마구리쌓기를 두 장을 한 것이며 2.5B는 두 장은 마구리쌓기, 한 장은 길이쌓기를 한 것이다. 그림 7.6은 벽체 쌓기를 평면도로 나타낸 것이다.

(3) 벽돌 쌓기 방식

① 영식 쌓기

- 한 켜는 길이쌓기 다음 한 켜는 마구리쌓기를 하며 벽모서리와 끝벽에 반절이나 이오토막을 사용하며 통줄눈을 피하도록 되어 있어 내력벽에 사용되며 가장 튼튼한

표 7.2 • 벽돌 두께(0.5B, 1.0B, 1.5B, 2.0B 2.5B)

두 께(mm)	0.5B	1.0B	1.5B	2.0B	2.5B
표준형(mm)	90	190	290	390	490
기존형(mm)	100	210	320	430	540

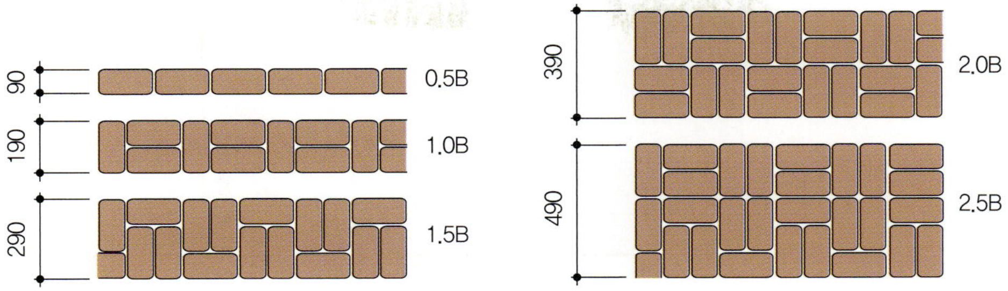

그림 7.7 • 표준형 벽돌의 0.5B, 1.0B, 1.5B, 2.0B 2.5B 두께(평면)

쌓기 방법이다.

② 화란식 쌓기(네덜란드식)

- 한 켜는 길이쌓기 다음 한 켜는 마구리쌓기하는 영식 쌓기와 비슷하지만 길이 켜의 벽모서리와 끝벽에 칠오토막을 사용한다. 이는 쌓기가 편하므로 가장 많이 쓰이는 방식이며 비교적 견고하다.

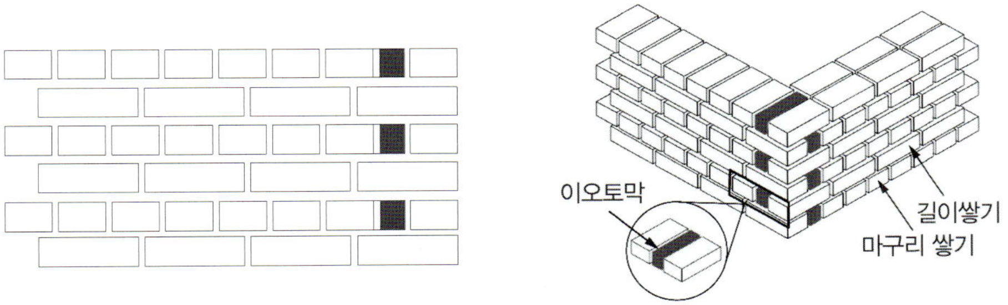

(a) 입면도 (b) 투시도

그림 7.8 • 영식 쌓기 입면도와 투시도

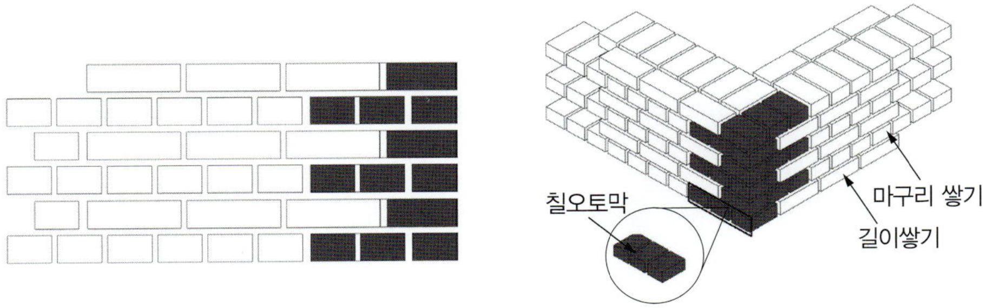

(a) 입면도 (b) 투시도

그림 7.9 • 화란식 쌓기 입면도와 투시도

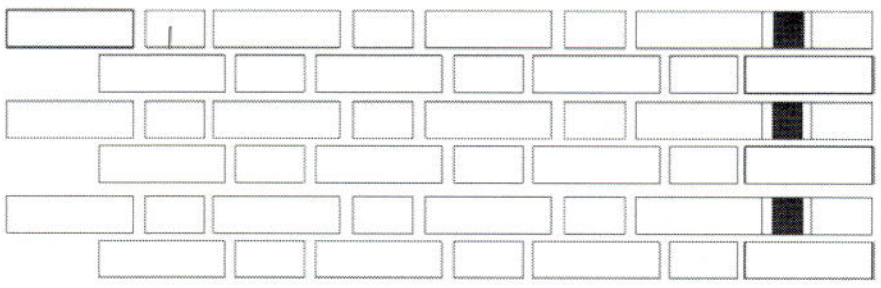

(a) 입면도

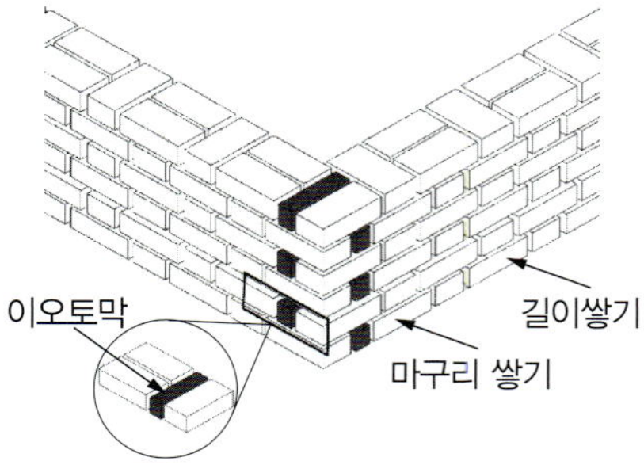

(b) 투시도

그림 7.10 • 불식 쌓기 입면도와 투시도

(a) 입면도

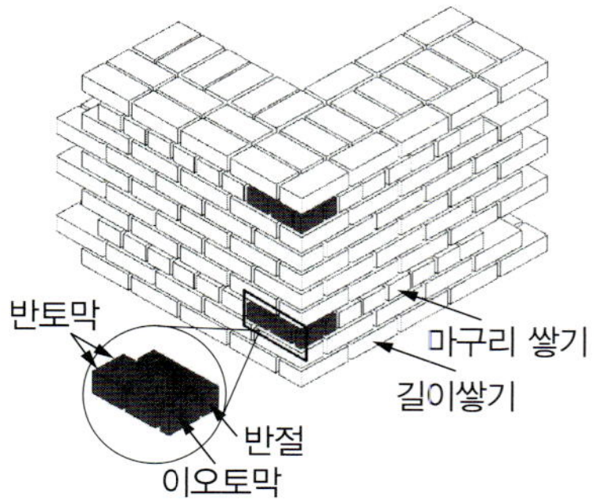

(b) 투시도

그림 7.11 • 미식 쌓기 입면도와 투시도

③ 불식 쌓기

- 매 켜에 길이쌓기와 마구리쌓기가 번갈아 나오며 벽모서리와 끝벽에 이오토막을 사용한다. 불식 쌓기는 외관상 보기가 좋으나 구조적으로 튼튼하지 못하기 때문에 치장쌓기나 돌담 등에 사용된다.

④ 미식 쌓기

- 전면은 치장벽돌로 5켜를 길이쌓기 하고 다음 한 켜는 마구리쌓기로 한다. 배면은 영식 쌓기로 하여 본 벽돌에 물리는 쌓기 방식이다. 벽모서리와 끝벽에는 이오토막, 반절, 반토막을 사용한다. 이러한 미식 쌓기는 외부는 붉은 벽돌, 내부는 시멘트 벽돌을 쌓는 경우에 활용되며 구조적으로 취약한 단점을 가지고 있다.

⑤ 공간 쌓기

- 공간 쌓기는 방음, 방한, 방서의 목적으로 벽과 벽 사이에 공기층 및 절연재를 두어 쌓는 방식으로 내력벽인 경우, 외부는 치장벽돌로 0.5B 내부는 콘크리트 벽돌로 1.0B로 쌓는 것이 원칙이다.

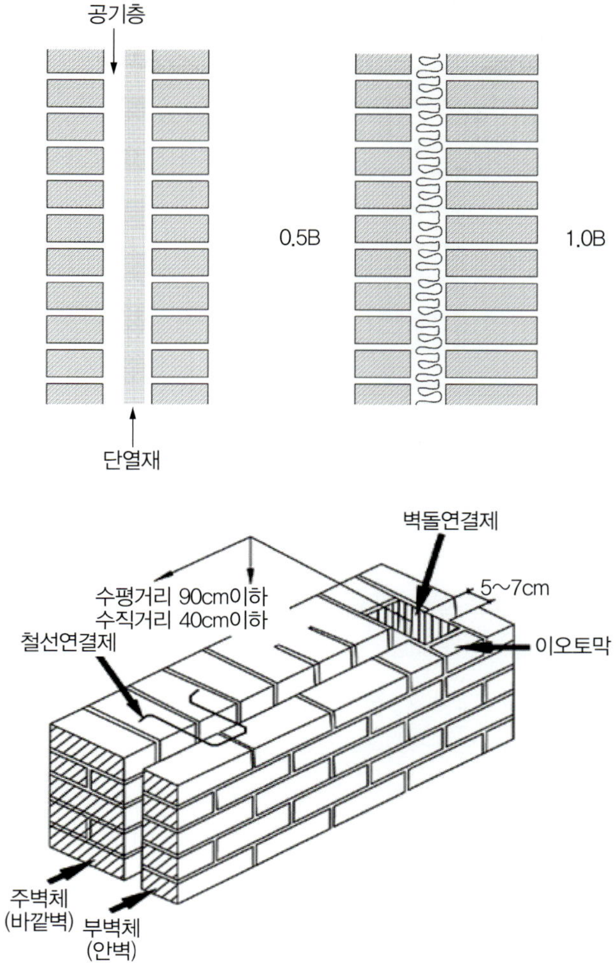

그림 7.12 • 공간 쌓기

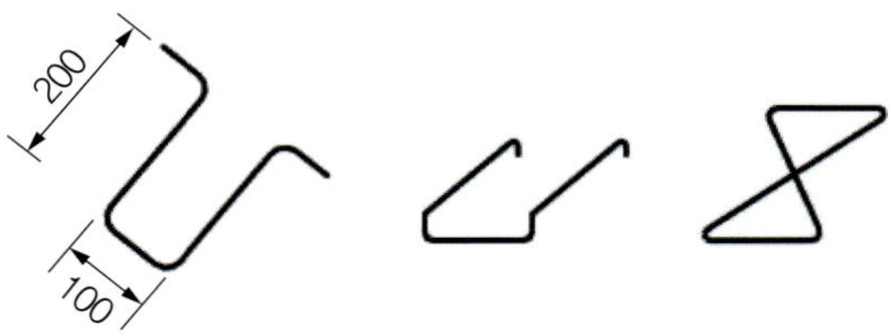

그림 7.13 • 공간쌓기용 벽돌

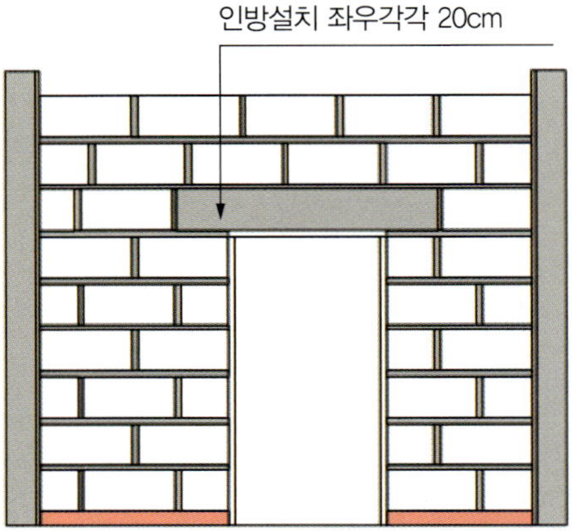

인방보 설치 시 좌, 우 각각 20cm이상 걸치도록 설치하고, 인방제작시 조적면보다 튀어나오지 않게 제작하여 설치한다.

그림 7.14 • 인방보 주위 쌓기

- 공간쌓기는 도면 또는 공사시방서에 정한 바가 없을 때에는 바깥쪽을 주벽체로 하고 안쪽은 반장쌓기로 한다. 공간은 50mm~70mm 정도로 하고 바깥쪽에는 필요에 따라 물빠짐 구멍(직경 10mm)을 낸다.
- 안쌓기는 연결재를 사용하여 주 벽체에 튼튼히 연결하며 벽돌을 걸쳐대고 끝에는 이오토막 또는 칠오토막을 사용한다.
- #8 철선(아연도금 또는 적절한 녹막이 칠을 한 것)을 그림 7.10과 같이 구부려 사용하며 연결재의 배치 및 거리 간격의 최대 수직거리는 400mm를 초과해서는 안되고, 최대 수평거리는 900mm를 초과해서는 안 된다. 연결재는 위 아래층 것이 서로 엇갈리게 배치한다.
- 공간쌓기를 할 때에는 모르타르가 공간에 떨어지지 않도록 주의한다.

⑥ 창대 쌓기

- 창대 벽돌은 도면 또는 공사시방서에서 정한 바가 없을 때에는 그 윗면을 15°정도의 경사로 옆세워 쌓고 그 앞 끝의 밑은 벽돌 벽면에서 30mm~50mm 내밀어 쌓는다.
- 창대 벽돌의 위 끝은 창대 밑에 15mm 정도 들어가 물리게 한다. 또한 창대 벽돌의 좌우 끝은 옆벽에 2장정도 물린다. 또한, 창문틀 주위의 벽돌 줄눈에는 사춤 모르타르를 충분히 하여 방수가 잘 되게 한다.

⑦ 인방보 주위 쌓기

- 인방보는 양 끝을 벽체의 벽돌에 200mm이상 걸치고, 또한 위에서 오는 하중을 전

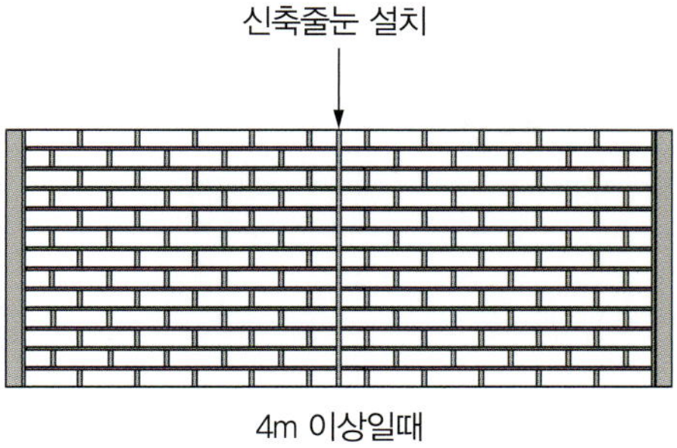

온도나 습도의 변화에 따라 벽체에 발생하는 방향의 응력을 조절하고 균열을 방지하기 위해 설치하는 Joint로 4m이상일 때 설치한다.

그림 7.15 • 신축줄눈 설치

달할 충분한 길이로 한다. 인방보 상부의 벽은 균열이 생기지 않도록 주변의 벽과 강하게 연결되도록 철근이나 블록 매쉬로 보강연결하거나 인방보 좌우단 상향으로 신축줄눈을 둔다.

7.2.5 줄눈

가로 및 세로줄눈의 너비는 도면 또는 공사시방서에 정한 바가 없을 때에는 10mm를 표준으로 한다. 가로줄눈의 바탕 모르타르는 일정한 두께로 평평히 펴 바르고 세로줄눈의 모르타르는 벽돌 마구리면에 충분히 발라 쌓도록 한다.

하루의 쌓기 높이는 1.2m(18켜 정도)를 표준으로 하고, 최대 1.5m(22켜 정도) 이하로 하며 벽돌벽이 블록벽과 서로 직각으로 만날 때에는 연결철물을 만들어 블록 3단마다 보강하여 쌓는다. 또한, 벽돌벽이 콘크리트 기둥(벽)과 슬래브 하부면과 만날 때는 그 사이에 모르타르를 충전한다.

(1) 막힌줄눈

- 벽돌에 실린 하중이 균등하게 전달되어 안전하다.

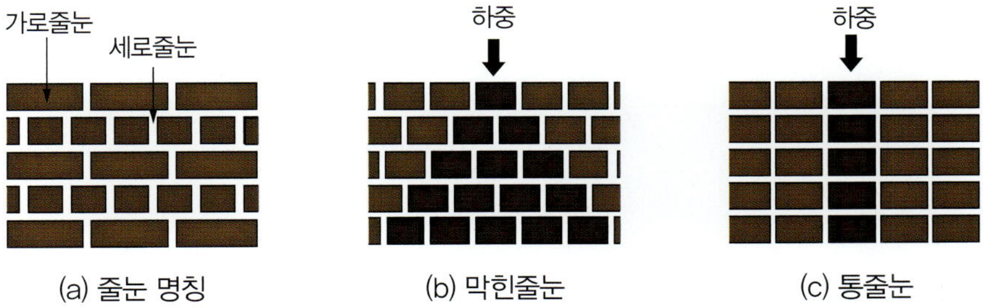

그림 7.16 • 막힌줄눈 및 통줄눈

(2) 통줄눈

- 상부하중을 밑으로 균등하게 전달하지 못하므로 내력벽에서는 가능한 한 통줄눈은 피하는 것이 좋다.

(3) 치장 줄눈

- 의장적 효과를 내기 위한 줄눈으로, 줄눈 모르타르가 굳기 전에 줄눈파기를 한다. 또한, 치장줄눈의 깊이는 6mm로 하고 줄눈흙손으로 눌러 수밀하게 처리한다.

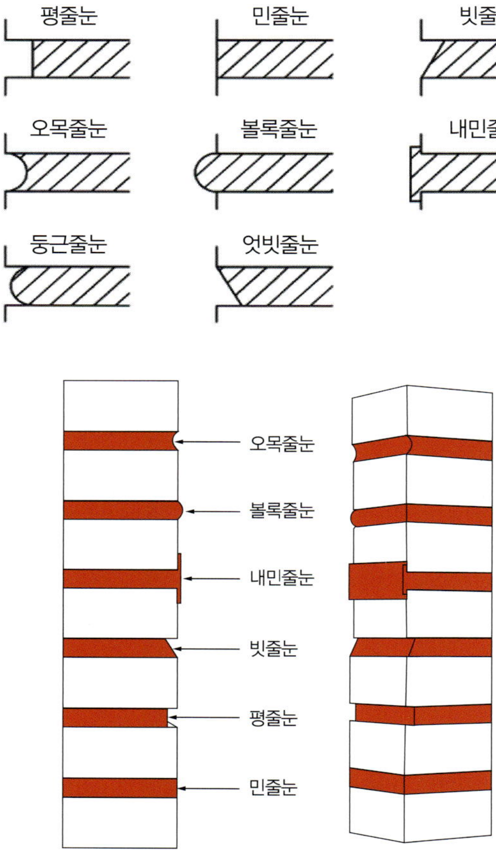

그림 7.17 • 치장줄눈

7.2.6 벽돌 쌓기 순서

(1) 벽돌 쌓기 유의사항

- 세로 규준틀은 뒤틀리지 않는 건조한 직선재에 명확히 먹매김 한다.
- 줄기초, 연결보 및 바닥콘크리트의 쌓기 면은 작업 전 청소한다.
- 오목한 바닥은 모르타르로 수평지게 고르고 적절히 물 축임을 한다.
- 붉은 벽돌은 쌓기 하루 전에 물 축임을 한다.
- 콘크리트 벽돌은 쌓으면서 쌓기 바로 전에 물축임을 한다.
- 내화벽돌은 물춤임을 하지 않는다.
- 벽돌에 부착된 흙이나 먼지는 제거한다.
- 공사를 하기 전에 바탕을 점검하고 정착철물의 위치를 정확하기 위치시킨다.

(2) 벽돌 쌓기 순서

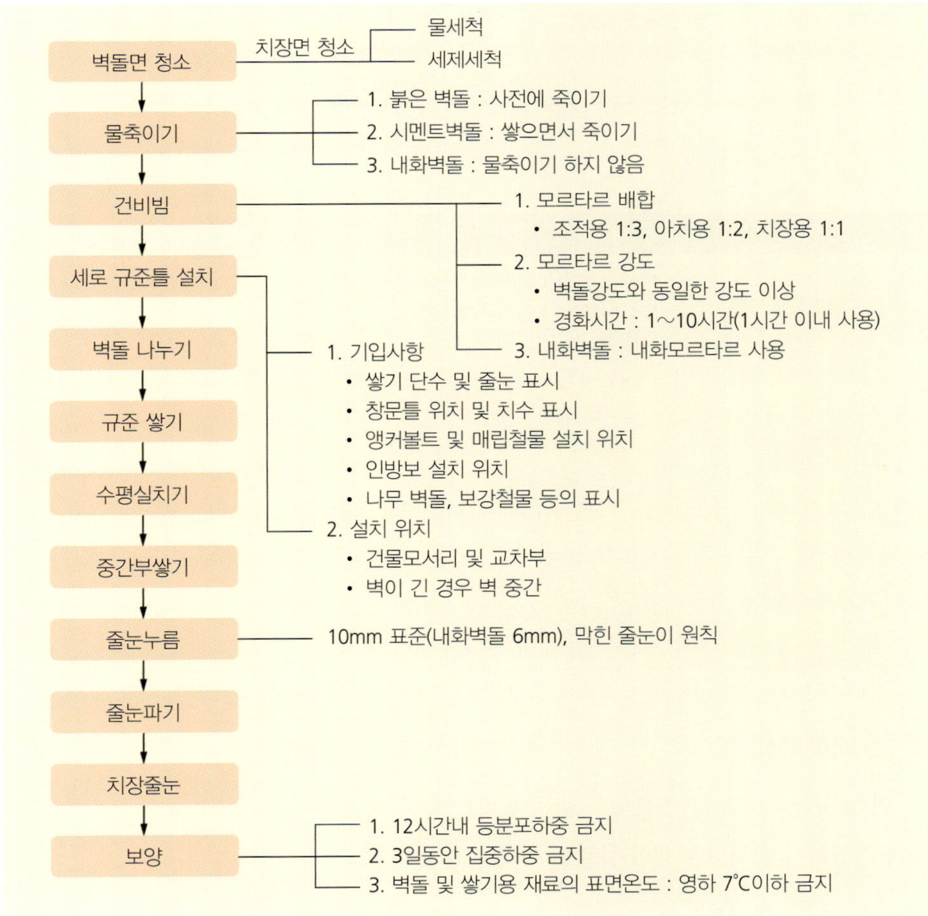

7.2.7 벽돌벽의 균열 및 백화현상

(1) 균열

- 조적조의 균열은 누수의 원인이 되며 구조적 불안감을 조성한다. 이러한 균열은 설계, 재료, 시공의 복합적인 원인에서 발생하게 된다.
- 균열에 의한 피해로는 균열에 의한 누수 · 소음전달, 단열성저하(공간 및 내부 단열 등), 미장재의 박락발생, 미관상 불쾌감, 백화현상 발생, 창호 및 내부 시설재의 변형초래, 구조적 불안감 조성 등이 있다.

(2) 균열의 원인

계획 및 설계상의 원인	시공상의 원인
기초의 부동침하 건물의 평면, 입면의 불균형 및 벽의 불합리한 배치 개구부 크기의 불합리 및 불균형 배치 하중이 불균형하거나 큰 집중하중이 발생	벽돌 및 모르타르의 강도부족 온도 및 습기에 의한 재료의 신축성 이질재와의 접합부, 불완전 시공 모르타르 바름의 신축 및 들뜨기 신축줄눈 설치 미비 모르타르 신축 및 들뜸

(3) 균열의 방지대책

항목	내용
조적재료의 선정	• 표준규격에 일치하는 재료사용 • 건조수축이 적은 재료사용 • 압축강도가 큰 것 사용
신축줄눈 설치	• 벽두께 및 벽 높이가 변하는 곳 • 벽체와 기둥의 접합부분 • 내력벽과 비내력벽의 접합부 • 약한 기초의 상부벽 • 기타 벽체의 응력이 약한 부분
보강철근의 사용	• 창호부분 등의 양측보강 • 건물의 모서리 부분 • 벽체의 교차부분 • 신축줄눈이 위치한 양측

(4) 백화현상

벽 표면에 침투하는 빗물에 의해 모르타르 중의 석회분이 유출되어 공기 중의 탄산가스와 결합하여 백색의 미세한 물질이 생기는 현상이다.

그림 7.18 • 조직조 균열

그림 7.19 • 백화현상

[제거 방법]

- 염산 : 물 = 1:5의 용액으로 씻어내면 제거할 수 있으나 완전한 제거는 어렵고 시일이 경과함에 따라 발생이 조금씩 감소한다.

[방지법]

- 흡수율이 적은 소성이 잘된 벽돌을 사용
- 줄눈 모르타르에 방수제 혼합
- 벽면에 빗물 찻잔 장치를 설치
- 표면에 방수모르타르나 실리콘 뿜칠
- 줄눈의 방수처리 철저

7.3 블록공사

7.3.1 블록구조의 종류

블록은 내화성, 내구성이 뛰어나지만 횡력에 약한 단점이 있으나 철근콘크리트로 보강하여 내력벽체에도 널리 쓰이고 있다. 블록의 처리 및 보강방법에 따라 단순 조적 블록구조, 보강블록구조, 거푸집블록구조로 구분된다.

(1) 단순 조적 블록 구조

블록을 모르타르로만 접착하여 막힌줄눈으로 쌓는 구조로서 일반적으로 소규모 건축물에 적용한다. 이 구조는 외력에 극히 약하므로 수평줄눈에 철망을 넣고 보강한다.

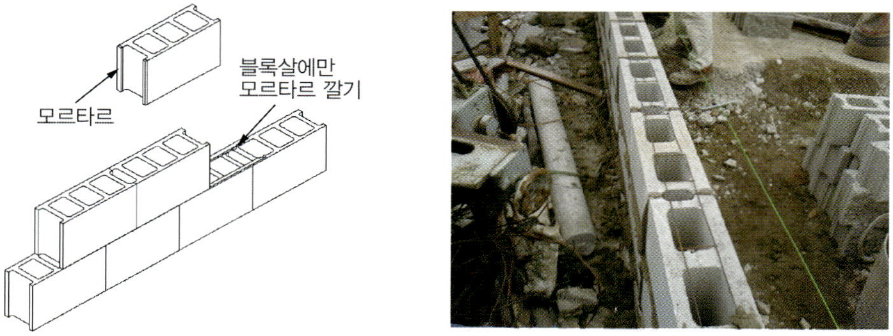

그림 7.20 • 단순 조적 블록 구조

그림 7.21 • 보강 블록 구조

(2) 보강 블록 구조

블록의 속 빈 부분에 철근을 삽입하고 콘크리트를 부어 보강한 것으로 수직, 수평하중을 견딜 수 있는 구조로 3~4층 건물에 가능한 블록 구조이다.

(3) 거푸집 블록 구조

거푸집 대신 블록을 사용하여 철근을 배근하고 콘크리트를 부어 넣은 구조로서 내력벽과 기둥, 보 등의 구조체에 활용된다.

7.3.2 블록의 종류

(1) 기본 블록

기본 블록은 길이, 높이, 두께가 일정한 일반적으로 사용되는 블록을 말하며 규격은 표 7.3을 따른다.

표 7.3 • 기본 블록 규격

<table>
<tr><th rowspan="2">형상</th><th colspan="3">치 수(mm)</th><th colspan="2">허용치(mm)</th><th rowspan="2">비고</th></tr>
<tr><th>길이</th><th>높이</th><th>두께</th><th>길이 및 두께</th><th>높이</th></tr>
<tr><td>기본 블록</td><td>390</td><td>190</td><td>210
190
150
100</td><td colspan="2">±2</td><td></td></tr>
<tr><td>이형 블록</td><td colspan="6">• 길이, 높이 및 두께의 최소 크기를 90mm 이상으로 한다.
• 또한, 가로근 삽입 블록, 모서리 블록과 기본 블록과 동일한 크기인 것의 치수 및 허용치는 기본 블록에 따른다.</td></tr>
</table>

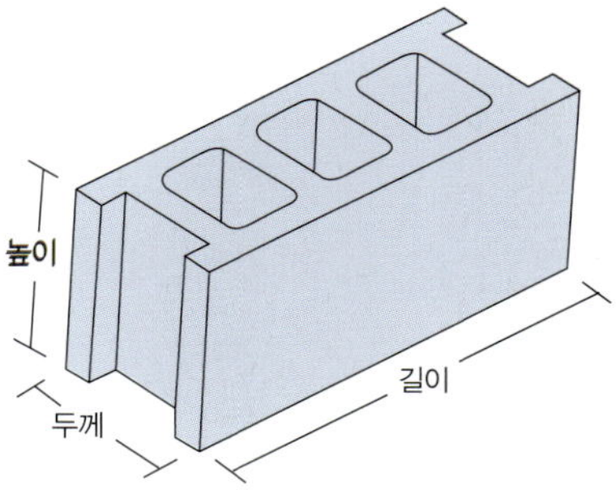

그림 7.22 • 기본 블록

(2) 이형 블록

형상이 다른 반블록, 창대블록, 인방블록 등이 있으며 특수한 용도로 쓰인다.

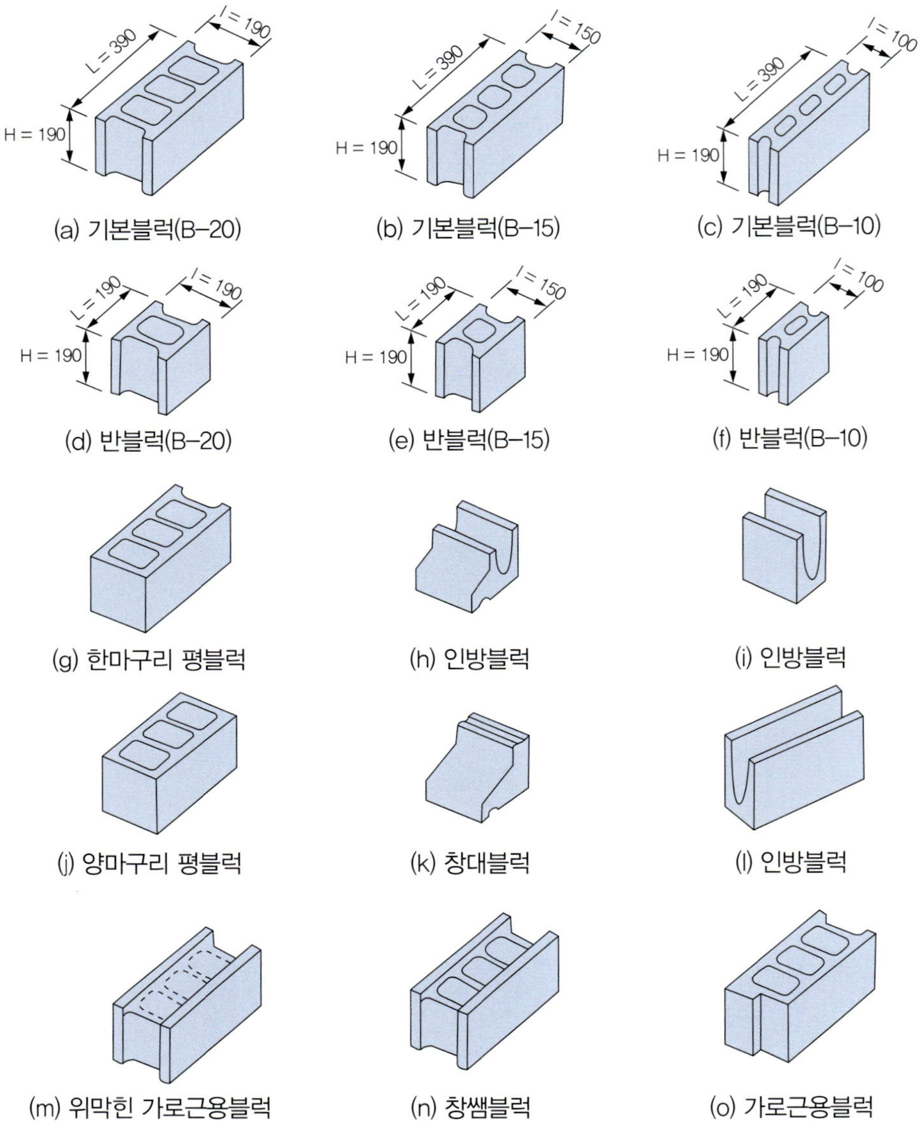

그림 7.23 • 기본블록 및 이형블록

7.3.3 블록 쌓기

(1) 단순 조적 블록 쌓기

① 준비

- 줄기초, 연결보 및 바닥판, 기타 블록을 쌓는 밑바탕은 정리 및 청소를 하고 물축임을 한다.
- 줄기초, 연결보 및 바닥판, 기타 블록을 쌓을 뒷면에는 벽중심선 및 블록 표면선을 먹줄치고 블록 나누기를 하여 먹매기고 블록쌓기에 지장의 유무를 검사하여 지장이 있는 부분을 보정한다.
- 최초 물을 가해 비빈 후 모르타르는 2시간, 그라우트는 1시간을 초과하지 않은 것은 다시 비벼 쓸 수 있다. 그러나 반죽한 것은 될 수 있는 한 빨리 사용하고 물을 부어 반죽한 모르타르가 굳기 시작한 것은 사용하지 않는다. 굳기시작한 모르타르에 물을 부어 되비빔하는 것은 금한다.

② 쌓기

- 단순 조적 블록 쌓기의 세로줄눈은 도면 또는 공사시방서에서 정한 바가 없을 때에는 막힌 줄눈으로 한다.
- 기준틀 또는 블록 나누기의 먹매김에 따라 모서리, 중간요소, 기타 기준이 되는 부분을 먼저 정확하게 쌓은 다음 수평실을 치고 먼저 쌓은 블록을 기준으로 하여 수평실에 맞추어 모서리부에서부터 차례로 쌓아간다.
- 하루의 쌓기 높이는 1.5 m(블록 7켜 정도) 이내를 표준으로 한다.
- 줄눈 모르타르는 쌓은 후 줄눈누르기 및 줄눈파기를 한다.
- 특별한 지정이 없으면 줄눈은 10 mm가 되게 한다. 치장줄눈을 할 때에는 흙손을 사용하여 줄눈이 완전히 굳기 전에 줄눈파기를 한다.

③ 인방 블록 쌓기

- 인방블록은 가설틀을 설치하고, 그 위에 쌓는다. 인방블록면은 수평이 되게 하고, 턱지지 않게 한다.
- 인방블록은 창문틀의 좌우 옆 턱에 200mm 이상 물리고, 도면 또는 공사시방서에서 정한 바가 없을 때에는 400mm 정도로 한다.
- 그라우트를 부어 넣을 때에는 인방블록의 안면을 적당히 물축이기를 하고 철근의 위치를 정확히 유지하며 그라우트를 빈틈없이 다져 넣는다. 이때 철근의 피복두께

는 최소 30mm 이상이 되도록 한다.

(2) 보강 블록 쌓기

① 벽 세로근

- 벽의 세로근은 구부리지 않고 항상 진동 없이 설치한다.
- 세로근은 밑창 콘크리트 윗면에 철근을 배근하기 위한 먹매김을 하여 기초판 철근 위의 정확한 위치에 고정시켜 배근한다.
- 세로근은 원칙으로 기초 및 테두리보에서 위층의 테두리보까지 잇지 않고 배근하여 그 정착길이는 철근 직경(d)의 40배 이상으로 하며, 상단의 테두리보등에 적정 연결철물로 세로근을 연결한다.
- 그라우트 및 모르타르의 세로 피복두께는 20mm 이상으로 한다.

② 벽 가로근

- 가로근은 배근 상세도에 따라 가공하되 그 단부는 180°의 갈구리로 구부려 배근한다. 철근의 피복두께는 20mm 이상으로 하며, 세로근과의 교차부는 모두 결속선으로 결속한다.
- 모서리에 가로근의 단부는 수평방향으로 구부려서 세로근의 바깥쪽으로 두르고 정착길이는 공사시방서에 정한 바가 없는 한 40d 이상으로 한다.
- 창 및 출입구 등의 모서리 부분에 가로근의 단부를 수평방향으로 정착할 여유가 없을 때에는 갈구리로 하여 단부 세로근에 걸고 결속선으로 결속한다.
- 개구부 상하부의 가로근을 양측 벽부에 묻을 때의 정착길이는 40d 이상으로 한다.

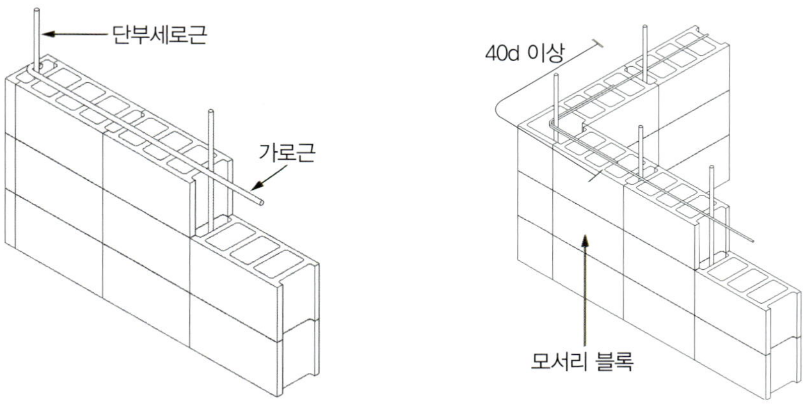

그림 7.24 • 보강 블록 쌓기

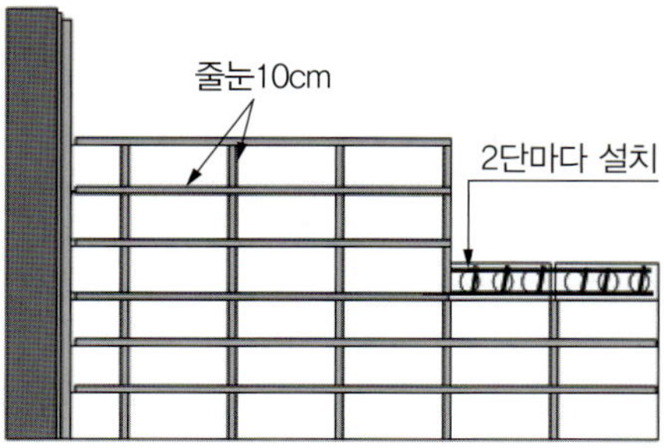

그림 7.25 • 블록매쉬 설치

그림 7.26 • 블록매쉬

③ 블록 쌓기

- 콘크리트용 블록은 물축임하지 않는다.
- 블록 쌓기는 단순 조적 블록 쌓기를 따른다.
- 보강 블록조와 라멘구조가 접하는 부분은 보강 블록조를 먼저 쌓고 라멘구조를 나중에 시공한다.

④ 블록매쉬 설치

- 블록매쉬는 2단마다 설치한다.
- 1일 시공 높이는 1.2~1.5m이하로 쌓기 한다.

⑤ 인방 블록 쌓기

- 설치 시 좌, 우 40cm이상 물리도록 한다.
- 개구부 주위 양단 각각 D13철근 2개씩 수직보강하고 바닥 콘크리트에 충분히 정착시키며 사춤 콘크리트로 사춤한다.

⑥ 신축줄눈 설치

- 구간이 6m이상 일 때 설치하며 줄눈의 몰탈은 밀실하게 충진시킨다

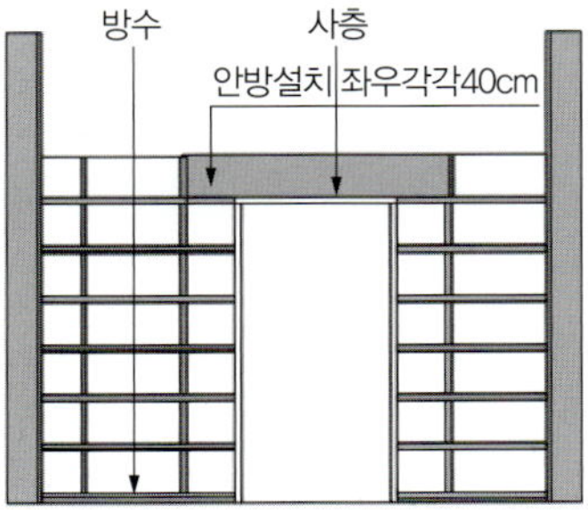

그림 7.27 • 인방블록 쌓기

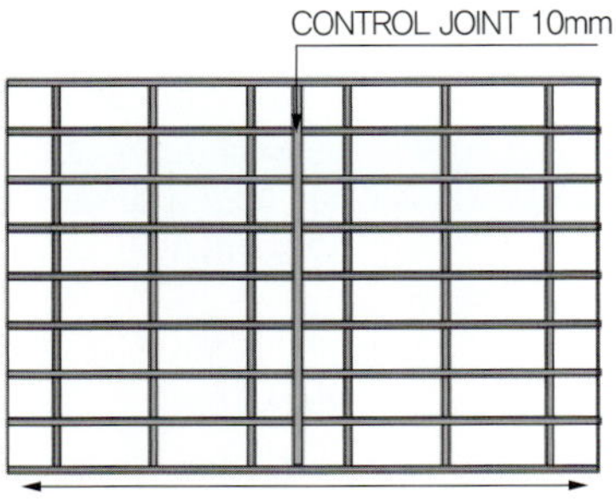

그림 7.28 • 신축줄눈 설치

7.4 ALC블록 공사

ALC(Autoclaved Lightweight Concrete)는 북유럽의 한냉기 기후에 적합한 우수한 단열 특성을 지닌 건축자재로 개발되어 1930년대 초부터 사용되기 시작하였다. 경량기포 콘크리트를 이용한 공법의 총칭이며 ALC는 그 성형품을 말한다.

ALC는 초고층화에 따른 자중 감소 및 일반 조적공사의 인력 부족으로 인한 공기 지연, 인건비 상승에 따른 경제성 등의 요구에 의해서 개발된 것이다. 이러한 ALC는 규사, 석회, 시멘트를 주원료로 하여 기포제를 첨가한 죽상태를 고온, 고압 양생조에서 일정시간 양생시킨 다기능 건축 재료이다.

(1) ALC블록 종류

① 일반블록: 가장 일반적인 ALC블록
② U-블록: 테두리보 제작 및 ALC인방 대용으로 사용
③ 요철블록: 조적시 블록의 수평면만 모르타르로 접착하며 창고, 칸막이 벽으로 적합
④ 점보블록: 대형블록(길이 1m, 높이 60cm)이며 작업속도가 빠름

(2) ALC블록 쌓기

① 비내력벽
- 두께는 부착물의 종류와 중량을 고려하여 100mm, 125mm로 하며 모르타르를 고르게 펴서 수직 및 수평 유지한다.

표 7.4 • ALC블록 구조 설계기준

항목	품질기준
압축강도(28일)	$\geq$ 10N/mm^2
전단강도(28일)	$\geq$ 0.5N/mm^2
가사시간	$\geq$ 4시간
보정시간	$\geq$ 7분

표 7.5 • 기본 블록 규격

제품종류	치 수(mm)			밀도(Km/cm²)
	길이	높이	두께	
일반블록	600	300/400	67~375	500 600 700
U-블록	600	300/400	175~375	
요철블록	600	300/400	175~375	
점보블록	1,000	500/600	175~375	

- 상부 구조체와 접하는 부위는 10~20mm 틈을 두고 충전하여 채우며 하중이 수직으로 전달될 수 있도록 한다.
- 블록 벽체의 개구부는 최소 600mm 이상으로 하며 창호에는 인방보를 설치한다.

② 내력벽

- 블록 두께는 외벽은 200mm 내벽은 125mm 또는 150mm로 하며 보를 지지하는 내벽의 경우 150mm이상으로 한다.
- 벽체 상부와 슬래브의 접합부는 틈이 없도록 하며 캔틸레버보는 충전재로 충전 후 코킹을 한다.
- 막힌 줄눈 쌓기를 원칙으로 하며 모든 개구부에는 인방보를 설치한다.
- 블록이 서로 맞닿는 부분은 보강철물로 매 2단마다 고정한다.

③ 쌓기 유의사항

- 방습층 위에 바탕 모르타르를 10~20mm 깔고 속채움 블록을 사용한다.
- 수직줄눈은 통줄눈이 되지 않도록 하며 블록 상하단의 겹침 길이는 블록 길이의 블록 길이의 1/3~1/2 표준으로 하며 최소 100mm이상으로 한다.
- 하루 쌓기 높이는 1.8m로 최대 높이는 2.4m 이내로 한다.
- 신축줄눈 설치는 벽체의 길이 10m 이상일 때 설치하도록 한다.

연습문제

1 표준형 벽돌의 규격은?

2. 불식 쌓기의 특징은?

3. 화란식 쌓기의 특징은?

4. 미식 쌓기의 특징은?

5. 치장줄눈이란?

6. 벽돌벽의 균열의 원인에 대하여 설명하시오.

7. 백화현상이란?

제8장 미장공사

8.1 개요

(1) 정의

미장공사는 모르타르 바름, 플러스터 바름, 회반죽 바름, 흙 바름벽, 인조석갈아내기, 현장 테라죠바름 등 물을 섞어서 작업을 한 후 양생 건조를 통하여 구조체를 미려하게 마감하는 작업이다.

(2) 특성

- 구조체의 바탕을 보완하여 이후 페인트, 벽지 바르기 등의 마감품질을 높힘
- 구조체 표면을 침식, 오염 등으로 부터 보호
- 공사 품질이 앞 공정의 품질에 의해 좌우
- 습식공법이므로 장시간의 소요시간이 필요
- 타일과 달리 이음새가 없다는 장점이 있음
- 숙련공이 필요

(3) 요구성능

- 평탄성: 마무리면 평활상태 유지
- 균일성: 소요두께 유지
- 기능성: 내수, 내화, 방음, 단열 기능 유지

(a) 벽체 미장

(b) 바닥미장

그림 8.1 • 미장공사

표 8.1 • 일반적인 바름공정

공정	의미	비고
바탕조정	• 경도의 바탕 결함조정, 바탕의 흡입을 조정 • 초벌바름과 바탕과의 적합성을 만들어 줌 • 불필요한 경우도 있음	• 필요 이상의 바탕조정은 오히려 박리 등의 결합을 만들 수 있음
초벌바름	• 바탕과의 접착을 주목적으로 함 • 바탕의 요철을 완화시킴	• 바탕의 평탄도가 크고, 얇은 바름이 가능한 경우에는 생략하고, 직접 마감바름하는 일도 있음
재벌바름	• 바탕과 마감바름을 연결하는 것 • 치수 안정성이 요구되면 얇은 바름이 가능 • 더욱 평탄하고 흡입이 균일하도록 바름	• 초벌바름 만으로 평탄하게 할 수 있는 경우 생략 가능
정벌바름	• 치장을 목적으로 한다. • 균열이 발생하기 쉬운 재료에서는 얇게 바름 • 표면의 요철 문양 등은 이 과정에서 만듦	• 치수 안정성이 좋은 재료에서는 초벌, 재벌바름의 생략 가능
마감부 처리	• 요철의 흙손 누름작업, 표면의 연마로 처리	

• 강 도: 소요강도 유지
• 수밀성: 치밀하여 공극이 없을 것
• 내구성: 균열, 탈락 방지

(4) 일반적인 바름공정

(5) 기타

① 코너비드

• 코너비드란 기둥, 벽 등의 모서리 부분의 미장 바름을 보호하기 위하여 묻어 붙인 것으로써 모서리쇠라고도 한다.

1) 설치 목적

• 벽체의 파손, 마모에대한 보호
• 수직, 수평의 기준
• 마감면의 품질 정도의 향상

그림 8.2 • 코너비드

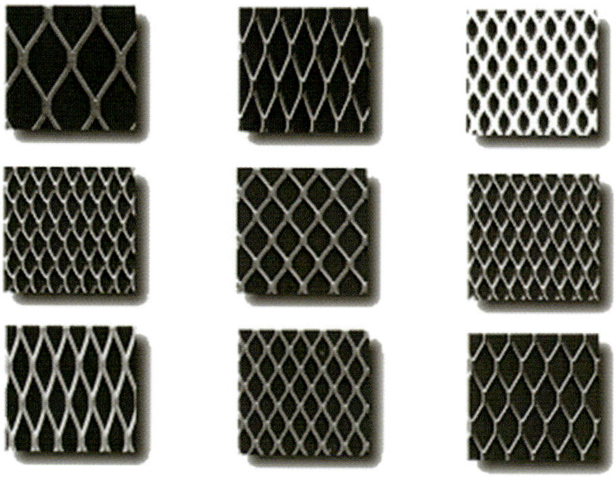

그림 8.3 • 메탈리스

2) 재료의 종류

- 아연도금 철재
- 황동제
- 스테인리스 강재

② 메탈라스

- 얇은 강판에 마름모꼴 구멍을 연속적으로 뚫어 그물처럼 만든 것으로 천장, 벽 등의 미장 바탕에 사용되는 금속제 라스의 총칭이다.

8.2 종류 및 특성

8.2.1 미장재료의 종류

미장재료는 그림 8.4와 같이 수경성, 기경성 및 특수재료로 나누어진다. 수경성은 물과 반응하여 경화하면서 강도가 높아지는 재료이며 기경성은 공기 중 탄산가스와 결합하여 경화한다. 또한, 특수재료인 마그네시아 시멘트는 물대신 $MgCl_2$(염화마그네슘)를 사용하며 바닥포장재에 주로 쓰이는 리그노이드의 원료가 된다. 리그노이드는 마그네시아 시멘트 모르타르에 탄성재료인 콘크분말, 안료등을 혼합한 미장재료이다.

(1) 시멘트 모르타르

① 특성

- 시멘트 모르타르 바름은 미장공사에서 가장 널리 사용되는 바름으로 외벽, 내벽 바닥 등 건물 전부에 걸쳐서 미장공사의 주류를 이루고 있다.
- 시멘트 모르타르 바름은 경화 후 내구성이 좋고 시공이 용이할 뿐만 아니라 자재를 구하기도 쉽다는 장점이 있지만 주재료인 시멘트를 잘못 사용함으로 인하여 균열, 박리, 백화등의 결함도 많이 발생하고 있어 시공 시 주의가 요망된다.

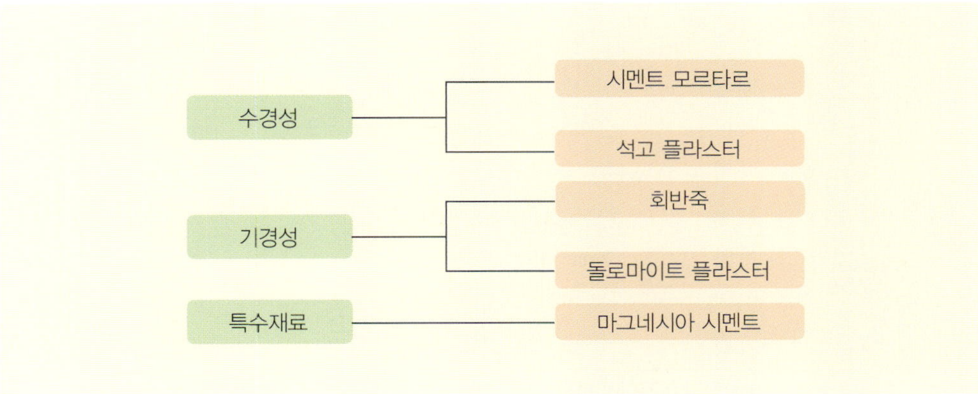

그림 8.4 • 미장재료의 구분

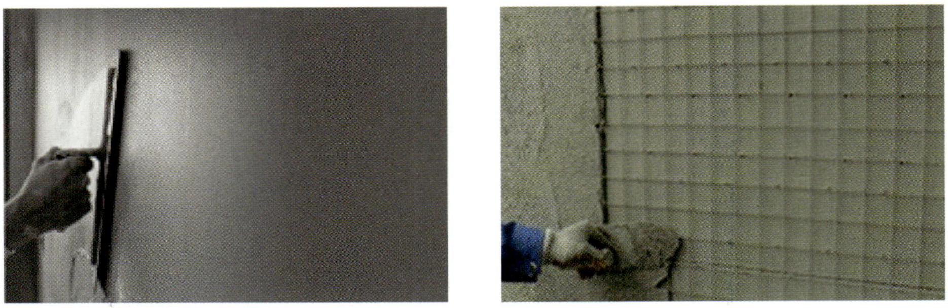

그림 8.5 • 시멘트모르타르

② 바탕처리 및 부위별 처리 방법

- 바탕은 청소를 깨끗이 하고 콘크리트, 벽돌, 블록 등의 바탕은 흡수성이 강하므로 반드시 물축임을 한다.
- 물축임은 한번으로 그치는 것이 아니라 필요에 따라 여러 번 반복하는 경우도 생기게 된다. 이것은 물축임이 부족하면 몰탈의 수분이 바탕으로 급속히 빨려 들어가 강도의 저하나 균열, 박리등의 결함이 발생할 가능성이 높아지기 때문이다.

표 8.2 • 바름두께

바탕	바름 부분	바름두께 (단위 : mm)				
		초벌 및 라스먹임	고름질	재벌	정벌	합계
콘크리트, 콘크리트블록 및 벽돌면	바 닥	–	–	–	24	24
	내 벽	7	–	7	4	18
	천 장	6	–	6	3	15
	차 양	6	–	6	3	15
	바깥벽	9	–	9	6	24
	기 타	9	–	9	6	24
각종 라스바탕	내 벽	라스두께보다 2mm 내외 두껍게 바른다.	7	7	4	16
	천 장		6	6	3	15
	차 양		6	6	3	15
	바깥벽		0~9	0~9	6	24
	기 타		0~9	0~9	6	24

※ 바름두께 설계 시에는 작업 여건이나 바탕, 부위, 사용용도에 따라서 재벌두께를 정벌로 하여 재벌을 생략하는 등 바름두께를 변경할 수 있다. 단, 바닥은 정벌두께를 기준으로 하고, 각종 라스바탕의 바깥벽 및 기타 부위는 재벌 최대 두께인 9mm를 기준으로 한다.

(a) 벽체 초벌바름

(b) 화장실 배관주위 초벌바름

그림 8.6 • 초벌바름

③ 바름두께

- 바름두께 표준은 표 8.2에 따른다. 다만, 바름횟수는 필요에 따라서 공사시방서에 따른다.
- 마무리두께는 공사시방서에 따른다. 다만, 천장, 차양은 15mm 이하, 기타는 15mm 이상으로 한다. 바름두께는 바탕의 표면부터 측정하는 것으로서, 라스먹임의 바름두께를 포함하지 않는다.

④ 시공방법

1) 초벌바르기
- 먼저 바른 몰탈의 물기가 걷힌 후 6mm 정도의 두께로 바른다.
- 갈퀴 등으로 긁어 거친면을 만들어 부착력을 좋도록 만든다.
- 초벌바름은 2주이상 양생시켜 흠이나 균열을 충분히 발생시킨다.

2) 정벌바르기
- 초벌바름이 건조하고 경화하기를 기다린다.
- 물축임을 하고 정벌바르기를 한다.
- 콜드조인트가 생기지 않도록 벽면 전체는 한번에 바른다.
- 바름면에 얼룩, 들뜸이 없도록 한다.

3) 표면 마무리
- 솔질마무리
  - 정벌바르기에서 표면의 물기가 어느 정도 걷히기를 기다린다.
  - 물기가 걷히면 마른 솔로 위에서부터 아래로 일정한 힘으로 솔질한다.

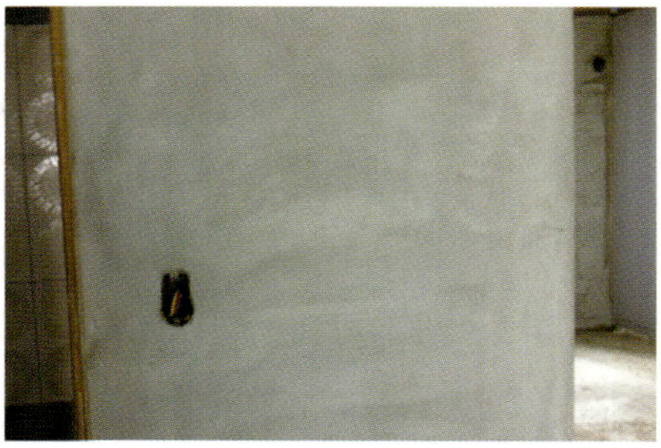

(a) 벽체 정벌바름

(b) 정벌바름 시공

그림 8.7 • 정벌바름

- 쇠흙손 마무리
  - 정벌마무리를 편평하고 고르게 한다.
  - 표면을 쇠흙손으로 흙손 자국이 생기지 않고 표면이 매끄럽게 되도록 여러번 문질러서 표면이 매끄럽게 한다.

4) 시공상태 점검확인

- 바름면은 조기 건조를 방지시켜 주고 충분한 수화반응이 이루어 질 수 있도록 2~3일간은 물을 뿌리는 등의 조치를 강구한다.
- 초기 보양이 품질향상에 결정적 역할을 하므로 초기보양에 중점 관리한다.

(2) 석고플라스터

① 특성

- 소석고를 주성분으로 하는 미장재료로써 건조가 빠르므로 공정상 유리하며 균열이 적고 강도도 비교적 크다.

② 석고 플라스터 종류

- 순석고 플라스터: 천연석고를 150~190도 범위 내에서 천천히 가열하여 결정수가 3/4방출된 석고를 말하며 중성으로 경화속도가 빠르다.
- 경석고 플라스터: 천연석고를 400~500도 범위 내에서 가열하여 결정수가 모두 방출된 석고를 말하며 약산성으로 강도가 크다.
- 혼합석고 플라스터: 약알칼리성으로 경화속도는 보통이다.

③ 경석고 플라스터

- 경석고를 주성분으로 하는 시멘트로 발명자의 이름을 따서 Keen's cement라고도

표 8.3 • 경석고 플라스터 장단점

장점	단점
• 경화하면 강도가 크다. • 응결강화에 의한 수축이 거의 없음 • 가수 후 4시간 정도까지 된비빔의 재료 사용 가능 • 끈기가 있고 부탁성이 좋음 • 표면경도가 크고, 광택성을 가지고 있음 • 방습적인 미끈한 면을 가지게 됨	• 철재류와 접촉하면 부식의 원인이 됨 • 시공이 까다롭고 고가이다. • 산성 재료이므로 구조체에 악영향을 줄 수 있음. • 응결이 느리므로 촉진제를 배합할 것

한다. 용도는 ① 목욕실, 주방등의 벽면 ② 모르타르면, 석고보드면, 나무면 등 ③ 바닥바름 공사(표면강도가 높음)등에 쓰인다.

(3) 회반죽 바름

① 개요

- 소석회에 여물, 풀, 모래 등을 섞어서 물로 바뀐 것을 반죽하여 바름한다.
- 소성이 크므로, 시공 후 표면이 공기에 접하게 되면 탄산칼슘으로 되어 단단히 피막을 형성한다.

② 재료

- 소석회: 석회암을 900~1,200℃로 가열 소성하여 생석회를 얻고, 여기에 물을 첨가하여 소석회가 되며, 미장용 회반죽으로 이 소석회를 사용한다.
- 해초풀, 여물(볏짚, 종이펄프), 모래

③ 특성

- 공기중의 탄산가스와 반응하여 경화된다.(기경성)
- 외관이 부드러우며 저렴한 재료이다.
- 경화시 건조수축이 발생하며 건조가 늦다.
- 강도에 약하며 비내수성에 사용된다.

④ 시공법

- 석회와 모래를 건비빔한다.
- 1일이상 끓인 해초풀과 여물을 혼합반죽하여 사용한다.
- 2일이상 경과한 것은 사용금지한다.
- 석회와 모래를 건비빔한 것에 여물을 넣은 해초풀을 첨가하여 비비며 물은 사용하지 않는다.

(a) 해초 끓인물

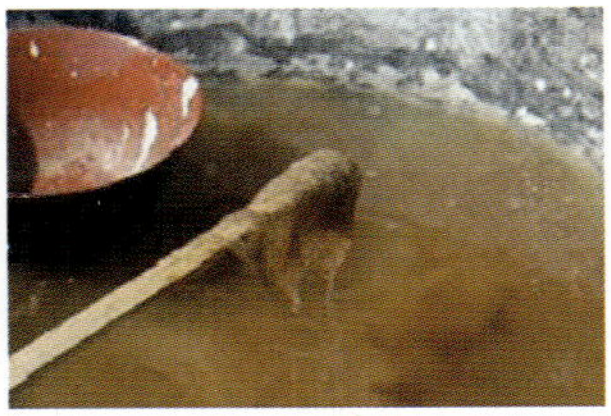

(b) 수사(식물성 섬유질)

(c) 회반죽

(d) 정벌바름

(e) 완료

그림 8.8 • 회반죽 바름

(5) 돌로마이트 플라스터

① 개요

- 돌로마이트에 모래, 여물을 섞어 반죽한 바름재료를 돌로마이트 플라스터라고 하며, 시멘트를 혼입하여 사용하기도 한다.
- 사용되는 곳으로는 콘크리트면, ALC 패널 등의 벽 또는 천장 등에 사용된다.
- 재료의 구성:
  - 돌로마이트 플라스터 = 돌로마이트(마그네시아 석회)+여물+모래+시멘트

② 특성

- 소석회에 비해 점성이 높고 작업성이 좋기 때문에 풀이 필요하지 않아 변색, 냄새, 곰팡이가 없으며 보수성이 좋다.
- 보수성이 크고, 바름작업이 용이하다.
- 조기강도가 크고, 착색이 비교적 용이하다.
- 회반죽에 비하여 건조수축이 크다
- 기경성이므로 지하실 등의 습기가 많은 곳의 마무리에는 좋지 못하다.

표 8.4 • 경석고 플라스터 장단점

비교 항목	회반죽	돌로마이트 플라스터	석고 플라스터
주체	석쇠, 소석회	마그네시아 석회	순석고, 배합석고, 경석고
경화속도	늦다	늦다	빠르다
수축성	가장 크다(여물보강)	크다	작다
점성	적다	크다	보통이다
경도, 강도	연질	회반죽에 비해 크다	크다
가격	비교적 싸다	싸다	비싸다
내수성	비내수적	약하다	크다
수경성, 기경성	기경성	기경성	수경성

(6) 인조석 바름

① 개요

- 자연석과 비슷한 느낌을 주기 위한 마감방법으로써 시멘트에 모래, 화강석, 안료를 혼합하여 바름 한 후 표면 마무리 한다.
- 표면마무리법에는 씻기, 긁어내기, 잔다듬 등이 있는데 특히 잔다듬한 모조석을 캐스트 스톤이라 한다.

그림 8.9 • 인조석 바름

② 특성

- 적용하는 바탕은 시멘트 모르타르, 콘크리트, 프리캐스트 콘크리트, 콘크리트블록 및 시멘트판으로 하고, 기타 바탕에 적용하는 경우는 공사시방서에 따른다.
- 콘크리트, 콘크리트 블록 등의 바탕은 표 8.4의 초벌바름 모르타르로 수평 또는 수직으로 처리하고, 쇠갈퀴로 긁거나, 나무흙손 처리로 거칠게 한 후 2주간 이상 가능한 한 오래 방치한다.
- 바탕은 미장하기 전에 잘 청소한다. 또한, 콘크리트, 콘크리트 블록 바탕 등은 미리 물로 습윤하게 하고, 바탕의 물걷기를 보고 초벌바름한다.
- 시공방법은 ① 바탕처리 및 청소 ② 줄눈대 설치 ③시멘트 페이스트칠 ④시멘트, 안료, 종석의 배합 ⑤ 물갈기 순으로 진행한다.

표 8.5 • 배합비 및 바름두께

종 별		바름층	배 합 비				
			시멘트	모 래	시멘트, 백색시멘트 또는 착색시멘트	종 석	바름두께
인조석 바름		정벌바름	–	–	1	1.5	
바닥 테라조 바름	접착공법	초벌바름	1	3	–	–	20
		정벌바름	–	–	1	3	15
	유리공법	초벌바름	1	4	–	–	45
		정벌바름	–	–	1	3	15

※ 인조석 갈아내기 마감과 현장바름 마감의 갈아내기 공정에서 눈먹임에 사용하는 시멘트 페이스트는 정벌바름의 배합에서 종석을 제외한 시멘트 페이스트를 사용한다.
※ 벽의 인조석 바름 씻어내기 마무리 등에서는 시멘트 1 중 0.3~0.4(용적비)를 정벌바름용 소석회 등으로 대치한다.
※ 바닥면의 콩자갈 마무리에는 인조석 바름의 배합을 사용하지만 종석 대신 모래를 쓴다.
※ 인조석 바름에서 잔다듬 마무리의 바름두께는 9mm 내외로 한다.

(7) 테라조 바름

① 개요

- 테라조는 일반의 인조석과는 달리 고품질의 좋은 재료로 시공한 인조석의 일종이다.
- 일반 인조석 공사가 현장 시공인 반면에, 테라조는 공장에서 제작되어 현장에 설치되는 것이 보통이다.

그림 8.10 • 테라조 바름

② 특성

- 초벌바름에는 접착공법과 절연공법(바닥)이 있다.

1) 접착공법

– 바탕을 미리 청소하고, 실러바름 또는 물축이기를 한 후, 시멘트 페이스트를 문질러 바르고 이어서 초벌바름 모르타르를 바른다. 바닥일 때는 되도록 된비빔의 것을 쇠흙손으로 힘껏 눌러 바르고 긁어 놓는다.

2) 절연공법(바닥)

- 테라조 바름의 마감두께가 일정하게 되도록 바탕 고르기를 하고, 줄눈나누기에 따라 줄눈대를 고정시킨다. 건조한 모래를 5mm 두께 정도로 평활하게 깔고, 그 위에 아스팔트 펠트 또는 아스팔트 루핑을 깔아 바닥과 분리시킨다. 초벌바름용 모르타르를 30mm 두께 정도로 깔아 바르고, 용접철망을 깔고 테라조 정벌마감 두께만큼을 남기고 바탕 모르타르를 눌러 바른 다음 그 표면을 긁어 놓는다.

- 정벌바름
  - 초벌바름의 물 걷기를 보아 이어서 정벌바르기를 한다. 정벌바름은 갈아내기 마감 후 돌의 배열이 균등하게 되도록 갈아내기 두께를 고려하여 평활하게 마감한다.
  - 바닥일 때는 된비빔의 것을 나무망치로 두들겨서 다지거나 롤러 또는 진동기를 사용하여 다지고 쇠흙손으로 고른다. 벽면일 때는 정벌바름과 같은 색깔의 시멘트 페이스트를 칠한 후 뒤따라 정벌바름한다. 이 때에도 되도록 된비빔의 재료를 쇠흙손으로 힘껏 눌러 바른다.

② 인조석바름과 테라조바름 비교

표 8.6 • 인조석과 테라조 비교

구 분	인 조 석	테 라 조
시 공	주로 현장시공	공장제작 → 현장설치
종 석	화강석 부스러기	대리석 부스러기
배 합 비	시멘트 : 종석 = 1 : 2	시멘트 : 종석 = 1 : 2
보 양	현장시공 → 습윤보양	공장제작시 → 증기보양 현장설치 후 → 진동 및 충격 방지

(8) 온돌바닥 미장

① 구성

- 바닥미장은 그림 8.9와 같이 ① 슬라브 ② 바닥충격음 방지재 ③ 경량기포콘크리트 ④ 모르타르와 난방배관 ⑤ 바닥마감재 순으로 구성된다.

② 경량기포콘크리트 시공

- 타설시 밑바탕에 공기 및 투입된 물이 외측으로 밀려나가도록 실의 중앙에 몰탈을 부어 펴나간다.

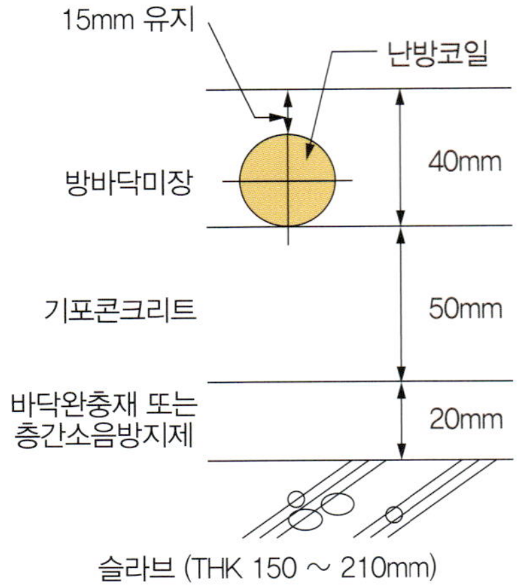

그림 8.11 • 온돌바닥 미장 구성

(a) 층간소음 방지재 시공 후

(b) 기포콘크리트 타설

(c) 수평밀대로 고르게 시공

(d) 평탄작업을 하며 3~4일간 출입금지

그림 8.12 • 기포콘크리트 시공방법

그림 8.13 • 셀프 레벨링 공법

③ 셀프 레벨링 공법

1) 정의

- 석고나 시멘트를 주성분으로 하고 바닥면에 흘리는 자연유동에 의해 수평인 바닥마감 바탕면을 형성하는 바닥공법
- 석고계 : 석고에 모래, 경화지연재, 유동화제 등을 혼합하여 사용한다.
- 시멘트계 : 포틀랜드 시멘트에 모래, 유동화제 등을 혼합하여 사용한다.

2) 특성

- 석고계는 내구성이 약하다.
- 시멘트계는 강도발현이 늦고 수축균열이 크다.
- 표면강도가 크고 시공관리가 용이하며 숙련공을 필요로 하지 않는다.

④ 방바닥 미장 시공

- 배합비는 시멘트 : 모래 = 1 : 3으로 한다.
- 1차 미장은 타설 즉시 다짐 및 수평고름질을 실시한다.
- 2차 미장은 충분한 다짐을 위해 1차 미장 후 표면의 물기가 거의 없어지기 시작하는 시점에 실시한다.
- 3차 미장은 소성수축 균열을 방지하기 위한 가장 중요한 절차로 미장시간은 늦을수록 좋으나, 작업 조건상 표면의 유통 현상이 사라지기 전으로 2차 마감 후 3시간 이내로 한다.
- 미장작업 횟수가 많을수록 바닥이 매끄럽고 장기 건조수축 균열이 감소한다.

(a) 균열예상 부위 와이어 매쉬 시공

(b) 분배기 주위 매쉬 시공

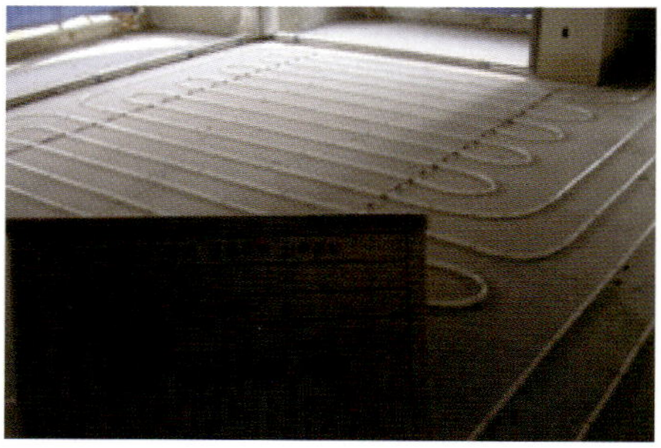

(c) 파이프 배관

(d) 방바닥 미장 완료

그림 8.14 • 방바닥 미장 시공방법

⑤ 양생시 주의 할 점

- 시공 후 2~3일간 반드시 출입을 차단하고 양생한다.
- 동절기 시공 : 외기 흡입부분은 최대한 차단하고 실내온도를 5°C이상 유지한다.
- 시공 후 최소 4~5일간은 영상의 기온을 유지한다.
- 보일러 가동은 최소양생기간 3개월 경과 후 가동한다.
- 저온에서부터 1주일간 서서히 온도를 상승한다.

8.3 결함 종류 및 방지대책

(1) 결함의 원인

미장공사의 결함은 밑바탕의 결함, 재료의 성질 및 부적합과 불량, 시공법의 불량에서 발생하며, 여러 가지 복합단계에서 결함이 발생하기 때문에 설계, 시공단계에서 품질관리를 철저히 하여야 한다.

① 구조적 원인: 기초의 부동침하, 외력에 의한 변형, 부재의 내구력 부족
② 재료적 원인: 부적합한 배합모래의 입도 불량유기불순물 혼합
③ 바탕면 원인: 표면상태 불량, 건조 불충분, 수축팽창 증가
④ 시공상 원인: 흙손 누르기 부족, 바름두께 과소, 불균질, 급격한 건조
⑤ 양생상 원인: 급격한 건조, 진동 및 충격 등

(2) 결함의 형태

① 균열
- 수분의 급속 증발이나 재료의 수축
- 각 바름 층의 건조 불충분
- 과도한 통풍으로 인한 급격한 건조

② 박락
- 미장바름이 바탕면에서 떨어지는 현상
- 접착성 부족 및 바름 두께 과다
- 평활한 콘크리트면의 미장에서 발생

③ 백화
- 미장면에 발생한 흰점

④ 동해
- 3°C이하에서 시공 시 발생
- 초기 동해는 강도 회복 불가

그림 8.15 • 균열

그림 8.16 • 박락

⑤ 곰팡이

- 곰팡이로 인한 반점 발생
- 유기질 재료 사용 시 발생

⑥ 불경화

- 수일이 지나도 경화 되지 않거나 강도가 부족한 부위
- 시멘트 풍화, 배합 불량 등에 기인

(3) 방지대책

표 8.7 • 방지대책

항목	내용
설계	• 바탕구조체의 균열 방지, 변형이 적은 공법 선택 • 접합부, 두께가 변하는 곳, 창문, 개구부, 출입구 등에 줄눈 설치 • 벽체의 수축팽창, 벽이 길 때 줄눈 설치
재료	• 양질의 재료 사용 및 배합비 철저 • 재료의 혼합을 충분히 하고 혼합시간에 유의
시공	• 충분히 눌러 바름, 메탈라스 틈새 충전 철저 • 재벌 : 초벌면의 균열 보수 철저, 완전건조, 불균일/흡집/불균형은 완전히 수정 • 정벌 : 바름 두께 일정하게, 평활하게 시공

연습문제

1. 미장공사 시 재료의 요구성능은 무엇인가?
2. 코너비드란?
3. 수경성과 기경성의 차이는?
4. 인조석과 테라조를 비교하시오.
5. 셀프레벨링 공법이란?
6. 미장공사의 결함의 형태에 대하여 설명하시오.

제9장 방수공사

9.1 개요

(1) 정의

방수공사란 방수재료를 이용하여 건물의 지하실, 지붕, 및 바닥에 방수층을 구성하는 것으로 건물 내, 외부에 물을 차단하기 위한 공사이다. 이는 구조체가 화학적, 물리적 현상에 의해 부식되는 것을 방지하며 건축물의 내구성과 청결한 생활을 유지 할 수 있도록 도움을 준다. 또한, 방수 시공은 고도의 기술보다 상세 부위의 세심함을 통해 성실히 시공이 이루어지도록 하는 것이 중요하다.

(2) 방수의 기본 개념

① 물이 고이면 누수된다.

- 구배를 따라 자연스럽게 물이 흐르도록 한다.
- 물이 들어오는 방향에서 막는다.
- 들어온 물은 조속히 배수 처리되도록 유도한다.

② 최초의 방수는 모체의 결손 부위 관찰이다

- 방수의 품질은 모체의 품질을 따른다.
- 방수 시공 전 바탕 결손 부위에 대한 보강, 보수를 완료한다.

③ 이질재의 접합 부위에는 틈이 있다.

- 접합부간의 접합상태를 반드시 확인, 보강한다.

그림 9.1 • 담수테스트

- 취약 부위에는 방수턱을 형성한다.
- 방수층 단말부의 처리에 유의한다.

④ 후속공정에서 방수층이 훼손된다.

- 마감시공 전 담수 테스트 실시를 원칙으로 한다.
- 방수 시공 후에는 보양조치 및 손상 여부를 확인한다.

(3) 물이 존재하는 장소와 형태

표 9.1 • 물이 존재하는 장소와 형태

부위		물의 종류	물의 형태
지붕, 처마		비, 눈, 우박	물방울, 흐르는 물, 고체
외벽	지상	비, 눈, 우박	물방울, 흐르는 물, 고체
	지하	지하수	정수압
베란다, 발코니		비, 눈, 우박, 생활수	물방울, 흐르는 물, 고체
지하 최하층 바닥		지하수	정수압
실내	주방, 화장실	생활수, 작업수, 청소수	물방울, 흐르는 물
	욕실	생활수	물방울, 흐르는 물, 고체
저수 구조물	연못, 풀장	생활수	정수압
	수조	음료수, 생활수	정수압
	지하수조	온수, 냉수	정수압

(4) 물의 침입조건

- 아래의 조건이 동시에 만족해야 물이 침투 할 수 있다.
  ① 물이 존재할 것 (물)
  ② 물이 스며들기 위한 공간이 있을 것 (간극)
  ③ 물을 이동시키는 힘이 작용할 것 (압력)

(5) 방수공사의 적정 환경

① 강우시: 강우, 강설 중 또는 예상될 때 외부 작업은 무조건 금지

② 고온시:

- 부풀림을 고려하여야 한다.
- 복사열을 받아 온도 상승으로 인해 내부의 물이 기화, 팽창됨

- 반응성 재료는 반응이 빨라짐에 유의
- 수경성재료는 건조가 빨라짐에 유의
- 30 ° C이상일 때, 사용할 재료의 준비량을 조절해야 됨

③ 저온시:

- 바탕표면은 온도가 기온보다 저하 되는 경우 발생함
- 아스팔트 온도 저하에 의해 접착 불량
- 접착제 건조 지연에 의한 접착 불량
- 도막의 경화 지연에 의한 피막형성 불량

④ 결로시:

- 결로시 표면을 건조시킨 후 작업을 개시
- 표면의 결로 발생 원인을 알고 대처

9.2 방수공사의 종류 및 특성

9.2.1 방수공사의 분류

일반적으로 방수공사는 재료, 공법, 시공부위별로 크게 나누어진다. 재료에 따른 분류에는 아스팔트, 합성고분자, 시멘트 액체방수 등으로 나누어지며 공법의 경우, 피막, 도막방수 등으로 분류된다. 또한, 시공부위별로는 외벽, 옥상, 실내, 지하실 방수 등으로 나누어진다.

9.2.2 피막 방수

구조물의 내, 외부에 여러 층의 불투수성 피막 형성하는 공법으로 균열을 견딜 만큼의 신축성을 가진 재료를 사용해야 한다. 피막방수에는 아스팔트 방수, 합성고분자 시트 방수 및 도막방수가 포함된다.

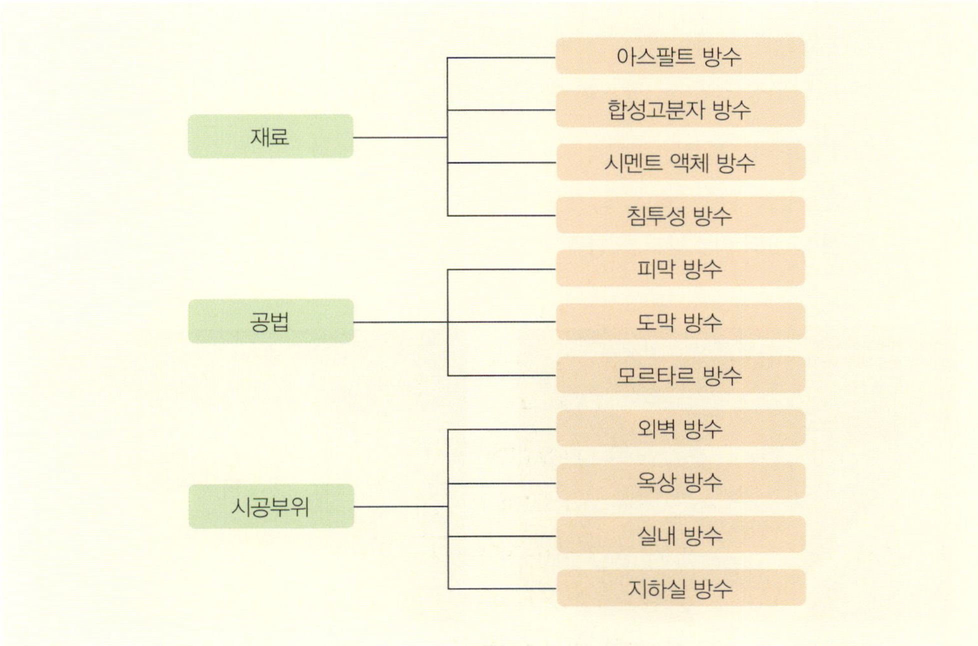

그림 9.2 • 재료, 공법, 시공부위별 분류

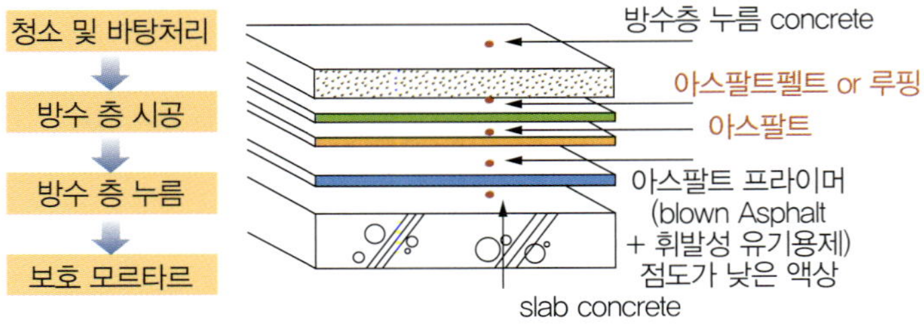

그림 9.3 • 아스팔트 방수층 구성

(1) 아스팔트 방수

- 아스팔트 방수 공사란 용용 아스팔트를 접착제로 하여 아스팔트 펠트 및 루핑 등의 방수 시트를 적층하여 연속적인 방수층을 형성하는 것을 말한다.

① 재료

1) 아스팔트 프라이머

- 아스팔트 프라이머는 블로운 아스팔트 50%와 휘발성 용제 50%로 만든 바탕처리재
- 콘크리트등의 모체에 침투가 용이하여 콘크리트와 아스팔트 부착이 잘 되게 가장 먼저 도포
- 아스팔트 프라이머는 솔 또는 롤러 등으로 도포하는데 지장이 없고, 침입도 10~30정도의 아스팔트를 휘발성 용제에 용해한 용액타입의 것을 표준으로 함

2) 블로운 아스팔트

- 중질유에 240~260°C로 가열하면서 다량공기를 뿜어 공기 중의 산화결합물로서 양질의 아스팔트를 취득

그림 9.4 • 블로운 아스팔트

그림 9.5 • 아스팔트 펠트

- 블로운 아스팔트는 비교적 연화점이 높고 안전하며, 온도에 대해 예민하지 않아서 가장 많이 사용

3) 아스팔트 컴파운드

- 블로운 아스팔트에 광물 가루를 혼입시켜 고급재, 지붕방수용으로 사용

4) 아스팔트 펠트

- 유기성섬유(양모,폐지)를 펠트상으로 만든 원지에 스트레이트 아스팔트를 가열 및 용해해서 흡수시켜 만들며 방수층의 초벌용으로 사용

5) 아스팔트 루핑

- 원지에 아스팔트를 침투시키고 양면에 컴파운드를 피복하고 광물질 분말을 살포시켜 만든 것으로 방수층의 주재료로 사용

6) 매스틱재

- 아스팔트, 합성수지, 합성고무 등에 용재, 충전재 등을 혼입한 것, 그 종류나 혼합량에 의해서 여러 종류의 제품이 있음

② 시공시 유의사항

- 아스팔트 프라이머 도포 시 바탕을 충분히 청소한 다음 솔, 롤러 또는 뿜칠기구 등으로 시공 범위 전면에 균일하게 도포하여 건조시킨다.
- 아스팔트의 용융온도는 표 9.2의 용융온도를 표준으로 하며, 용융 중에는 최소한 30분에 1회 정도로 온도를 측정하고, 접착력 저하방지를 위하여 200°C 이하가 되지 않도록 한다.
- 용융한 아스팔트가 인화되지 않도록 주의함은 물론 미리 용융 솥 가까운 곳에 소화기 등을 준비해 둔다.
- 아스팔트 용융 솥은 가능한 한 시공 장소와 근접한 곳에 설치한다. 특히, 방수층 위

표 9.2 • 아스팔트의 종별 용융온도

종류	온도(℃)
1종	220~230
2종	240~250
3종	260~270
4종	260~270

에 용융 솥을 두지 않으며, 용융 솥의 열이 주변에 영향을 주지 않도록 적절한 조치를 취하여야 한다.

- 용융한 아스팔트 취급에 있어서는 작업원의 안전을 확보하고, 건물을 오염시키지 않도록 충분히 주의한다.
- 루핑은 원칙적으로 물 흐름을 고려하여 물매의 아래쪽에서부터 위쪽을 향해 붙이고, 또한 상하층의 겹침 위치가 동일하지 않도록 붙인다. 어쩔 수 없이 물매의 위쪽에서 아래로 붙이는 경우에는 루핑의 겹침 폭을 150mm로 한다.
- 치켜올림부의 루핑을 평면부와 별도로 하여 붙이는 경우에는 평면부 루핑을 붙인 후, 그 위에 150mm 정도의 겹침 폭을 두고 붙인다. 단, 모래 붙은 스트레치 루핑의 경우에는 치켜올림부를 먼저 붙이고, 평면부의 스트레치 루핑을 겹침 폭 150mm 정도로 하여 붙인다.
- 드레인 주위는 일반 평면부 루핑을 붙이기 전에, 폭 200mm 정도의 스트레치 루핑으로 드레인의 몸체와 평면부 양쪽에 걸치듯이 덧붙임한 후, 평면부의 루핑을 겹쳐 붙인다. 드레인에 붙인 루핑류의 끝 부분은 각 층의 루핑을 정리하고 고무 아스팔트계 실링재로 처리한다

③ 아스팔트 방수의 공법

1) 열공법

- 열공법이란 고체 상태의 아스팔트를 용융 가마솥에서 가열 용융시켜 액체상태로 만들어 바탕 콘크리트 및 방수 시트면에 바르거나 부어 아스팔트 펠트 및 루핑 시트를 2~4장 적층하여 연속적인 방수층을 형성하는 공법이다.
- 아스팔트의 온도는 200°C이상이 되기 때문에, 시공 하는 곳이나 입지 조건 등이 적합하지 않은 경우엔 시공 할 수 없다.

그림 9.6 • 열공법

그림 9.7 • 토오치공법

2) 토오치공법

- 개량 아스팔트로 만든 아스팔트 시트를 토오치 버너로 가열하여 시트 밑 부분을 용융시켜 이를 접착제로 하여 시트를 단층 또는 두겹정도 적층해 나가면서 방수층을 형성하는 공법이다.

3) 상온공법

- 고온의 용융 아스팔트를 사용하지 않고 아스팔트 펠트 혹은 시트를 적층하는 공법으로 접착공법과 절연공법이 있다.

④ 아스팔트 방수의 장단점

(a) 아스팔트 프라이머 도포

(b) 아스팔트 매스틱 도포

(c) 아스팔트 방수시트 깔기

(d) PE 방수막 깔기

(f) 누름 콘크리트 타설

(g) 방수 공사 완료

그림 9.8 • 상온공법

표 9.3 • 아스팔트 방수의 장단점

장점	단점
• 복층 도막 → 작은 결함 커버 • 바탕균열에 대한 저항성이 큼 • 이음매가 없어 연속적인 방수성유지 • 복잡한 형상의 구조에 시공이 용이 • 내구, 내후성이 매우 양호	• 고온의 용융 아스팔트에 의한 화상의 위험성이 있음 • 사용하는 재료의 종류가 많음 • 들어간 모서리 부분이 들뜸 • 노출 방수층에서는 부풀음이 발생하기 쉬움

표 9.4 • 시트방수의 붙임 방법

구분	내용
접착붙임	• 바탕면과 시트면에 접착제 도포 • 접착력이 강함 • 주름이 생기기 쉬움
점착붙임	• 시트 후면에 자체 접착성 • 동절기나 기온이 낮을 때에는 점착성 저하 • 공사 기간이 빠름
용착붙임	• 버너, 토치램프로 시트 가열 • 시공이 빠름 • 고른 접착력을 기대하기 곤란하고 재질의 변화가 생기기 쉬움

(2) 합성고분자 시트 방수

- 시트 방수는 합성고무, 합성수지 등을 주원료로 하여 가소제, 안정제, 착색제 등을 첨가하여 품질을 조절하여 시트 모양으로 압연 성형 시킨 시트 방수제를 접착재로 바탕면에 붙이는 공법이다.

① 특징

- 내후성, 내노화성에 우수하며 가볍고 미관상 아름답다.
- 상온공법이므로 가열의 필요가 없다.
- 공정이 간단하여 인력과 공기가 단축된다.

② 재료

- 클로로프렌 고무 시트
- 부틸 시트
- 염화비닐 시트
- 폴리에틸렌 시트
- 아스팔트 폴리에틸렌 합성시트

표 9.5 • 합성고분자 시트 종류

<table>
<tr><th colspan="3">종류</th><th>약칭</th><th>주원료</th></tr>
<tr><td colspan="2" rowspan="5">균질시트</td><td>가황고무계</td><td>균질 가황고무</td><td>부틸고무, 에틸렌 프로필렌 고무
클로로술폰화 폴리에틸렌 등</td></tr>
<tr><td>비가황고무계</td><td>균질 비가황고무</td><td>부틸고무, 에틸렌 프로필렌 고무,
클로로술폰화 폴리에틸렌 등</td></tr>
<tr><td>염화비닐 수지계</td><td>균질 염화비닐 수지</td><td>염화비닐 수지, 염화비닐 공중합체 등</td></tr>
<tr><td>열가소성
엘라스토머계</td><td>열가소성
엘라스토머</td><td>폴리에테르, 폴리에스테르, 폴리부틸렌
테레프탈레이트 폴리아미드 등</td></tr>
<tr><td>에틸렌 아세트산
비닐수지</td><td>균질 에틸렌
아세트산 비닐수지</td><td>에틸렌 아세트산 비닐 공중합체 등</td></tr>
<tr><td rowspan="4">복합시트</td><td rowspan="3">일반
복합형</td><td>가황고무계</td><td>일반복합 가황고무</td><td>부틸고무, 에틸렌프로필렌고무,
클로로술폰화 폴리에틸렌 등</td></tr>
<tr><td>비가황고무계</td><td>일반복합
비가황고무</td><td>부틸고무, 에틸렌프로필렌고무,
클로로술폰화 폴리에틸렌 등</td></tr>
<tr><td>염화비닐 수지계</td><td>일반복합 염화비닐
수지</td><td>염화비닐 수지, 염화비닐 공중합체 등</td></tr>
<tr><td>보강
복합형</td><td>–</td><td>보강 복합</td><td>염화비닐 수지, 염화비닐 공중합체,
클로로술폰화 폴리에틸렌, 염소화
폴리에틸렌 등</td></tr>
</table>

③ 시공시 유의사항

- 프라이머는 주성분이 합성고무계 또는 합성수지계의 것으로 이것들을 유기용제에 용해시킨 용제형과 물에 분산시킨 에멀션형 또는 톨루엔을 함유하지 않은 비유기 용제형 등이 있다.
- 합성고분자 시트는 표 9.5의 종류별 분류에 따라 적합한 것을 사용한다. 또한, 표 9.5의 분류에 따른 두께의 재료를 사용함을 원칙으로 한다.
- 실링용 재료는 합성고무계 또는 합성수지계의 정형 및 부정형의 재료로서 시트의
- 품질을 저하시키지 않는 것으로 하며, 적용은 표 9.6에 따른다.
- 절연용 테이프의 종류는 폭 50mm 정도의 것으로 한다.
- 폴리에틸렌 필름 등 단열재의 바탕 수분에 의한 단열성능 저하를 방지하기 위해 사용하는 방습용 필름은 두께 약 0.1mm 정도의 것으로 하며, 100mm 폭 정도로 겹쳐 깐다.
- 시트의 접합부는 원칙적으로 물매 위쪽의 시트가 물매 아래쪽 시트의 위에 오도록 겹친다.

표 9.6 • 실링용 재료

종 류	형 상	재 료	적용부위
정형재료	테이프형 실링재	비가황고무를 테이프형으로 성형한 재료 두께 : 0.5~0.3mm, 폭 : 30~50mm	방수층 끝부분 및 시트상호 접합부
	선형 실링재	염화비닐 수지계 시트와 동질의 재료로 원형 단면의 선형으로 성형한 재료	염화비닐 수지계 시트의 접합 끝부분
비정형 재료	실링재	부틸고무계, 폴리우레탄계, 변성 실리콘계, 실리콘계 등이 있다.	방수층의 끝부분
	액상 실링재	염화비닐 수지계 시트와 동질의 재료를 용제에 용해한 재료	염화비닐 수지계 시트의 접합 끝부분

- 시트 상호간의 접합폭은 종횡으로 가황고무계 방수시트는 100mm, 비가황고무계 방수시트는 70mm로 하며, 염화비닐 수지계 방수시트는 40mm로 하지만 전열용접인 경우에는 70mm로 한다.
- 치켜올림부와 평면부와의 접합폭은 가황고무계 방수시트 및 비가황고무계 방수시트의 경우에는 150mm로 하고, 염화비닐 수지계 방수시트는 40mm로 하지만 전열용접인 경우에는 70mm로 한다.

④ 시트 방수 시공

(a) 바탕정리 (b) 프라이머 (c) 돌출부/배관주위 처리
(d) 접합부 처리 (e) 시트 깔기

그림 9.9 • 시트 방수 시공 순서

⑤ 시트 방수 공법의 장단점

표 9.7 • 시트 방수의 장단점

장점	단점
• 제품이 규격화 되어있어 두께가 균일 • 시공이 신속하여 공기가 단축 • 운반이 용이 • 상온공법 • 다소 신축성을 지니고 있음 • 시공 실적이 많음	• 시트 상호간 이음부위 결함이 큼 • 국부적인 보수가 불가능 • 복잡한 시공 부위는 작업이 어려움 • 벽체 부위는 온도에 의해 박리, 처짐 현상 발생 • 외기 온도에 민감하여 계절적 영향이 높음

(3) 도막방수

• 합성수지나 합성수지 용액을 여러 번 칠하여 소요두께의 방수층을 형성하는 공법이며 우레탄고무계 및 고무아프팔트계 등의 재료를 사용하여 방수층을 구성한다. 재료는 도막방수제, 프라이머, 보강재 등의 보조재료가 쓰인다. 이러한 도막방수는 주로 간단한 방수성능이 필요한 부위에 사용하고 곡면시공이 용이하다. 또한, 상온에서 시공이 가능하기 때문에 시공성이 좋다.

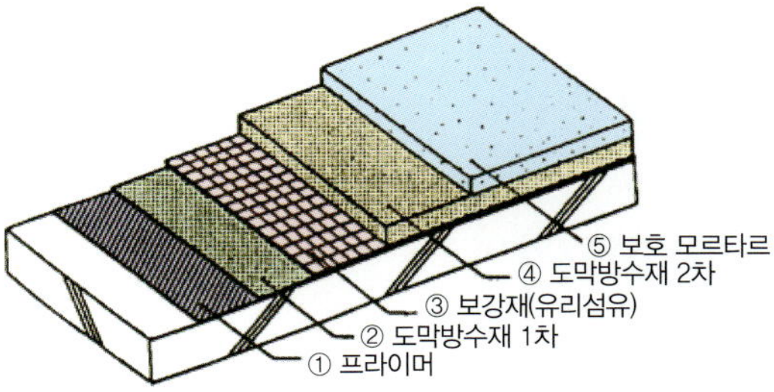

그림 9.10 • 도막방수의 일반적인 구성

① 재료

1) 탄성우레탄

• 용도: 아파트 및 건물 옥상 방수

• 특징

– 이음새가 없는 방수층

– 방수 효과와 탄성이 우수

– 구체에 균열 발생 시에도 큰 영향이 없음

그림 9.11 • 탄성우레탄

그림 9.12 • 수용성 에폭시계

- 내구성, 내수성, 내후성 우수

2) 수용성 에폭시계

• 용도
- 내수성, 내알카리성 등이 필요한 곳
- 습한면의 도장이 요구되는 곳
- 탱크 내부도장이 요구되는 곳
- 수영장 내부 도장이 요구 되는 곳

• 특징
- 내마모성 / 부착성 등이 우수
- 다양한 생상이 가능
- 무공해, 무취로 작업성이 양호

3) 에폭시 몰탈계

• 용도: 미끄럼 방지가 요구되는 곳, 내수성 및 내마모성이 요구되는 곳

그림 9.13 • 에폭시 몰탈계

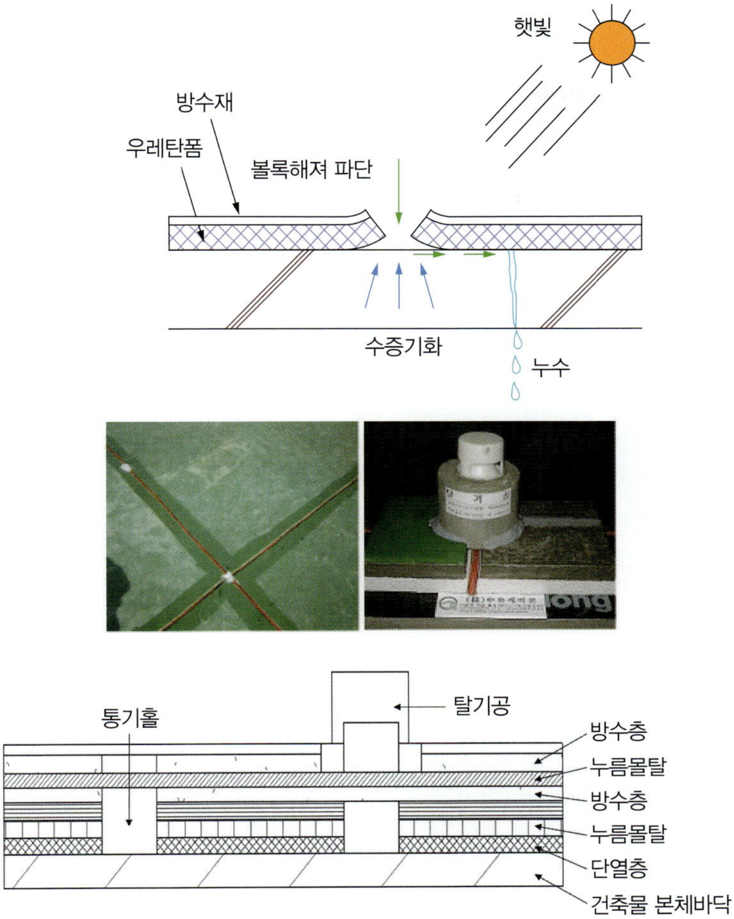

그림 9.14 • 탈기공법의 개념도

- 특징
  - 부착성이 우수
  - 다양한 색상이 가능
  - 중장비가 운행되는 공장 바닥

② 시공시 유의사항

- 도포장소 이외에는 오염되지 않도록 비닐시트, 폴리에틸렌 필름, 양생 테이프 등을 사용하여 양생하며, 스프레이작업에 있어서 방수용액 미스트가 생각지도 않은 장소까지 비산할 수 있으므로 특히 주의하여 양생한다.

- 혼합 후에는 즉시 도포하여야 하나 제품에 따라 가사시간, 경화시간, 덧 도포나 이어 도포하는 시간간격 등이 서로 다를 수 있기 때문에 방수재 제조자의 지정에 따라 시공한다.
- 방수재의 점도를 조절할 필요가 있을 경우에는 방수재 제조자의 지정 범위에 따라 희석제 등을 사용할 수 있다. 다만, 희석제의 사용량은 방수재에 대하여 5% 이내로 하되, 과다 사용에 의한 경화 불량 및 경화 후 두께 감소의 문제가 발생하지 않아야 한다.
- 프라이머는 솔, 롤러, 고무주걱 또는 뿜칠 기구 등을 사용하여 균일하게 도포하여야 하나, 계절 및 종류에 따라 건조시간이 변할 수 있으므로 방수재 제조자의 지정에 따른 건조 상태를 확인하고, 바탕으로의 흡수가 현저할 경우에는 덧도포한다.
- 용제형의 프라이머를 사용할 경우에는 화기에 주의하고, 특히 실내 작업의 경우, 환기장치를 사용하여 인화나 유기용제 중독을 미연에 예방하여야 한다.
- 방수재는 핀홀이 생기지 않도록 솔, 고무주걱 및 뿜칠기구 등으로 균일하게 치켜올림 부위와 평면부의 순서로 도포한다. 또한, 치켜올림 부위를 도포한 다음, 평면 부위의 순서로 도포한다.
- 방수재의 겹쳐 바르기는 원칙적으로 앞 공정에서의 겹쳐 바르기 위치와 동일한 위치에서 하지 않으며, 도포방향은 앞 공정에서의 도포방향과 직교하여 실시하며, 겹쳐 바르기 또는 이어바르기의 폭은 100mm 내외로 한다.
- 방수재 도포 중, 강우나 강설로 인하여 작업이 중단될 경우에는 비닐시트나 폴리에틸렌 필름 등을 덮어 두는 등의 적절한 양생을 하고, 강우나 강설 후의 시공은 표면을 완전히 건조시킨 다음 이전 도포한 부분과 폭 100mm 내외로 프라이머를 도포하고 건조를 기다려 겹쳐 도포한다.

③ 도막 방수 시공

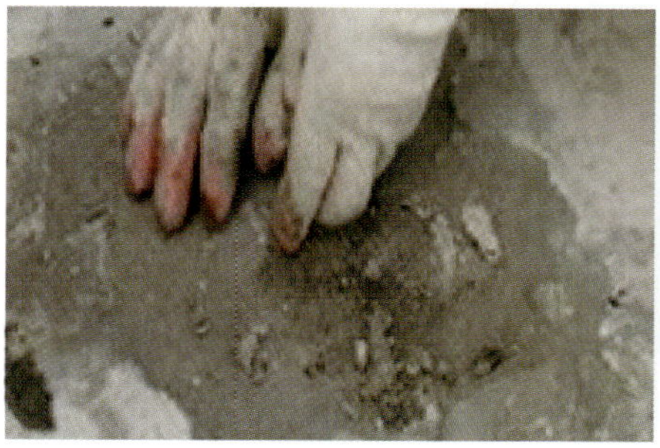

(a) 바탕처리

(b) 프라이머 도포

(c) 방수층 시공

(d) 보양

그림 9.15 • 도막방수의 시공 순서

④ 탈기 공법

- 도막의 부풀음 방지, 바탕균열에 대한 저항성 향상을 위해 콘크리트 바탕의 수분을 탈기구 (습기배출구)로 방출하여 부풀음 방지 효과를 기하는 공법이다.

⑤ 도막 방수의 장단점

표 9.8 • 도막 방수의 장단점

장점	단점
• 상온공법 • 연속방수가 가능 • 작업이 용이하고 기계화 가능 • 내구성, 내후성, 내약품성이 좋음 • 공기가 짧음 • 접착력이 있음	• 비교적 고가 • 외력에 대해 약함 • 방수층의 보호를 요함 • 두께관리가 어려움 • 바닥면이 평탄해야 함

그림 9.16 • 침투성 방수

9.2.3 침투성 방수

현장 타설 철근 콘크리트 바탕 구조물의 벽, 바닥 및 수조, 피트 등에 방수제를 침투시켜 방수층을 형성하는 방법이다. 또한, 도포 또는 뿜칠하는 것만으로 기재의 내부에 침투하여 불투수층을 형성하고 바탕의 Texture나 소재가 지닌 촉감의 손상이 없어 방수를 하는 공법이다. 이러한 침투성 방수는 타일을 뜯지 않고도 모체에 깊숙이 침투하여 단 한번 시공으로 반영구적인 방수 효과를 볼 수 있다.

(1) 방수층 형성 개념

- 침투성 방수제를 콘크리트 표면에 도포하게 되면 콘크리트 내부에 존재하는 습기 및 석회와 연쇄 화학반응을 시작하여 불용성 방수 결정체를 생성하게 된다.

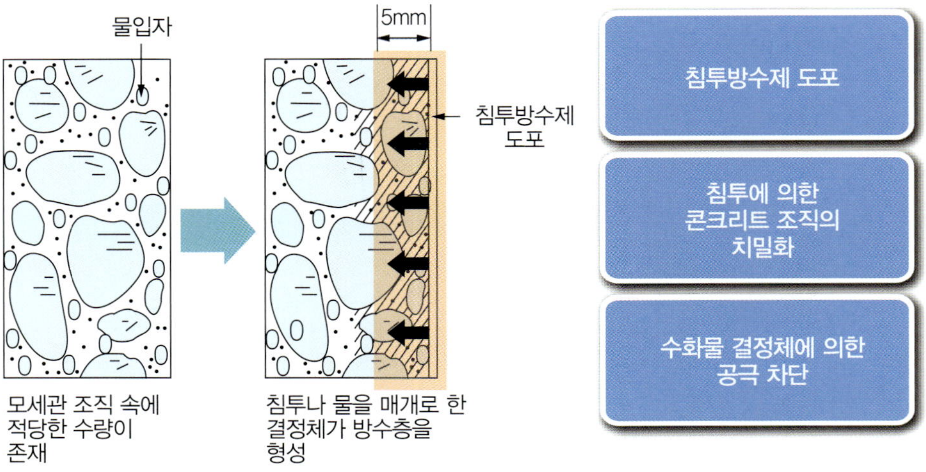

그림 9.17 • 방수충 형성 개념

- 이 결정체들은 계속해서 반응하면서 콘크리트 내부의 모세관 공극을 채워주게 된다. 이때 생성된 결정체들은 물 분자의 통과를 막게 되므로 완전한 방수층을 이루게 된다.

(2) 침투성 방수의 종류별 특성

표 9.9 • 침투성 방수의 종류별 특성

구분	방수층 형성 방식	특성
무기질계	시멘트와 화학적 수화작용으로 형성	• 고수압에 유리 • 도포에 의해 두께가 거의 없음 • 습윤면에 적용가능
유기질계	아크릴이나 실리콘 수지를 주성분으로 콘크리트 내부의 모세관 조직에 침투하여 겔층의 방수막 형성	• 백화현상 감소 • 노출 외벽면에 적용가능 • 건조상태 유지 필요 • 동결융해와 풍화방지기능
무기. 유기질계	무기질계의 분말에 유기질계의 플리머나 고무 라텍스를 혼합한 재료 직접도포로 형성	• 고수압의 장소에서 사용가능 • 내, 외부 방수 가능 • 습윤면 시공가능 • 내산성이 약함 • 마무리 재료로 사용가능

(3) 시공시 유의사항

- 바탕의 종류는 현장타설 철근콘크리트를 원칙으로 하며 실내의 바닥 등은 1/100~1/50의 물매로 되어 있도록 한다.
- 평면부 바탕의 콘크리트 표면은 쇠흙손 등으로 평활하게 마무리한다.
- 방수시공 직전의 바탕 전반의 상태는 아래의 사항을 원칙으로 한다.
  - 평탄하고, 휨, 단차, 들뜸, 레이턴스, 취약부 및 현저한 돌기물 등의 결함이 곰보, 균열부분이 없을 것
  - 바닥면에는 물고임이 없을 것
  - 접착에 방해가 되는 먼지, 유지류, 얼룩, 녹 및 거푸집 박리제 등이 없을 것
  - 콘크리트 이음타설부는 줄눈재가 제거되어 있어야 하며, 줄눈재를 사용하지 않은 콘크리트 이음타설부는 이음면의 양쪽으로 각각 폭 15mm 및 깊이 30mm정도로 V컷 되어 있을 것
  - 거푸집 고정재는 제거되어 있고, 모르타르 등으로 채워져 있을 것
  - 누수되는 부위가 없을 것

- 방수재는 솔, 흙손, 뿜칠 및 롤러 등으로 콘크리트 면에 균일하게 도포한다. 솔로 바를 경우에는 바름 방향이 일정하도록 한다.
- 앞 공정의 도포 후 24시간 이상의 간격을 두고 다음 공정의 도포를 시작할 경우에는 물 뿌리기를 한다.
- 앞 공정에서 도포한 방수재가 완전히 건조하여 손가락으로 눌러 하얗게 묻어 나오거나 백화현상과 유사한 상태로 되었을 때는 방수층을 철거하고 재시공한다.

(3) 침투성 방수 시공

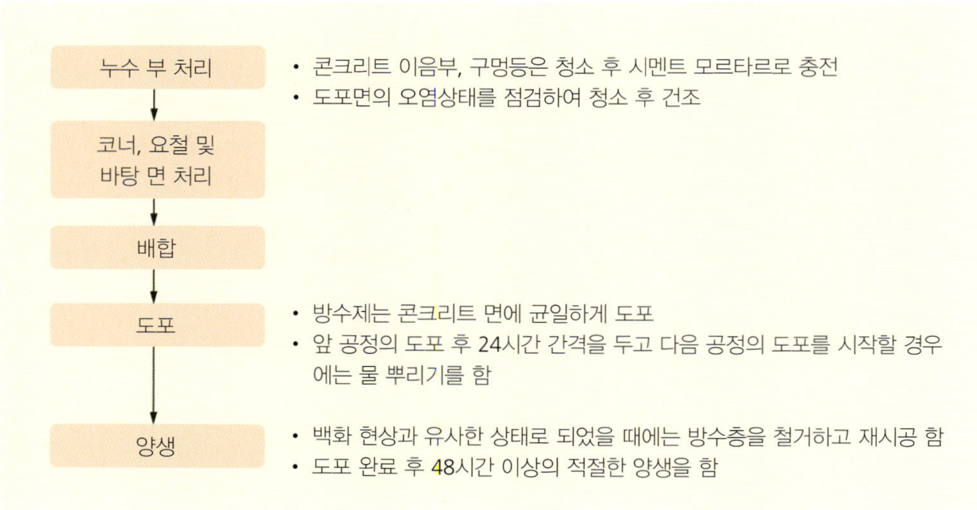

그림 9.18 • 침투성 방수 시공 순서

9.2.4 시멘트 액체방수

콘크리트 표면에 시멘트 방수제를 도포하고 방수모르타르를 덧발라 방수층을 형성하는 공법으로 값이 싸고 시공성이 용이하여 널리 사용되고 있다. 또한, 모르타르 또는 콘크리트의 수밀성을 높이기 위해 사용되는 혼합재료로 ① 콘크리트의 공극 속에 충진되어 틈을 막고 틈새를 분산시키고 ② 콘크리트 내부의 불투수층을 형성하고 물의 투과를 막고 ③ 콘크리트의 공극을 적게 하기 위한 목적을 가지고 있다. 이러한 방수제는 효과가 영속적일 것, 시멘트의 안전성, 강도 등에 유해하지 않는 요구성능이 필요하다.

그림 9.19 • 방수제 도포

(1) 시멘트 액체방수 종류별 특성

표 9.10 • 시멘트 액체 방수의 종류별 특성

종류	특성
규산소다계 방수제	• 시멘트의 수화반응결과 생기는 수산화칼슘과 결합해서 불용성의 규산칼슘으로 고정되서 모르터속의 공극을 충전하여 치밀한 조직을 만듦
염화칼슘계 방수제	• 시멘트성분과 반응을 촉진시켜 물에 불용성의 화합물을 생성하여 시멘트 경화체와의 공극을 충전하므로서 방수효과가 생김. • 발열이 커짐으로 여름철 사용시에 주의해야 함. • 철근의 부식위험이 있음.
지르코늄(Zr)화합물 방수제	• 모르터에 지르코늄 화합물을 혼입하면 고도의 방수효과가 나타나는데 그 과정에 대해서는 충분히 해명되지 않았음.
지방산, 지방염 및 고급지방산 에스텔계	• 모르터에 혼입하면 시멘트의 수화반응에 의해 생긴 수산화칼슘과 결합하여 발수성이 있는 지방산칼슘이 됨.
파라핀 또는 아스팔트 에멀젼계 방수제	• 에멀젼을 모르터에 혼입하면 그 발수작용에 의해 모르터에 모세관에 의한 흡수를 감소시킴.
합성수지 및 합성수지 에멀젼계 방수제	• 모르터중의 공극을 충전하고 고형분에 의한 불투수성의 필름을 형성하여 물의 침투를 저지함.
수용성 수지 방수제	• 물시멘트비가 감소하고 작업성, 보수성, 블리딩에 대한 저항성들이 개선되어 방수성을 발휘함.

(2) 시공시 유의사항

- 방수제는 방수제 제조자가 지정하는 비율로 혼입하고, 모르타르 믹서를 사용하여 충분히 비빈다. 이때, 방수 시멘트 페이스트의 경우에는 시멘트를 먼저 2분 이상 건비빔한 다음에 소정의 물로 희석시킨 방수제를 혼입하여 균질하게 될 때까지 5분 이상 비빈다. 방수 모르타르의 경우에는 모래, 시멘트의 순으로 믹서에 투입하고 2분 이상 건비빔한 다음에 소정의 물로 희석시킨 방수제를 혼입하여 균질하게 될 때까지 5분 이상 비빈다.
- 바탕의 상태는 평탄하고, 휨, 단차, 들뜸, 레이턴스, 취약부 및 현저한 돌기물 등의 결함이 없는 것을 원칙으로 한다.
- 방수층 시공 전에 다음과 같은 부위는 실링재 또는 폴리머 시멘트 모르타르 등으로 바탕처리를 한다.
  - 곰보
  - 콜드 조인트, 이음타설부, 균열

– 콘크리트를 관통하는 거푸집 고정재에 의한 구멍, 볼트, 철골, 배관 주위

– 콘크리트 표면의 취약부

- 방수층은 흙손 및 뿜칠기 등을 사용하여 소정의 두께(부착강도 측정이 가능하도록 최소 4mm 두께 이상을 표준으로 한다)가 될 때까지 균일하게 바른다.
- 치켜올림 부위에는 미리 방수 시멘트 페이스트를 바르고, 그 위를 100mm 이상의 겹침폭을 두고 평면부와 치켜올림부를 바른다.
- 각 공정의 이어 바르기의 겹침폭은 100mm 정도로 하여 소정의 두께로 조정하고, 끝부분은 솔로 바탕과 잘 밀착시킨다.

(3) 시멘트 액체방수 시공

- 시멘트 액체방수는 ① 방수액 도포 ② 시멘트풀 도포 ③ 방수액 도포 ④ 시멘트 모르타르를 한 공정으로 하며 이를 상황에 따라 2~3회 반복한 후 표면을 보호방수 모르타르로 마무리한다.

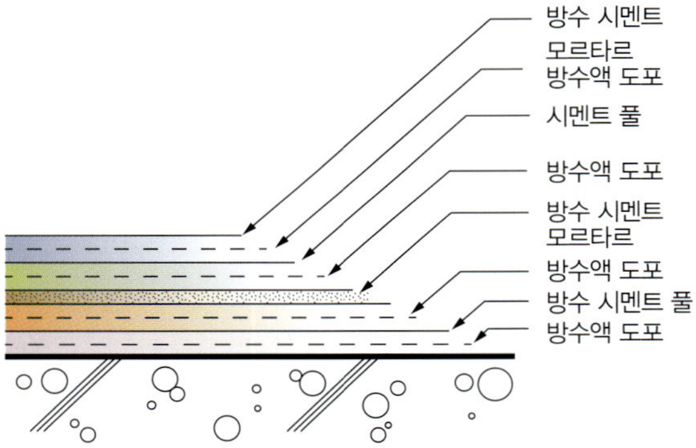

그림 9.20 • 방수층 구성

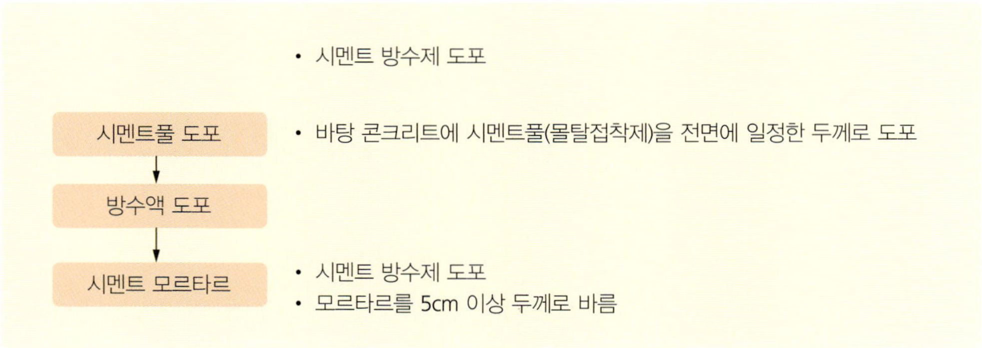

그림 9.21 • 시멘트 액체방수의 시공순서(2~3회 반복)

(4) 시멘트 액체방수의 장단점

표 9.11 • 시멘트 액체방수의 장단점

장점	단점
• 백화, 균열 및 박리 방지, 밀착력과 침투반응이 좋아 콘크리트 강도 개선효과 • 한여름 혹서기에도 작업가능	• 팽창이 심한 장소에는 신축이음이 필요 • 방수 몰탈 층이 형성 되므로 정밀을 요구하는 구조물에는 불리 • 하자발생률 높음 • 유지관리비 증가

9.2.5 실링 방수

실링 방수는 부재 접합부 사이의 공극에 탄성재를 충진, 방수하여 일체화 하는 공법으로 건물의 내, 외부 방수 공법중의 하나이다. 최근에는 조립식 건축공법의 개발에 따라 부재 틈새를 막는데 흔히 사용한다. 또한, 건물 전체에서 차지하는 비중은 매우 작지만 최근의 건축 마감공사에서는 필수적인 재료이다. 이러한 실링 방수는 아래와 같이 콘크리트의 줄눈, 커튼월, 유리 등 널리 사용되고 있다.

(1) 실링 방수 요구성능

① 접착성

- 접합부의 수밀, 기밀성을 확보하기 위해서는 실링재가 피착면에 잘 접착하여 접착면에 간극을 만들지 않아야 한다.

② 내구성

- 외부의 작용으로 급격하게 변질이나 손상이 되지 않아야 한다.

③ 비오염성

- 장기간 사용하여도 현저한 오염이 생기지 않도록 재료선정, 유지보전을 할 필요가 있다.

(a) 몰드작업

(b) 창호작업

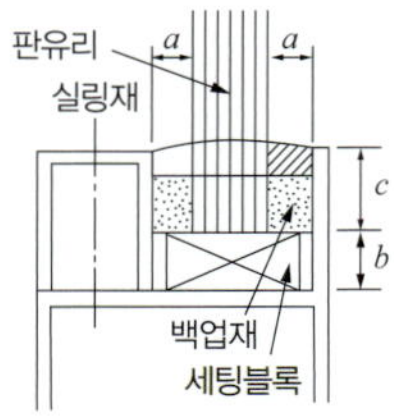

(c) 커튼월 작업

그림 9.22 • 실링 방수의 적용

표 9.12 • 내방수와 외방수의 비교

내용	외부방수	내방수
사용환경	수압이 크고 깊은 지하실	비교적 수압이 적은 지하실
바탕 만들기	따로 만들어야 한다.	따로 필요 없다
공사시기	본 공사에 선행	자유롭게 선택가능
시공성	복잡	용이
경제성	고가이다	비교적 싸다
내수압 처리	수압이 높아도 방수처리가 효과적	수압에 견디기 곤란
보호 누름	없어도 됨	필요함

9.2.6 지하 방수

건물의 지하 저면 및 외벽을 통하여 지하수가 실내에 침입하는 것을 방지하는 목적을 사용되며 하자가 발생하면 거의 보수를 할 수 없는 장소가 대부분이다. 또한, 직접 외부 환경의 영향을 받지 않아 방수의 수명은 지붕보다도 길게 기대된다. 이에 장기적인 수밀성을 유지 시키는 것이 중요하다.

(1) 외방수 공법

- 방수층을 구체의 바깥쪽, 즉 실외쪽에서 시공하며 구법에는 선행구법과 후행구법이 있다.

① 선행 공법

- 지하외벽의 콘크리트의 바깥쪽에 방수층을 만드는 공법
- 후행구법과 틀려서 구체의 콘크리트를 만들기 전에 연속 지중벽 등에 시공하는 공법

② 후행 공법

- 지하외벽의 콘크리트 바깥쪽에 직접 방수층을 만드는 공법
- 구체의 콘크리트가 완성된 뒤에 그 벽면에 방수 공사를 하는 공법

(2) 내방수 공법

- 방수층을 구체의 안쪽 즉, 실내 쪽에 시공하는 공법이다.

(3) 외방수, 내방수 복합공법

- 구조물의 조건에 따라 외방수와 안방수를 복합적으로 시공하는 공법이다.

연습문제

1. 물의 침입조건 세가지는?
2. 아스팔트 방수공법이란?
3. 아스팔트 방수공법 중 토오치공법에 대하여 설명하시오.
4. 시트방수의 붙임 방법 종류는?
5. 시트방수의 장단점은?
6. 탈기공법이란?
7. 도막방수의 장단점은?
8. 침투성 방수의 방수층 형성개념은?
9. 시멘트 액체방수 시공방법은?
10. 지하 방수 중 외방수 공법의 선행, 후행 공법에 대하여 설명하시오.

제10장 석공사

10.1 개요

10.1.1 석재의 특성

석재란 암석의 원재 그대로 또는 여러 가지 가공을 하여 토목 및 건축용 재료로서 이용되는 것이다. 토목용 석재의 경우, 강도와 풍화에 대한 저항력이 큰 것이어야 하며, 건축용 특히 마감용 석재는 외관이나 내화도가 중요한 요소이다. 석재는 가공함에 따라 재질이 치밀하고 강도가 높다. 또한 다른 재료와 비교하여 외려한 미관과 우수한 천연재료로서 독특한 특성이 있다. 다음은 석재의 특징이다.

① 우리나라는 양질의 석재가 풍부: 기초, 돌담, 석축 등에 사용
② 자동기계 사용과 건식붙임 공법, 가공공법 개발: 석재의 활용이 증대
③ 내벽, 외벽 바닥 등에 장식용으로 사용: 건축물의 고급화

10.1.2 석재의 적용

석재는 고대 서양 건축에 있어 구조재 및 외장재로 활용되었으며, 현대 건축에서는 주로 건축의 외내장용 및 장식품으로 활용되고 있다. 특히 국내에는 각지에 석재가 풍부하게 분포되어있어 널리 사용되고 있다.

10.1.3 석재의 종류

KS F 2530(석재)에 따르면 석공사에 사용되는 석재의 분류는 암석의 종류, 모양, 물리적 성질에 의해 분류된다.

표 10.1 • 석재 장단점

장점	단점
• 압축에 강하고 내구성 큼 • 불연성, 내마모성 큼 • 외관이 장중 미려 • 방한, 방서적	• 인장강도가 압축강도의 약 1/10–1/40로 매우 취약 • 장대재를 얻기 어려워 구조재 부적당 • 가공이 어렵고 고가 • 화재시 균열 발생 또는 파괴되어 재사용 불가능

(a) 외장마감

(b) 내장마감

(c) 조경

(d) 출입문

(e) 일반보도

(f) 계단

그림 10.1 • 석재의 적용

(1) 암석의 종류에 따른 분류

① 화성암: 화강암, 안산암, 현무암, 감람석, 화산암 등

② 수성암: 사암, 이판암, 점판암, 응회암, 석회석 등

③ 변성암: 대리석, 트래버틴, 반석, 석면, 사문암 등

- 압축강도 및 흡수율
  - 압축강도: 사암〈사문암〈점판암〈안산암〈대리석〈화강암
  - 흡수율: 대리석〈점판암〈화강암〈안산암〈응회암
- 석재별 특성
  - 화강암: 구조용, 장식용으로 가장 널리 사용
  - 점판암: 지붕재료, 천연슬레이트
  - 안산암: 내화력이 우수하고 고강도, 고내구성이어서 구조용으로 사용
  - 대리석: 내장용으로 사용, 산 및 열에 부적합하여 외장용으로는 사용하지 않음
  - 사암: 내화력 우수
  - 응회암: 화산재에 의해 만들어져 다공질임

(a) 화강암 (b) 점판암 (c) 안산암

(d) 대리석 (e) 사암 (f) 응회암

그림 10.2 • 석재의 종류

(2) 암석의 모양에 따른 분류

① 각석

• 직육면체의 돌로 석탑, 장명등(長明燈)의 석재로 사용된다.

② 판석

• 마감면이 일정하고 일정한 크기로 재단이 가능하므로 일반적으로 마감재로 많이 이용된다.

③ 견치석

• 개의 송곳니를 닮으며, 흙막이, 방축 등 석축을 쌓을 때 사용된다.

④ 사괴석

• 한식건물의 벽체, 돌담 등의 조적에 사용된다.

그림 10.3 • 석재의 종류

(3) 물리적 성질에 따른 분류

① 경석 : 압축강도 500kg/cm^2 이상, 흡수율 5% 미만, 겉보기 비중 2.5~2.7

② 준경석 : 압축강도 100~500kg/cm^2, 흡수율 5~15% 미만, 겉보기 비중 2~2.5

③ 연석 : 압축강도 100kg/cm^2 미만, 흡수율 15% 이상, 겉보기 비중 2 미만

10.2 석공사 시공

10.2.1 시공순서

석재는 자연 상태 그대로 이용가능하나, 대부분 가공공장을 통해 각 공사에서 요구되는 특질에 맞추어 가공된다. 그 후 해당 공사에 운반반입되어, 설치하기 전까지 외부에 보관한다. 석공사의 공법에 따라 마감 품질에 영향을 미치며, 세부적인 결함은 외관에 막대한 영향을 미친다. 따라서 충분한 재질 검사가 요구된다. 석공사의 시공은 ① 석재가공 ② 현장 반입 ③ 현장 보관 ④ 설치 ⑤ 마감 ⑥ 보양 ⑦ 검사 및 하자 발생조치 순으로 진행된다.

(1) 석재 가공

(2) 현장 반입

- 사전 채석장 방문하여 석재의 질, 색상, 문양 등을 확인하고 소요량에 따른 매장량 및 가공기술과 동일 산지, 동일 원석인지 파악한다.

(a) 절단　(b) 쐐기 꽂기　(c) 판석 띄어내기

(d) 단면 절단 (2차 가공)　(e) 물갈기　(f) 다듬기

그림 10.4 • 석재 가공 순서

그림 10.5 • 현장 반입

그림 10.6 • 현장 보관

- 반입된 자재의 색상, 표면가공 상태, 이물질 오염 여부 및 규격을 확인하고, 석재 품질 기준 최저값을 설정하여 품질 미달 시 반출 처리한다.

(3) 현장 보관

- 반입된 석재는 규격별, 위치별 보관
- 눈, 비 등에 오염되지 않게 조치
- 건물 내부 보관 시 집중하중이 걸리지 않도록 분산 보관

(4) 설치

화강석이나 대리석을 일정한 크기로 가공하여 외벽 또는 내벽에 설치하며 습식공법과 건식공법으로 나누어진다. 습식공법은 주로 모르타르를 사용해서 석재와 구조체를 모르타르 주입으로 결합시켜 일체화하는 것이며 건식공법은 설치용 철물을 사용해서 석재를 설치하는 것으로 구조체와 일체화 시키지 않는다. 표 10.2는 습식공법과 건식공법의 특성을 나타낸다.

표 10.2 • 습식공법과 건식공법

습식공법	건식공법
• 구조체와 석재 사이에 모르타르와 연결철물을 사용하여 일체화 시킨 공법 • 공사비가 저렴, 소규모 건축물에 적합 • 모르타르 충진 확인이 어렵고 백화 및 동해 우려, 경화시간으로 시공능률이 저하 • 전체주입공법, 부분주입공법, 절충주입공법	• 시멘트, 모래, 물 등을 사용하지 않고 쉽게 부식되지 않는 철재 앵글을 이용하여 시공 • 지진이나 충격방지에 좋고, 보수공사가 용이 • 앵글지지공법, 강재트러스공법, G.P.C 공법

그림 10.7 • 습식공법(바닥)

그림 10.8 • 건식공법(외벽)

(5) 마감

① 다듬기 마감

- 정이나 망치 등을 이용하여 석재의 거친 면을 다듬는 공법이다. 종류는 다듬기 순서 횟수 등에 따라 구분되며, 손 연장으로 가공하는 손다듬과 공장에서 기계로 가공하는 기계 다듬으로 분류된다.
  - 혹두기 (쇠메나 망치) : 쇠메를 이용 석재표면의 돌출부분을 깸
  - 정다듬 (정) : 혹두기 면을 정으로 편평하게 고름
  - 도드락 다듬 (도드락 망치) : 망치로 두드려 표면을 다듬는 것
  - 잔다듬 (날망치) : 표면을 평할하게 하기 위해 여러 차례 깎아내는 것
  - 물갈기 (물+숫돌) : 잔다듬한 면에 물을 끼얹어 가면서 숫돌로 가는 것

② 갈기마감

- 잔다듬하거나 켜낸 면을 숫돌로 손갈기 / 기계갈기 하여 마무리하는 것으로 공정에 따라 사용하는 숫돌의 입도를 작게하여 표면의 평활도를 높인다.
  - 물갈기 : 물을 사용하는 경우
  - 정갈기 : 철사 금강사와 물을 뿌리면 거친갈기 물갈기를 하고 인조 숫돌로 본갈

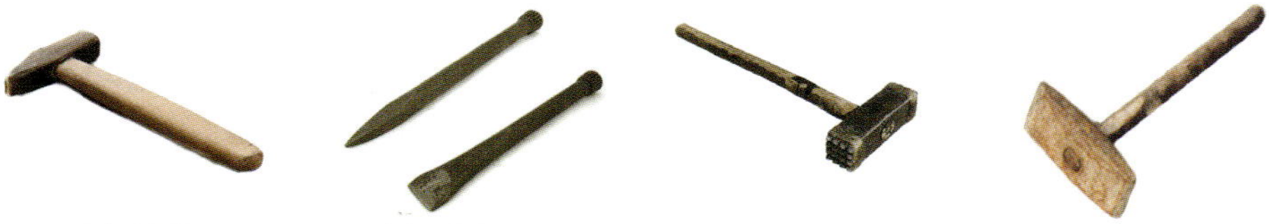

(a) 쇠메 (b) 정과 날메 (c) 도드락망치 (d) 날망치

그림 10.9 • 다듬기 공구

기를 2~3회 한뒤 정갈기로 마무리 한다. 버퍼회전 갈기(buffer rotary machine) 또는 헝겊 펠트 등으로 광택이 나게 하는 것으로 광내기라고도 한다.

(6) 석재면 보양

- 동절기, 모르타르의 동해 또는 경화불량의 우려가 있는 추운날씨에는 작업 중지
- 외벽 시공시 눈, 비에 접하지 않도록 덮개로 시공 부위를 보양
- 준공청소 및 후속공정에 따른 차량의 이동이나 비계 설치시 보양에 특히 주의

(7) 검사 및 하자발생 조치

10.2.2 습식공법

(1) 전체주입공법

- 미리 묻어둔 가로근에 600~900mm 간격으로 세로근을 용접하고 여기에 돌의 가로줄눈 위치에 따라 가로근을 용접한 후 콘크리트 구조체와 돌의 뒷면 사이에 뒷채움 몰탈을 채움으로써 경화시키는 공법이다.

(2) 부분주입공법

- 돌 뒷면의 몰탈을 채울 때 상하의 돌과 돌의 맞춤부분에 띠 모양으로 약 10cm 가량의 나비만큼 시공하여 중간에 중공 부분을 남기게 하는 공법이다.

표 10.3 • 전체주입공법 장단점

장점	단점
• 공사실적이 많음 • 구조체면과 일체되어 내구성이 강함 • 몰탈 채움으로 인해 풍압 등의 외압에 의해 붙임돌에 미치는 영향이 적음	• 빗물로 인해 백화현상, 줄눈 및 돌이 갈라짐 • 몰탈 경화시간으로 인해 시공능률에 제약을 받음

표 10.4 • 부분주입공법 장단점

장점	단점
• 돌이 구조체에 밀착되지 않아 구열, 변형 등의 영향을 좀처럼 받지 않음 • 몰탈 사용량에 따라 시공속도가 전체 주입공법에 비해 빠름 • 돌의 배면은 공간이므로 물이 침투하더라도 밑으로 빠짐	• 윗 돌의 하중으로 인해 높게 쌓아올릴 때에는 중간에서 그 하중을 구조체에 부담시키는 보강 방법과 돌 두께, 돌의 강도 등을 검토해야함

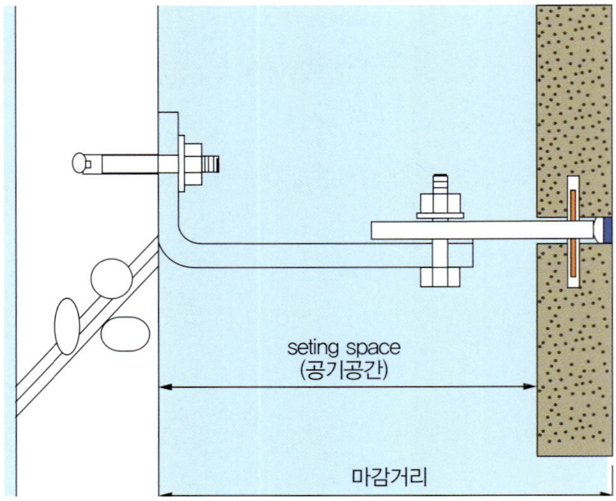

그림 10.10 • 앵글지지공법

(3) 절충주입공법

- 틀 설치용 철물은 습식공법과 같지만 석재의 고정에는 이음몰탈을 쓰지 않고 철물의 고정을 위해 그 부분만을 경단모양의 몰탈로 감싸는 공법이다.

10.2.3 건식공법

(1) 앵글지지공법

- 구체와 석재 사이에 공간을 두고, 각종 anchor를 사용하여 단위재를 벽체에 부착하는 공법
- 설치 시의 조정과 층간변위를 고려하여 1차 연결철물(주로 앵글형)과 2차 연결철물 (주로 평판형)로 연결하는 공법

① 시공방법

1) 핀연결 기법

- 상부의 돌과 하부의 돌을 핀으로 연결시키게 되며, 고정하는 방법으로 대부분의 건식공법에서 사용
- 상, 하부 핀의 위치와 치수가 정확한 위치에 타공되야 핀과 핀끼리 연결됨

2) 절단 기법

- 상부의 돌 시공 시에는 앵글높이에 맞춰 핀을 절단하는 방법

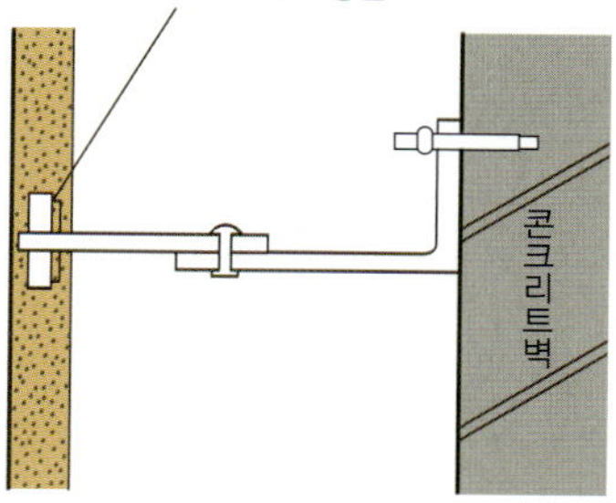

그림 10.11 • 핀연결 기법

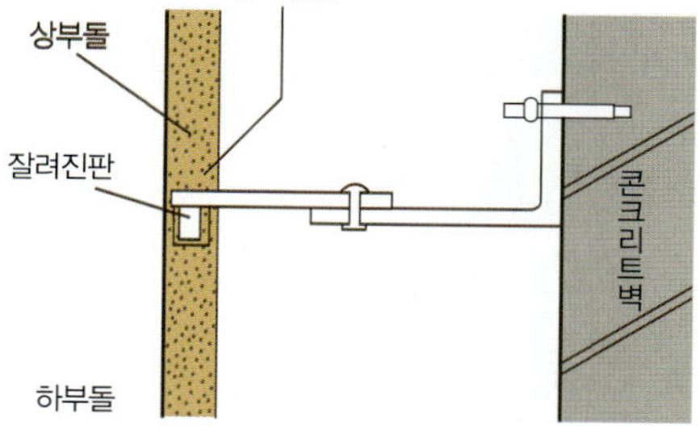

그림 10.12 • 절단 기법

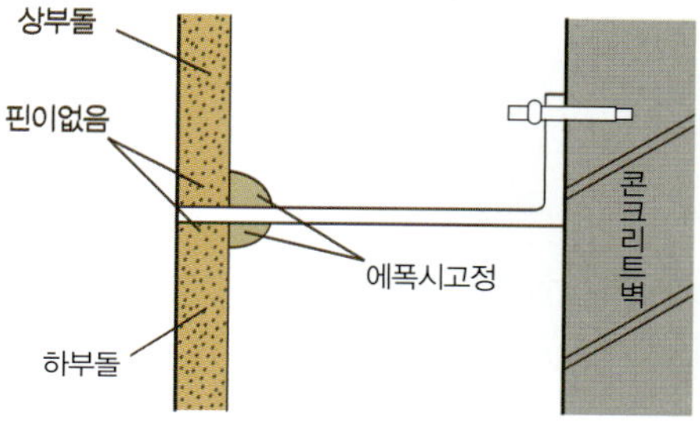

그림 10.13 • 에폭시고정 기법

3) 에폭시고정 기법

- 핀을 사용하지 않으며 에폭시 접착제로 고정하는 방법
- 볼트와 앵글만 사용하고 가능한 마감거리를 5mm~100mm이하로 함

② 시공순서

1) 바탕면에 먹줄

- 수평실에 맞춰 앵커볼트에 고정철물 임시설치

2) 앵커에 철물 고정

- 하부 먹선에 맞춰 고정 철물을 임시로 고정

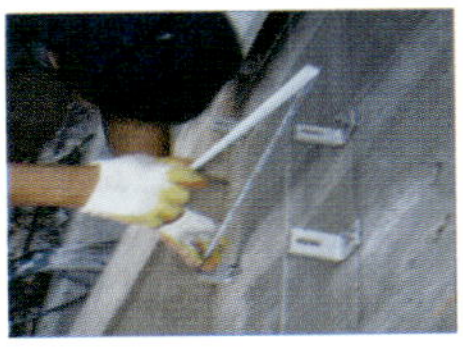

3) 상하 고정 철물 간의 간격 체크

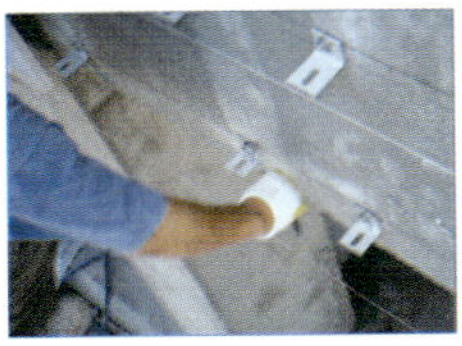

4) 간격 체크 후 조임

5) 석재 타일의 가공

- 양 끝 단에서 1/4 위치에 일정 깊이의 홈을 팜

6) 고정 철물에 접착제를 혼합하여 일정량을 철물에 입힘

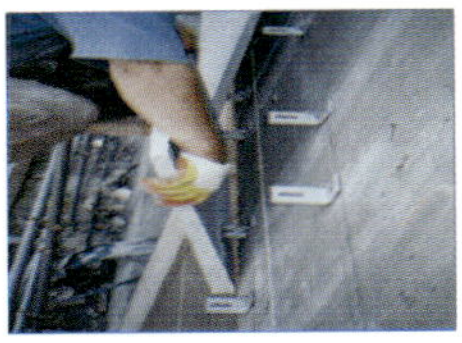

7) 먼저 석재 타일 하부 홈에 고정철물을 삽입

8) 석재 타일을 삽입한 후 상부 고정 철물로 조정

9) 고정 철물과 연결철물과의 결합하여 석재 타일 고정

그림 10.14 • 앵글지지공법 시공순서

(2) 메탈트러스 공법

메탈트러스 공법은 건식공법으로 앵글지지공법이 비계 위에서 석판재 1판씩을 내외벽면에 설치해 나감에 비해 미리 조립된 강제 트러스에 여러 장의 석판재를 지상에서 짜 맞춘 후 이를 현장에서 조립식으로 설치해 나가는 공법이다. 현재 국내에서는 고층건물에서 많이 사용되고 있다.

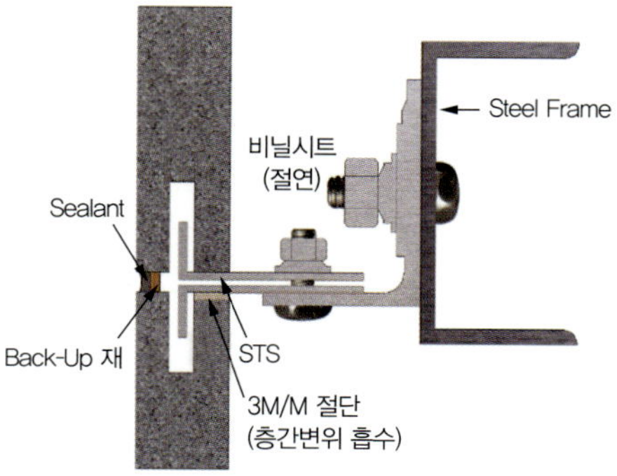

그림 10.15 • 메탈트러스 공법 상세

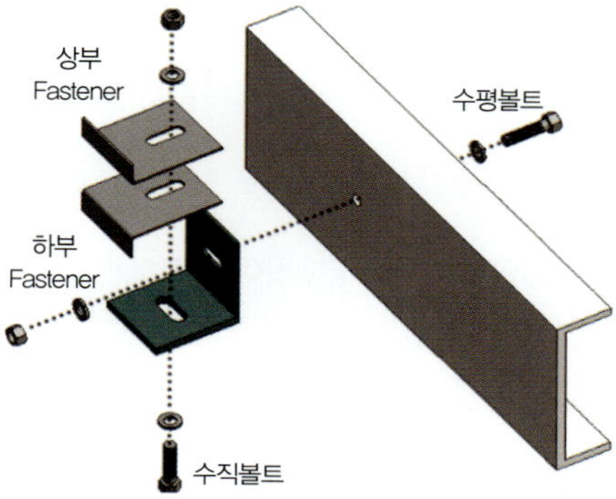

그림 10.16 • 메탈트러스 부자재

표 10.5 • 메탈트러스 공법 장단점

장점	단점
• 비계가 필요 없어 지상에서 석판재 지지 작업 및 줄눈부 실링재 채움 작업을 할 수 있음 • 현장 설치 시 타워 크레인(tower crane) 및 흡착판을 이용하여 설치작업이 신속 • 화강석 지지철물로서 알루미늄계 연결철물을 사용하여 볼트와 연결철물을 확실히 긴결함 • 공장에서 제작 되어 현장에서 물을 전혀 사용하지 않으므로 동절기에도 시공할 수 있는 공법 • 대형패널도 가능하므로 한 장씩 설치하는 경우보다 균질한 외관을 갖출 수 있으며 시공속도가 빠름	• 수평하중이 작용하였을 때, 층간 변위가 발생하며, 석재를 지지하고 있는 촉 부분에서 부분적인 파손이 생길 수 있음 • 기본적으로 실런트를 사용한 줄눈 방식이므로 실런트 속의 유성분에 의한 석재오염 가능성이 높음 • 수밀성능은 전적으로 실링재에 의해 의존하게 되므로 실링재가 파손되면 누수현상이 발생 • 틈 사이에 단열재를 끼워 넣으므로 시공이 밀실하지 못해 단열성능이 저하 • 재질이 강재이기 때문에 습기에 의한 부식 및 강재 방청처리가 부실하게 됨 • 강재 및 앵글류를 용접 조립하게 되므로 기능도에 따라 시공 정도 차이가 발생

연습문제

1. 석재의 장단점은?
2. 석재는 암석의 종류에 따라 어떻게 분류되어지는가?
3. 암석의 모양에 따른 분류방법은?
4. 석재 마감 시 사용하는 다듬기 공구는 어떤 것들이 있는지 설명하시오.
5. 습식공법과 건식공법의 차이점에 대하여 설명하시오.
6. 앵글지지공법에 대하여 설명하시오.

제11장 타일공사

11.1 개요

(1) 정의

타일은 건축재료, 장식용으로서 건축물 내외의 벽면이나 바닥면을 덮기 위해 점토로 구운 얇은 판이다. 여러 가지 성능을 가지고 있으며 비교적 시공도 간단할 뿐 아니라 시공 후에 균열을 일으키거나 변색하는 일이 거의 없고 특히 내구성이 있으므로 구조물의 표면 피복을 보호하는데 좋은 재료이다.

(2) 타일공사의 특성

- 마감재료로써 외관을 위해 의장적으로 또는 청소관리의 용이함을 위해 사용한다.
- 내구성, 내수성과 미려한 질감을 갖고 있다.
- 타일은 점토 또는 암석의 분말을 성형, 소성하여 만든 박판제품을 총칭한다.
- 최근에는 외벽보다는 내장재로서의 역할이 부각되고 있다.
- 비교적 시공이 간단하고, 시공 후 균열이나 변색이 적다.
- 위생이 요구되는 주방, 화장실, 목욕탕, 세면장 등에서 이용된다.

(3) 타일의 종류(재질상 분류)

① 자기질 타일

- 소성온도(°C) : 1,160~1,450 °C
- 흡수율(%) : 3.0 이하

(a) 욕실 벽면

(b) 발코니 바닥

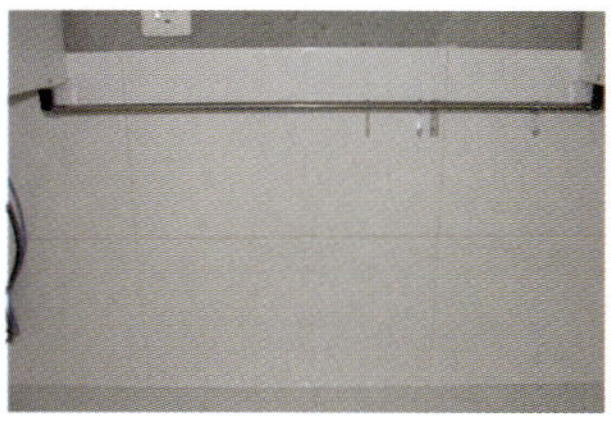
(c) 주방 벽면

그림 11.1 • 타일붙임 현장사진

구분	유약 유무	원료	흡수율 한도	타일의 특성	비 고
자기질	시유 무유	점토, 규석, 장석, 도석	3% 이하	완전 자기화 자기화*	흡수율 : 0% 외장, 내장, 바닥
석기질	시유 무유	유색 점토, 규석, 장석, 도석	5% 이하	반자기화	외장, 내장, 바닥
도기질	시유	점토, 규석 석회석, 도석	18% 이하		내장, 바닥

* 자기화 : 자기 원재료를 가열시켜 그 기공률을 감소시키는 것

- 주성분 : 점토, 석영, 장석계, 도석
- 건축재료 : 외장, 내장, 바닥타일
- 특성
  - 전기의 불량도체
  - 화학적 내식성, 내열성 뛰어남
  - 방수성이 크고, 강도가 강함
  - 내산성, 내알카리성, 내동해성, 내마모성이 우수

② 석기질 타일

- 소성온도(℃) : 1,160~1,350 ℃
- 흡수율(%) : 3.0 ~ 5.0 이하
- 주성분 : 석영, 철화합물, 알카리토류 및 알카리 염류 등의 불순물을 많이 함유하고 있는 점토
- 건축재료 : 외장, 내장, 바닥
- 특성
  - 시유 소성하면 광택이 나고 방수성이 큼

③ 도기질 타일

- 소성온도(℃) : 1,050~1,200 ℃
- 흡수율(%) : 5.0 ~ 18.0 이하
- 주성분 : 점토, 석영, 도석, 납석, 장석질 원료
- 건축재료 : 내장, 바닥
- 특성
  - 경도와 기계적 강도 낮음

그림 11.2 • 자기질 타일

그림 11.3 • 석기질 타일

그림 11.4 • 도기질 타일

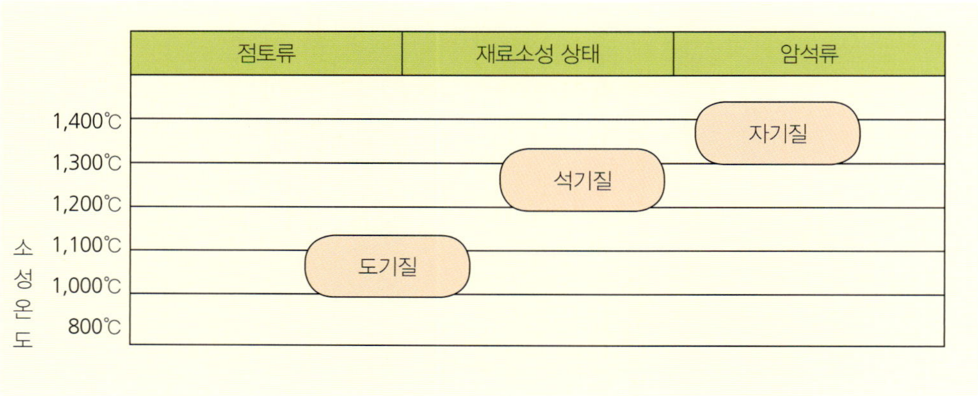

그림 11.5 • 원재료의 재질과 소성온도와의 관계

– 소재는 다공질이고 흡수성이 있음

– 색상과 디자인의 화려함 추구

(4) 타일의 종류(호칭상 분류)

① 내장타일

- 가까운 거리에서 보여지므로 치수가 정확해야 함
- 흡수율이 높고, 동해에는 약함
- 타일의 표면이 아름답고 정결함
- 줄눈폭이 좁고 시공이 어려움

② 외장타일

- 외부 마감재로 사용하기 때문에 내후성이 우수해야 함
- 동해나 백화를 방지하기 위해 흡수성이 낮은 소지로 자기질이 주로 이용
- 내장타일만큼 아름다움이나 색조의 안정이 필요하지 않음

그림 11.6 • 내장 타일

그림 11.7 • 외장 타일

그림 11.8 • 바닥 타일

그림 11.9 • 모자이크 타일

③ 바닥타일

- 성분은 외장타일과 동일하며 내후성과 흡수율이 낮아야함
- 보행성이 좋고 내마모성, 내충격성이 우수해야 함
- 바닥에 사용하므로 타일의 두께가 두껍고 미끄럼 방지를 위해 유약을 사용하지 않는 것이 많음

④ 모자이크타일

- 정사각형, 직사각형, 혼합형, 타원형이 있으며, 자기질 타일
- 바닥용으로서 뿐만 아니라 내외벽 용으로도 쓰임
- 욕실, 화장실 바닥재로 미끄럼 방지를 위해 무유타일 사용

표 11.1 • 타일의 종류

재질상의 분류	• 자기질 타일(porcelain tile): 흡수율* 3% 이내 • 석기질 타일(stone tile): 흡수율 3~5% 정도 • 도기질 타일(ceramic tile): 흡수율 5~18% 정도
성형에 따른 분류	• 습식타일 :반죽한 것을 압착 성형, 수분 20%, 외장 · 바닥 • 건식타일 :마른가루를 프레스 성형, 수분 10%, 내장 · 바닥
표면마무리에 의한 분류	• 시유 타일 : 건조 전,후 유약을 바른 매끄러운 표면의 타일 • 무유 타일 : 유약을 칠하지 않은 타일 • 미끄럼면 타일 • 거친면 타일 • 유약을 바르는 목적 ① 표면에 광택을 주고 강도를 높힘 ② 표면을 매끈하게 하여 오염을 방지 ③ 흡수성을 줄여 물이나 화학약품에 대한 저항성을 증가
호칭에 따른 분류	• 내장타일 • 외장타일 • 바닥타일 • 모자이크타일

* 흡수율: 재료가 흡수할 수 있는 물의 무게를 처음 재료 무게에 대해 백분율로 나타낸 것

(5) 타일의 크기, 줄눈폭, 및 두께

표 11.2 • 타일의 크기, 줄눈폭 및 두께

사용부위	재 질	크 기 (mm)	두 께 (mm)	줄눈폭 (mm)
욕실바닥	자기질	200 x 200 이상	7 이상	4
욕 실 벽	유색시유도기질	200 x 250 이상	6 이상	2
현관바닥	자기질	300 x 300 이상	7 이상	5
세탁실 바닥	자기질	150 x 150 이상	7 이상	4
주 방 벽	유색시 유도기질	200 x 200 이상	6 이상	2
발코니 바닥	자기질	200 x 200 이상	7 이상	4
홈	자기질	250 x 250 이상	7 이상	4
외부바닥	지정	150 x 150 이상	좌동	좌동
외벽타일	지정	지정크기	11 이상	지정 크기
외부바닥 (테라스 현관)	지정	150 x 150 이상	11이상	지정 크기

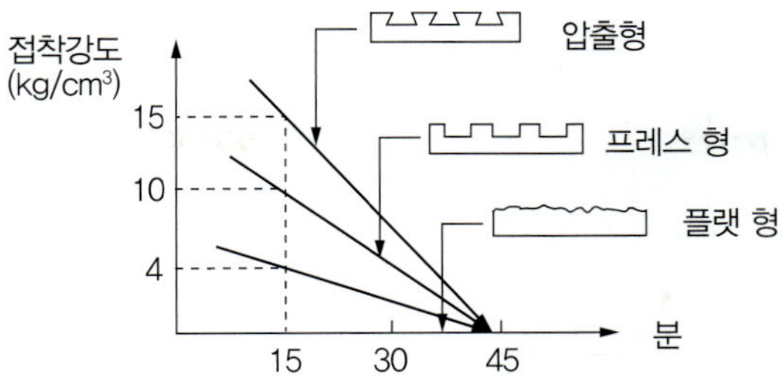

그림 11.10 • 시간에 따른 접착강도 그래프

(6) Open time

타일 붙임 모르타르의 접착력 확보를 위한 한계시간으로 1회 모르타르를 바르고 타일을 붙일 때까지 소요되는 붙임 시간을 말한다.

- 작업시간이 길어지면 강도가 저하되어 박리됨
- 바탕 모르타르의 함수율, 온도, 습도, 환경에 따라 압착시간이 상이
- 타일 이면의 상태가 접착강도에 영향을 줌

(7) 타일붙임 재료

① 시멘트 모르타르

- 시멘트+모래+물을 적당한 비율로 혼합하여 타일뒷면에 발라 붙이는 재료

② 타일시멘트

- 타일붙임 전용 시멘트로 주로 압착붙임공법에 사용

③ 타일본드

- 바탕이 목재 또는 스티로폼 등 시멘트모르타르를 사용하여 붙임이 불가능한 곳에 사용

④ 혼화제

- 보수성, 가소성, 작업성, 부착성을 향상시키며, 혼화량은 제조업자의 시방에 따름

(a) 시멘트 모르타르　　(b) 타일시멘트

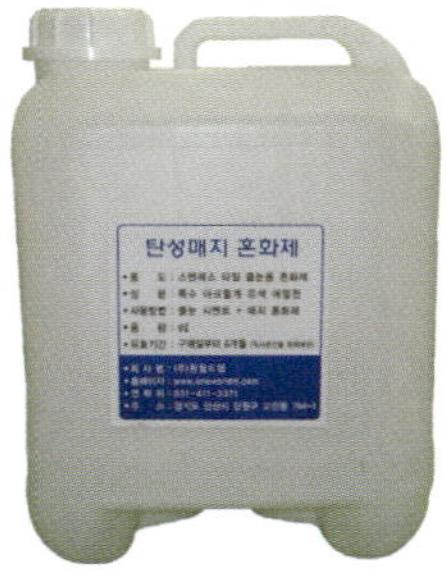

(c) 타일본드　　(d) 혼화제

그림 11.11 • 타일붙임 재료

11.2 타일공업의 종류 및 시공

11.2.1 타일공법의 종류

(1) 떠붙임 공법

타일의 뒤쪽에 붙임모르타르를 올려놓고 평평하게 고른 다음 초벌바름에 넣어 붙이는 공법이다.

- 타일 뒷면에 붙임모르타르를 올려놓고 평평하게 고른 다음 초벌바름에 넣어 붙임
- 모르타르는 1:3정도로 배합
- 모래의 입경은 2.5mm 이하
- 붙임 모르타르 두께는 12~24mm 원칙

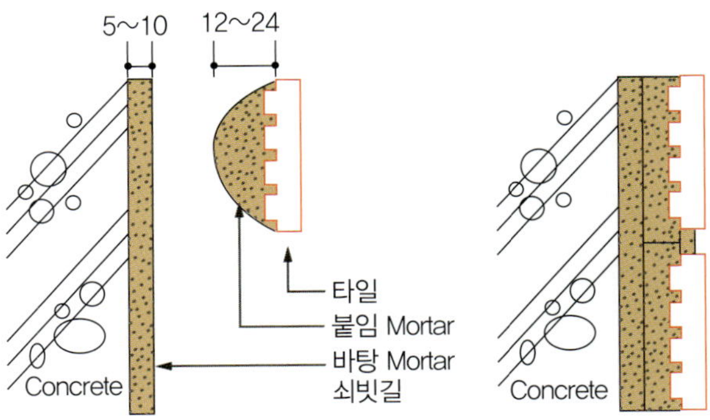

그림 11.12 • 떠붙임 공법

표 11.3 • 떠붙임 공법 장단점

장 점	단 점
• 접착강도의 편차가 크다. • 경화 시 수축에 의한 영향이 적다. • 마감 정밀도가 좋다. • Concrete 바탕에 요철이 있어도 붙임 모르타르 두께 조절로 면을 평탄하게 조절 가능하다. • 박리 사고가 적다.	• 시공시 상당한 숙련을 요한다. • 시공 능률이 떨어진다. • 밑에서 붙여 올라가므로 시공 높이에 한계가 있다. • 외장 붙임을 못한다. • 외장에 적용할 경우 타일 뒷면에 공극이 생겨 백화 발생의 우려가 있다.

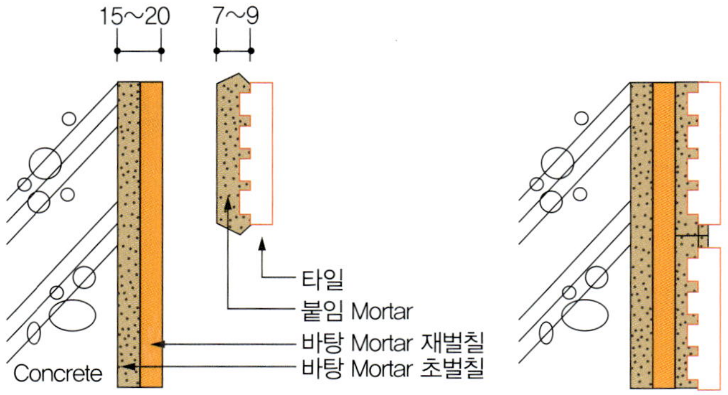

그림 11.13 • 개량떠붙임 공법

표 11.4 • 개량떠붙임 공법 장단점

장 점	단 점
• 시공 편차가 적고 양호한 접착강도가 발현된다. • 공극과 백화가 발생하지 않는다. • 떠붙이기공법만큼의 숙련기술을 요하지 않는다 • 마감이 양호하다.	• 압착공법에 비해 능률이 떨어진다. • 바탕 Mortar의 바름 정밀도가 요구된다.

- 1일 붙임높이
  - 대형: 0.7~0.9m
  - 소형: 1.2~1.5m

(2) 개량떠붙임 공법

기존의 떠붙임공법의 단점을 보완한 것으로 바탕모르타르를 초벌과 재벌로 두 번 발라 바탕을 고르게 마감하는 공법이다.

- 떠붙임 공법의 개선책, 접착력 높이고 액화방지 효과있음
- 붙임 Mortar 반죽 후 2시간 이내 사용

(3) 압착 공법

재벌바름위에 붙임모르타르를 바르고 타일을 타격하여 압착시키는 공법이다.

- 붙임모르타르는 타일 두께의 1/2이상(5~7 mm)이 원칙
- 1일 붙임높이는 1.2m
- 붙임시간은 15분 이내
- 공동부분이 생기지 않도록 주의

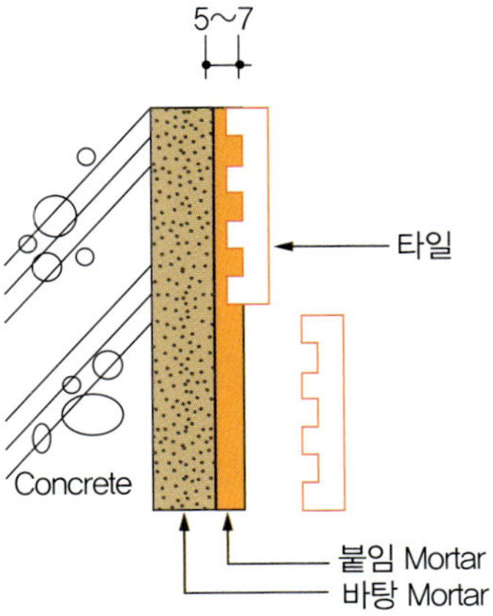

그림 11.14 • 압착공법

표 11.5 • 압착공법 장단점

장 점	단 점
• 타일과 붙임재와의 사이에 공극이 없어 백화가 발생하지 않는다. • 시공 능률이 양호하다.	• Open time이 길면 시공불량의 원인이 된다. • 붙임 Mortar가 얇기 때문에, 바탕의 시공정밀도가 요구된다. • 접착강도의 편차가 발생한다.

(4) 개량압착 공법

붙임모르타르를 바탕면에 바르고 모르타르가 굳기 전 타일 뒷면에 모르타르를 바른 후 압착공법과 같은 방법으로 붙이는 공법이다.

- 압착공법의 개선책을 접착력 향상
- 붙임모르타르는 두께는 3~4mm가 원칙
- 붙임시간은 30분 이내
- 바탕붙임모르타르의 1회 바름면적은 1.0m^{2}이하

표 11.6 • 개량압착 공법 장단점

장 점	단 점
• 접착성이 좋다. • 타일과 붙임재와의 사이에 공극이 없어 백화발생 없다. • 균열이 발생하지 않는다.	• 압착공법에 비해 작업 능률이 떨어진다.(단가상승요인) • 붙임 Mortar가 얇아 바탕의 시공정밀도가 요구된다.

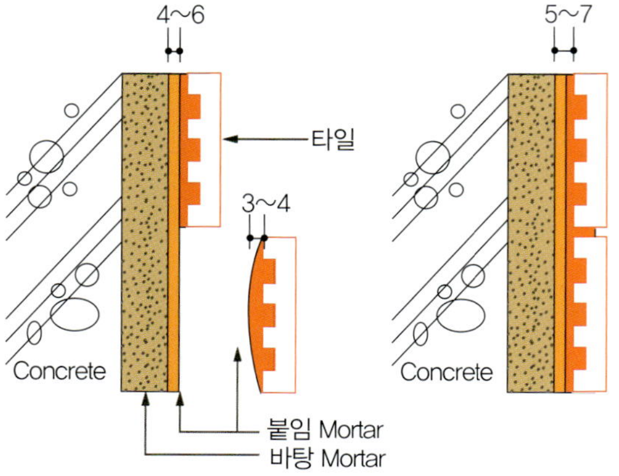

그림 11.15 • 개량압착 공법

(5) 접착공법

유기질 접착제를 사용하는 공법이다.

- 내장타일에만 적용
- 접착제의 선정에 주의
- 바름 두께를 두껍게(3~5mm) 한 후 빗살쇠손 등으로 거칠게 함
- 접착제 도포량은 1~1.5kgf/m^2정도
- 1회 바름면적은 2m^2이하

(6) 바닥타일 공법

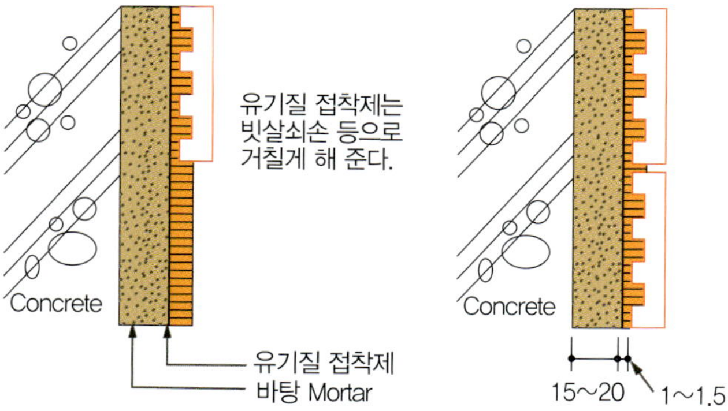

그림 11.16 • 접착공법

표 11.7 • 접착공법 장단점

장 점	단 점
• 시공 능률이 높다. • 각종 바탕에 적용 가능하다.	• 건조 시간의 영향을 받기 쉽다. • 혼합 후 경화 시점에 유의해야 한다. • 접착제가 고가로 시공 단가가 높다.

11.2.2 시공시 유의사항

표 11.8 • 바닥타일 공법

<table>
<tr><th>구배모르타르 붙임공법</th><th>압착붙임 공법</th></tr>
<tr><td>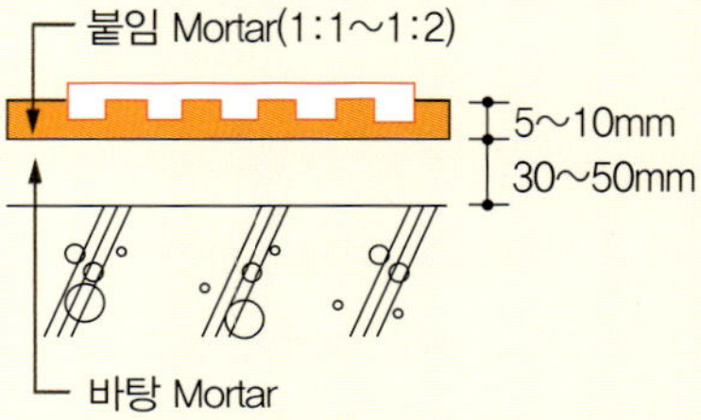
</td><td>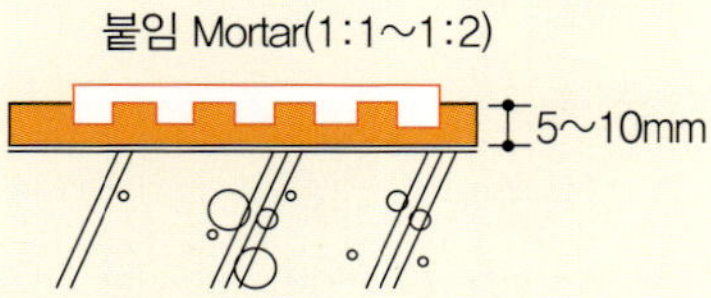
</td></tr>
<tr><td>• 경화 후 붙임 Mortar를 깔고 타일을 붙임
• 작은 규모의 바닥
• 물구배가 필요한 바닥
• 마감 정도가 양호
• 모자이크 바닥타일에 적합
• 필요한 물구배를 잡음</td><td>• 바닥미장 또는 콘크리트면 위에 직접 Mortar를 바르고 바닥타일 붙임
• 넓은 면적, 구배가 필요 없는 장소
• 차도, 중보행 장소
• 계단
• 동결의 위험이 있는 장소
• 200mm각 이하의 바닥타일</td></tr>
</table>

① 줄눈나누기

- 줄눈나누기 및 타일 마름질은 도면 또는 담당원의 지시에 따라 수준기, 레벨 및 다림추 등을 사용하여 기준선을 정하고 될 수 있는 대로 온장을 사용하도록 줄눈나누기한다.
- 줄눈 너비는 도면 또는 공사시방서에서 정한 바가 없을 때에는 표 11.9에 따른다. 다만, 창문선, 문선 등 개구부 둘레와 설비기구류와의 마무리 줄눈 너비는 10mm 정도로 한다.

표 11.9 • 줄눈너비(mm)

타일구분	대형벽돌형(외부)	대형(내부일반)	소형	모자이크
줄눈너비	9	5~6	3	2

- 벽체 타일이 시공되는 경우 바닥 타일은 벽체 타일을 먼저 붙인 후 시공한다.
- 타일의 박리 및 백화현상이 발생하지 않도록 시공한다.

② 치장줄눈

- 타일을 붙이고, 3시간이 경과한 후 줄눈파기를 하여 줄눈부분을 충분히 청소하며, 24시간이 경과한 뒤 붙임 모르타르의 경화 정도를 보아, 작업 직전에 줄눈 바탕에 물을 뿌려 습윤케 한다.
- 치장줄눈의 폭이 5mm 이상일 때는 고무흙손으로 충분히 눌러 빈틈이 생기지 않게 시공한다.
- 개구부나 바탕 모르타르에 신축줄눈을 두었을 때는 적절한 실링재로서, 빈틈이 생기지 않도록 채운다.

③ 신축줄눈

- 신축줄눈에 대하여 도면에 명시되어 있지 않을 때에는 이질바탕의 접합부분이나 콘크리트를 수평방향으로 이어붓기한 부분 등 수축균열이 생기기 쉬운 부분과 붙임면이 넓은 부분에는 담당원의 지시에 따라 그 바탕에까지 닿는 신축줄눈을 약 3m 간격으로 설치하여야 한다.
- 타일의 신축줄눈은 구조체의 신축줄눈, 바탕 모르타르의 신축줄눈의 위치가 가능한 일치하도록 설계 요구사항에 따라 줄눈을 맞추고 줄눈의 실링재는 타일씻기 완료 후 건조상태를 확인하고 설치한다.

④ 바탕 만들기

- 바탕고르기 모르타르를 바를 때에는 타일의 두께와 붙임 모르타르의 두께를 고려하여 2회에 나누어서 바른다.
- 바탕 모르타르를 바른 후 타일을 붙일 때까지는 여름철(외기온도 25°C 이상)은 3~4일 이상, 봄, 가을(외기온도 10°C 이상, 20°C 이하)은 1주일 이상의 기간을 두어야 한다.
- 타일붙임면의 바탕면은 평탄하게 하고, 바탕면의 평활도는 바닥의 경우 3m당 ±3mm, 벽의 경우는 2.4 m당 ±31mm로 한다.
- 바닥면은 물고임이 없도록 구배를 유지하되, 1/100을 넘지 않도록 한다.

⑤ 바탕처리(물축이기 및 청소)

- 타일을 붙이는 모르타르에 시멘트 가루를 뿌리면 시멘트의 수축이 크기 때문에 타

일이 떨어지기 쉽고 백화가 생기기 쉬우므로 뿌리지 않아야 한다.

- 타일붙임은 타일의 백화, 탈락, 동결융해 등의 결함사항에 대하여 충분히 검토하여야 한다. 타일면은 우수의 침투를 방지할 수 있도록 완전히 밀착시켜 접착력을 높이며, 일정간격의 신축줄눈을 두어 백화, 탈락, 동결융해 등의 결함사항을 방지할 수 있도록 한다.

⑤ 타일의 반입 및 보관

- 타일의 반입 시기는 시공까지의 여유를 두고 미리 확인한다.
- 종류별 수량의 적정여부 확인한다. (부족시 소량 주문 곤란 및 작업에 차질)
- 반입 보관시 우천으로 인한 보양을 철저히 한다. (운반곤란 및 유실의 원인)

⑤ 타일의 품질결함 확인

- 유약면은 균열 및 유약이 불균등하게 칠해져 있거나 묻지 않은 부분이 있으면 동절기에 흡수로 인한 파손 발생하므로 확인을 철저히 한다.
- 표면의 색조: 색상의 얼룩, 광택의 불균일
- 형상, 치수, 두께:
  - 두께 및 치수의 불균일
  - 표면 및 모서리 손상
  - 휨상태, 뒤틀림 상태
  - 모서리의 어긋남

연습문제

1. 재질상의 분류에 따른 타일의 종류는?
2. 유약을 바르는 목적은?
3. 호칭에 따른 타일의 분류는?
4. Open time이란?
5. 떠붙임 및 개량떠붙임 공법에 대하여 설명하시오.
6. 압착 및 개량압착 공법에 대하여 설명하시오.
7. 바닥타일 공법에 대하여 설명하시오.

제12장 도장공사

12.1 개요

12.1.1 개요

(1) 정의

건축물의 내외장 표면에 도료(도장재료)를 넓게 바르는 것으로 부식의 방지와 보존을 도모하며 아름답게 장식하는 공사이다. 또한, 최종마무리 공사로 작업 시 조건, 바탕마감 정도, 재료 특성에 따라 균열, 박리 등의 결함이 발생 할 수 있으므로 유의해야 한다.

(2) 목적

① 미화: 색채, 광택, 모양

② 보호: 부식, 침식, 파손으로부터 보호

③ 성능부여: 내수, 내구, 내후, 내약품성, 절연성, 강도 부여

(3) 구성

① 안료: 도료의 색상, 중량 효과를 나타냄

② 전색제: 도료의 주성분이 되는 보일류, 아마인유, 합성수지, 천연수지 등

③ 용제: 도료의 점도 상태를 조절하여 유용성을 주며 도장작업을 향상

④ 첨가제: 가소제, 경화제, 침강방지제 등 소량을 첨가하여 도료의 성능을 향상

12.1.2 도료의 종류

(1) 수성 페인트

- 안료를 물로 용해하여 수용성 교착제와 혼합 분말 상태의 도료를 사용
- 용제로 물을 사용, 콘크리트, 시멘트벽, 벽지 등에 주로 사용
- 내알칼리성, 무광택, 비내수성, 바르기 쉽고 도막은 광택이 없고 빨리 건조
- 물을 사용해서 증발속도 느리고 부풀음, 부착불량, 흘러내리기 쉬운 단점이 있음

(2) 유성 페인트 (Oil paint)

- 석유용제로 수지를 녹여 만든 페인트로 신나로 희석하여 사용한다.

그림 12.1 • 수성페인트

그림 12.2 • 유성페인트

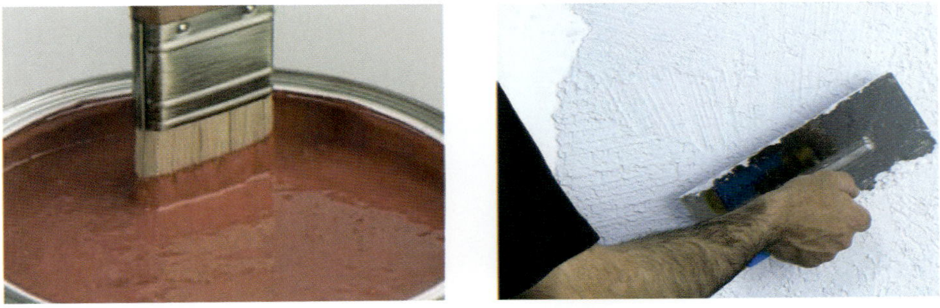

그림 12.3 • 에멀션 페인트

- 내후성, 내수성, 내오염성이 있으며, 색상을 선명하게 구현할 수 있다.
- 외벽, 욕실, 부엌 등 물이 접하는 곳에, 철재, 목재 등에 이용된다.
- 알칼리에 약하며 건조가 늦어 콘크리트와 모르타르 등에는 사용하지 않는다.

(3) 에멀션 페인트 (Emulsion paint)

- 물에 용해되지 않는 유성도료, 니스, 래커, 수지 등을 에멀션화제(유화제)작용에 의

그림 12.4 • 바니시

해 물속에서 분산시킨 도료

- 유성과 수성의 중간이며, 불투한 도막 형성
- 모르타르의 초벌바르기에 적당
- 유화제: 서로 혼합이 잘 되지 않는 두 종류의 액체를 혼합하여 분리되지 않도록 해 주는 첨가물

(4) 바니시 (Varnish)

- 바니시 목재 및 기타 소재의 표면처리에 사용되는 투명한 도료(표면코팅제)
- 니스라고도 하며, 먼지나 오염물질과 자외선으로 색깔이 변하는 것을 지연

(5) 래커

- Nitro cellulose라는 섬유를 주요 성분으로 하는 도료
- 빠른 건조, 광택, 내수성, 내후성 우수하며, 건조가 빨라 뿜칠 시공
- 래커의 종류

그림 12.5 • 래커

그림 12.6 • 오일스테인

① 클리어 래커(clear lacquer)

- 클리어 래커는 투명 래커로서 안료가 들어가지 않은 래커
- 내후성이 좋지 않아 외부보다는 내부용

② 래커 에나멜(lacquer enamel)

- 래커 에나멜은 불투명 도료로서 클리어 래커에 안료를 첨가
- 도막이 견고하여 외장용

(6) 오일스테인 (Oil stain)

- 스테인(Stain)은 얼룩, 때를 의미하며 여기서 파생되어 나온 뜻이 염색, 착색임
- 가구, 목재 등의 재도장 및 창들 등의 착색에 사용
- 스테인은 소재 보호가 불안전해서 바니시 등 투명도료로 덧칠해서 마무리

(7) 알루미늄 페인트

- 알루미늄 가루를 안료로 한 은색의 에나멜

그림 12.7 • 알루미늄 페인트

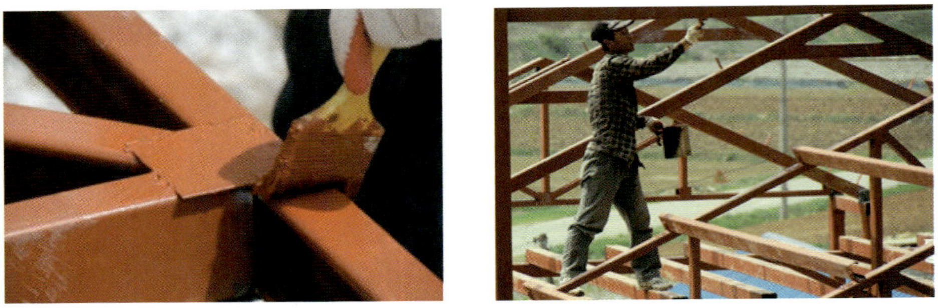

그림 12.8 • 녹막이페인트

- 주로 철재, 파이프, 목재에 쓰임
- 광선 반사율과 열 반사율이 크므로 내수성이 뛰어남
- 에나멜: 안료에 유성 바니시를 섞어 만든 도료

(8) 녹막이(방청) 페인트

- 각종 금속, 특히, 철이 녹스는 것을 방지하기 위한 도료
- 금속이 녹슬게 되는 것은 공기, 물, CO_2등의 작용으로, 방청도료는 이것들과 금속 면과의 접촉을 방지하고 또 화학적으로 녹의 발생을 막는 두 가지 작용을 함

(9) 내산 페인트

- 약품실이나 축전기실 등의 실내부에 사용
- 콘크리트, 모르타르, 회반죽, 플라스터면은 알칼리성으로 그 위에 직접 페인트를 칠

그림 12.9 • 내산페인트

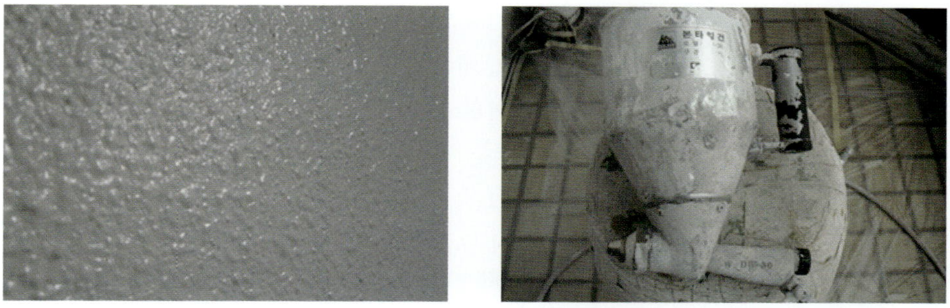

그림 12.10 • 본타일시공

그림 12.11 • 무늬코트

하면 변색 또는 들뜨게 되므로 이때 내산 페인트를 사용

(10) 본타일 (Bone tile)

- 면에 본타일제 (백시멘트/석분/조개가루혼합제) 뿜칠하여 입체모양(1−5mm)의 요철 무늬를 형성시키고, 수성 광택 페인트로 도장하여 깨끗하고 화려한 내장면을 만들어 주는 도료
- 용도: 주택, 빌딩, 호텔, 오피스텔, 병원, 아파트, 학교 등의 내부
- 적용면: 시멘트 모르타르, 콘크리트, 석고보드
- 입체감이 있고, 내수성, 내알카리성, 방음효과가 있으나 요철이 있어 먼지가 낄 수 있으며 누수가 있는 곳에는 박리가 일어남

(11) 무늬코트

- 여러가지 점무늬 모양의 칼라알갱이 형태의 래커를 전면 베란다 및 후면 다용도실 벽면의 수성페이트칠 위에 뿜칠하고 코팅을 입히는 작업
- 각종 먼지 등으로 때가 타지 않으며 찌든 때도 말끔히 지워지므로 청소가 편함

- 수분 흡수를 차단해서 들뜨거나 벗겨질 염려가 없으며 반복 칠을 할 필요가 없음
- 실내 분위기가 고급스럽게 느껴지고, 계속 습해도 곰팡이가 발생하지 않음
- 물청소를 하여도 탈색하지 않으며 얼룩이 생기지 않음

(12) 도료의 종류 및 품질

표 12.1 ● 도료의 종류 및 품질

	도장 명칭	도료의 품질에 관한 규정 및 합격해야 할 규격		희석제	용 도
		품질내용	규격 종별		
1	수성 도료	합성수지 에멀션 도료(외부용)	1종(1,2급)	물	모르타르, 콘크리트
		합성수지 에멀션 도료(내부용)	2종(1,2급)		
		합성수지 에멀션 퍼티	3종	물	바탕면 누름용
2	유성 도료	조합도료	1종(1,2급)	도료 희석제	목재, 철재, 아연도금면
		자연건조형 도료	2종유광(1,2급)	도료 희석제	목재, 철재, 아연도금면,
		알루미늄 도료	3종	도료 희석제	철재류
		아크릴 도료	4종	도료 희석제	시멘트 모르타르면
3	방청 도료	광명단 조합 페인트	1종(1,2,3,4류)	도료 희석제	철재면 방청용
		크롬산아연 방청 페인트	2종(1,2류)	도료 희석제	철재면 방청용
		아연분말 프라이머	3종(1,2,3류)	도료 희석제	철재면 강판 방청용
		에칭 프라이머	4종(1,2류)	도료 희석제	금속바탕처리용
		광명단 크롬산아연	5종	도료 희석제	철재면 방청용
4	래커 도료	래커 프라이머	1종	래커 희석제	목재, 금속
		래커 퍼티(하도 수정도장용)	2종	래커 희석제	하도수정 도장용
		래커 퍼티(하도, 중도용)	3종	래커 희석제	하동, 중도용
		목재용 우드 실러	4종	래커 희석제	흡수방지용
		목재용 샌딩 실러	5종	래커 희석제	면조정용
		상도 마감용 투명 래커	6종	래커 희석제	상도마감용
		상도 마감용 래커 에나멜	7종	래커 희석제	목재, 철재, 아연도금면

<table>
<tr><td rowspan="3">5</td><td rowspan="3">바니시</td><td>페놀수지와 건성유를
주원료로한 스파바니시</td><td>1종</td><td>도료 희석제</td><td>목재, 철재용</td></tr>
<tr><td>우레탄 변성유를 주원료로 한
우레탄 변성바니시</td><td>2종</td><td>도료 희석제</td><td>목재용</td></tr>
<tr><td>산화형 알키드수지를
주원료로한 알키드 바니시</td><td>3종</td><td>도료 희석제</td><td>목재, 철재용</td></tr>
<tr><td>6</td><td>착색제</td><td colspan="3">유성 스테인 또는 수성 스테인으로 하고, 변색이 안 되고 도료에
유해한 작용을 아니하며, 또 밀찰을 방해하지 않는 것으로서
담당원의 지정으로 선정한다.</td><td>약품처리에
따른 착색은
공사시방서에 따름</td></tr>
<tr><td>7</td><td>무늬
코트</td><td colspan="3">두 색 이상의 안료색상을 가진 입체감이 있는 다색채 무늬도장</td><td>상도용 무늬</td></tr>
</table>

12.2 시공

12.2.1 칠 공법

(1) 칠 공법의 종류

① 붓 칠 공법

- 붓으로 사용하는 각종의 털이 구성하는 모세관 내에 도료를 머금게 하고, 그 붓을 피 도면에 묻혀 상하로 움직이면서 모세관 내로부터 도료를 방출시키는 것과 동시에 붓에 따라 페인트 피막이 일정한 두께로 고르게 퍼지도록 한다.
- 솔 칠은 가장 일반적인 방법이나 초기건조가 빠른 래커 칠 등에는 부적절하다.

② 롤러칠 공법

- 붓칠 공법보다 칠 속도가 빠르나 일정한 도막 두께를 유지하기가 매우 어려우므로 표면이 거칠거나 불규칙한 부분엔 주의를 요한다.

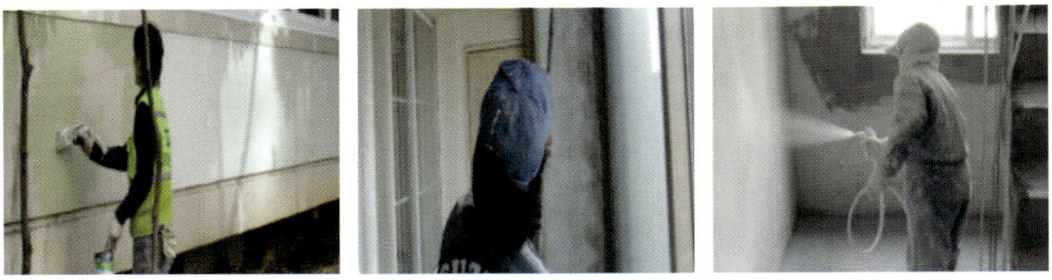

(a) 붓칠 (b) 롤러칠 (c) 뿜칠

그림 12.12 • 칠공법의 종류

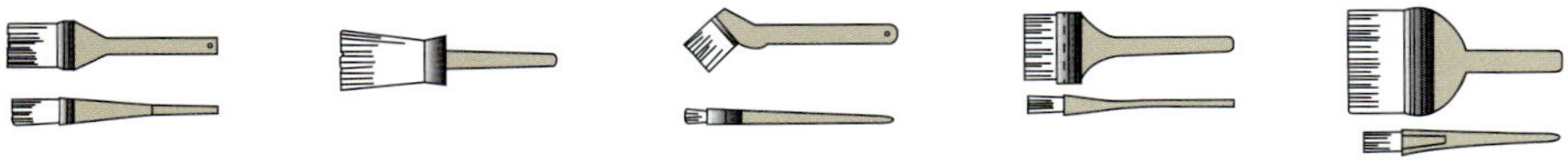

(a) 좁은 통솔 (b) 둥근솔 (c) 빗솔 (d) 평솔 (e) 수성도료 솔

그림 12.13 • 페인트 솔

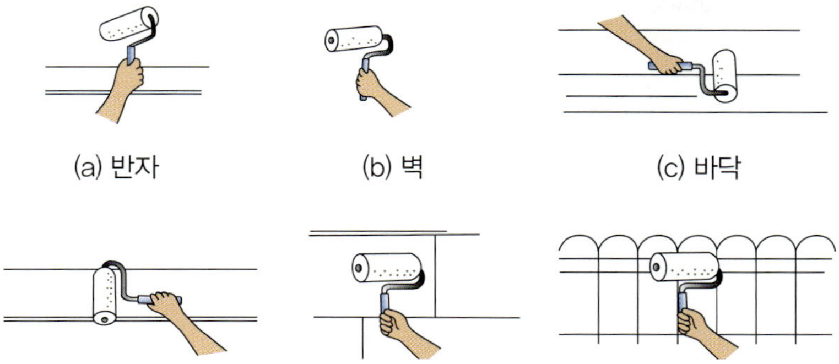

(a) 반자 (b) 벽 (c) 바닥

(d) 비늘판벽 (e) 블록면 (f) 담장

그림 12.14 • 롤러칠

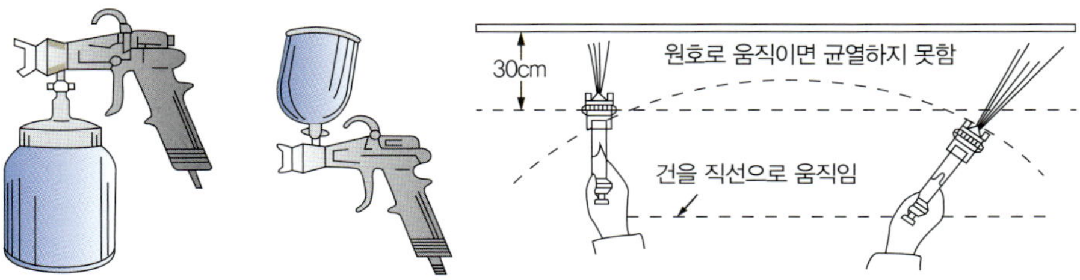

(a) 흡토식 (b) 가중식 (c) Gun과 Spray Gun의 운행

그림 12.15 • 뿜칠

- 롤러는 스폰지 또는 털이 깊은 롤러를 써서 일정한 누름으로 칠하고 균일하게 되도록 넓혀 칠해야 한다.

③ 뿜칠 공법

뿜칠은 압축공기로 칠을 뿜어 도장하는 것으로 분사칠 이라고도 하며 작업능률이 좋고 균등한 도면을 얻을 수 있으므로 초기 건조가 빠른 래커 등에 사용되어 있으나 그 외 칠에도 널리 이용되며, 압축공기, 재료탱크, 스프레이건으로 구성된다.

12.2.2 시공방법

(1) 도장공사 시공흐름

바탕 만들기	바탕만들기의 경우에는 재료의 성질에 따라 순서가 다름
↓ 초 벌	도료를 적당히 1회 도포함
↓ 퍼티먹임	바탕면에 틈이나 갈라진 곳 등의 부분에 쇠주걱등으로 얇게 채워준 후 마무리함
↓ 중 벌	초벌이 끝나고 다시 2번째로 도료를 칠함
↓ 정 벌	외벽인 경우엔 마지막으로 도료를 칠하고 마무리함

그림 12.16 • 일반적인 시공흐름

(2) 공정순서

① 수성페인트

일반적인 순서	목재내부	목재외부
바탕처리	바탕처리	바탕처리
↓ 눈먹임	↓ 초벌	↓ 색올림
↓ 색올림	↓ 연마	↓ 연마
↓ 왁스문지름	↓ 재벌	↓ 재벌
	↓ 연마	↓ 연마
	↓ 정벌	↓ 정벌

그림 12.17 • 일반적인 시공흐름

② 유성페인트

그림 12.18 • 유성페이트 시공흐름

③ 바니시, 에멀션페인트

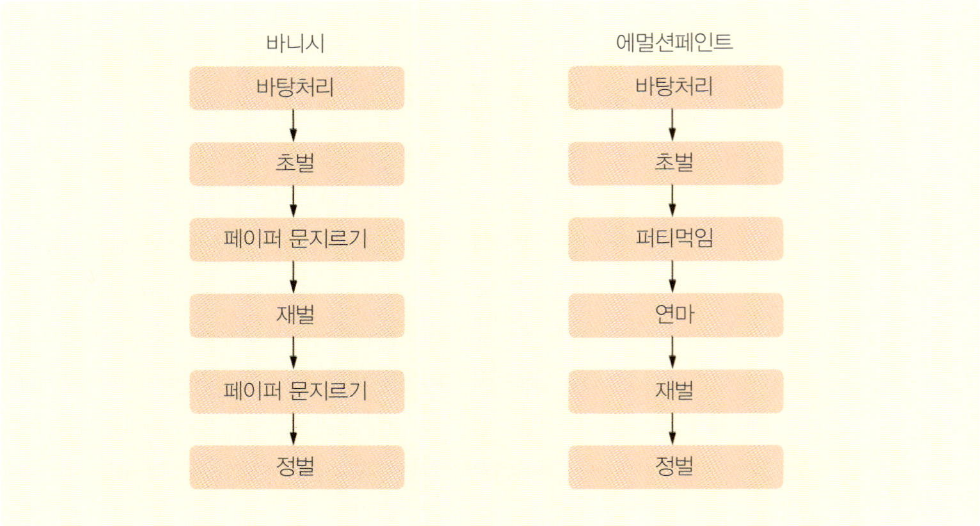

그림 12.19 • 바니시, 에멀션페인트 시공흐름

(3) 시공시 유의사항

① 작업사항

- 보관장소를 설치하여 화기 등으로 격리
- 밀폐된 공간에 보관 시 환기.
- 바탕처리에 철저한 시공

② 바탕처리

- 피 도장물에 녹, 오염물질, 이물질 등 제거.
- 목재, 모르타르면은 충분히 건조 후 작업.

③ 도장방법

- 초벌, 재벌, 정벌의 순으로 도장. 초벌도료의 충분한 건조 후 재벌, 정벌한다.
- 다습하거나 기온 5°C 이하일 때 작업 중단

(4) 도장 검사

① 바탕검사

- 금속면은 녹, 용접자국, 기름 등 검사
- 모르타르면은 균열, 구멍, 평활도 등 검사

② 도장 중 검사

- 악천우 시에는 작업 금지
- 습기 많은 시간에는 작업 중지

표 12.2 • 결함의 종류와 원인

종류	원인
균 열	• 수축 팽창에 의해 균열 발생
결로 현상	• 습도가 높을 때 기온이 내려가 수증기가 응축하는 현상
박리 현상	• 기존 도장면 위에 재도장했을 경우 • 피도장면 위에 기름 등의 분순물이 부착되어 있는 경우 • 도료의 화학성분 차이
건조 불량	• 기온이 너무 낮거나, 높을 때 • 통풍이 안되어 희석제의 증발이 늦을 때
주름 현상	• 건조수축 건조시 온도 상승 • 초벌 칠 건조 불량
번짐, 스며나옴	• 바탕처리 불량 • 시너 사용 과다
팽창 현상	• 급격한 용제 가열로 가용성 물질이 용해되어 부풀어 나옴 • 도막 밑의 녹 발생 • 칠 받지 않음 – 도료의 부적합 – Spray–air 속에 물, 기름 있을 때
흘러내림	• 도막이 지나치게 두꺼울 때. • 희석제 과다 사용
황색화	• 고온 다습한 기상에서 도장하는 경우 • 오동나무 기름을 전색제로 사용할 때
변색, 퇴색	• 유기안료 과다 사용시
광택 부족	• 바탕면 흡입 과다,도막두께 부족 시
색분 현상	• 혼합 불충분 • 안료입자의 분산성에 이상이 있는 경우
Gun으로 인한 결함	• Gun의 운행속도가 빠를 때 • 뿜칠 압력이 낮을 때 • 바탕에 흡수가 지나치게 많을 때

③ 도장 후 검사

- 피막두께 측정
- 절단시험, 인장시험, cross cutting test 등

(5) 도장 공사의 결함

① 결함의 분류

- 모재의 바탕면에 의한 것.
- 도료에 의한 것
- 도장 작업에 의한 것
- 도장작업 후 상태에 의한 것

② 결함의 종류 및 원인

③ 방지대책

표 12.3 • 방지대책

항목	부위	대책
설계	바탕 시공	• 바탕재의 균열을 예방하는 구조로 설계 • 조절줄눈 및 신축줄눈 설치 • 물끊기, 파라펫, 배수구 설치 • 파라펫 및 발코니 방수 처리
재료	수성 PAINT	• 내부에 사용하여 물의 침입으로부터 멀리함 • 내수성 있는 도료의 개발
	유성 PAINT	• 내후, 내수성이 우수한 재료 • 물을 많이 사용하는 곳에 사용
	녹막이 PAINT	• 철부 등의 녹 발생이 우려되는 곳에 칠함 • 아 분말도료 사용
바탕 처리	목재면	• 건조를 잘 시킨 후 면을 평활히 한 후 도장 • 오목진 곳, 틈서리 등은 퍼티먹임
	콘크리트면	• 결함을 둔 채 도장하면 경화 후 그대로 나타나므로 보수하고 도장 • 중성화 후 도료를 칠함
	경금속면	• 기름, 먼지 등을 깨끗이 닦아냄 • 신재료는 부착이 불량하므로 풍화시킴
양 생	건 조	• 칠한 후 건조되기 전에 다른 마감재에 의한 도장면의 오염을 방지
	환 기	• 시너 및 희석제의 증발을 위해 환기 등을 함

연습문제

1. 용제란 무엇인가?

2. 유성 페인트에 대하여 설명하시오.

3. 녹막이 페인트에 대하여 설명하시오.

4. 본타일이란?

5. 무늬코트란?

6. 도장 결함의 종류와 원인에 대하여 설명하시오.

7. 도장 결함의 방지대책에 대하여 설명하시오.

제13장 유리 및 창호공사

13.1 유리공사 개요

(1) 정의

유리는 각종 규산염류가 서로 혼합 용융되어 굳어진 것으로 단일 화합물이 아니고 규사, 탄산소다, 탄산칼륨, 석회석 등 비교적 지구상에 많이 있는 원료들을 적당한 배합률로 혼합하여 가열 용융시켜 만든다. 또한, 원료에 따라 특색이 있고 성질과 용도도 광범위하여 각종 건축물에 적용된다.

(2) 요구성능

① 내하중 성능
② 차수성과 배수성
③ 내진성
④ 내충격성
⑤ 차음성
⑥ 열깨짐 방지성
⑦ 단열성
⑧ 차폐성

13.2 유리의 종류와 특성

(1) 보통 판유리

- 일반적으로 가장 광범위하게 사용되는 유리다.
- 투명 판유리는 그 표면이 제조한 그대로의 평활한 면의 것이고, 흐린 판유리는 투명 판유리 표면의 한편을 샌드블라스트(Sandblast)로 하거나, 부식 등의 방법으로 광택을 지우는 가공을 한 것이다.

(2) 광낸 유리

- 표면을 닦아서 평활하고 광택이 나는 면으로 만든 것이다.

(3) 곡 판유리

- 광낸 유리판을 전기로 내에서 연화시켜 형틀에 맞게 소요모양으로 만든 것이다. 쇼윈도 등에 사용된다.

(4) 무늬유리

- 투명유리는 외부의 시선이나 빛으로부터 보호 받을 수 없는 결점을 가지고 있는데 이런 결점을 보완시켜주는 용도로 사용된다. 건물의 창, 건물의 내장용, 현관문, 각종 칸막이 등에 이용된다.
- 한 면에 각종 무늬 모양이 있는 유리로서 모양의 종류에 따라 다이아형, 주름형 등

그림 13.1 • 보통 판유리

그림 13.2 • 무늬 유리

그림 13.3 • 접합 유리

그림 13.4 • 강화 유리

의 명칭이 있다.

(5) 접합유리

- 두 장의 유리사이에 탄성율이 높은 유기 접착필름으로 접합시키고 가압, 가열하여 한 개의 판유리로 접합시킨 제품이다. 장수를 많이 겹치면 방탄 유리로도 쓰며 은행, 귀중품 진열창 등에 쓴다.
- 접합에 사용된 필름은 외부충격을 흡수하고 파손되어도 사고를 방지해 주며 방음 효과도 가지고 있다.

(6) 강화유리 (열처리 유리)

- 보통 판유리와 광낸 유리를 열처리하여 강화시킨 것으로 평면 강화 유리와 곡면 강화 유리가 있다.

(7) 복층유리 (Pair glass)

- 두 장 또는 세 장의 판유리를 일정한 간격을 두고 겹치고 그 주변을 금속테로 감싸 붙여 내부의 공기를 빼고 청정한 완전 건조 공기를 봉입한 것
- 단열성, 차음성이 좋고, 또 결로가 생기지 않음
- 강화 유리와 같이 제품을 절단해 쓸 수 없으므로 미리 이 점을 고려할 필요가 있음

(8) 색유리

- 건물내부로 들어오는 태양열과 빛을 차단시키는 역할을 함
- 착색제를 넣어서 만든 것

(9) 망입유리

- 유리내부에 금속망을 삽입하고 압착성형한 유리

그림 13.5 •복층 유리

그림 13.6 • 색유리

그림 13.7 •망입유리

그림 13.8 • 로이유리

- 깨어지는 경우에 파편이 튀지 않고 연소 방지
- 엘리베이터문, 위험물 취급소, 비상통로의 창

(10) 로이유리

- 로이유리는 하드로이와 소프트로이로 구분된다.
- 하드로이는 유리 제조과정 중 열분해 코팅법으로 금속이온을 함유한 유기화합물을 스프레이 코팅 한 것이고 소프트로이는 진공상태에서 이온 스파터링 공법으로 은막과 이 은막을 보호하기위한 보호막으로 구성된 다층구조의 금속코팅을 한 것이다.

13.3 창호공사 개요

13.3.1 창호공사란?

(1) 정의

창호공사는 건물 내부를 외부와 차단시키기 위해 개구부에 설치되는 각종 창이나 문을 말하며 종류는 목재창호, 플라스틱 창호, 알루미늄 창호, 강제창호 등이 있다.

(2) 요구성능

① 내풍압성

- 최대풍속에 안전 중앙부의 최대변위가 틀 안목칫수의 1/70이하 압력을 제거한 후 잔류변형 없어야 함

② 기밀성

- 기밀재를 사용하는 정도가 통기량 좌우 기밀재의 적절한 선택해야 한다.

③ 수밀성

- 외부창호는 바람이 2초주기로 불때의 압력차를 이용하여 시험 10분동안 압력차를 창호 내외에 맥동한다.

④ 단열성

- 열관류저항치를 기준으로 측정, 적합한 재료와 정밀 시공한다.

⑤ 방음성

- 차음성을 표준상태로 환산하여 등급매긴다. 더욱 두꺼운 유리를 쓰거나 특수구조의 방음 및 2중 새시를 쓰면 방음성 향상한다.

⑥ 내구성

- 사용빈도가 많으므로 내구성에 대한 충분한 배려가 필요하다. 창호철물과 설치공사의 정확도와 큰 관련이 있다.

⑦ 미관성

- 창호는 건물전체의 미관을 좌우하는 중요한 부분이다. 건물전체의 매스와 사용하는 재료와의 균형이 조화를 이루어야한다.

⑧ 경제성

- 건축공사비의 중요한 부분을 차지하고 있다.

13.3.2 창호선택 시 고려사항

(1) 단열

- 창호를 선택할 때에는 단열특성이 우수한 제품을 고르는 것이 좋다. 우리나라는 4계절이 뚜렷하여 겨울에는 외부와의 온도차가 상당히 심하기 때문에 에너지가 밖으로 유출되는 경우가 많이 생긴다.
- 창호의 단열특성에 가장 많은 영향을 주는 것은 유리의 구조인데 낱장유리(단창)의 경우 복층유리에 비해 단열계수가 낮기 때문에 복층유리(이중창)를 선택하는 것이 훨씬 유리하다. 또한 복층유리는 단열 및 보온, 방음효과를 높혀주는 특성도 가지고 있다.

(2) 결로현상

- 창의 결로현상은 실내 공기중에 포함되어 있는 수증기가 유리창문이나 샤시 등 온도가 낮은 물체에 접하게 될 때 미세한 수증기가 물체의 표면에 부착되어 생기는 현상을 말한다.
- 유리창의 표면에 결로가 생기면 투시성이 방해를 받게 되며 특히 그 결로수가 벽면, 바닥, 커튼 등을 손상시켜 거주 환경을 훼손시키게 된다. 이를 방지하려면 유리 사이에 건조 공기를 밀폐상태로 봉입한 제품을 선택하는 것이 좋다.

(3) 복사현상

- 유리는 창문 면적의 80%이상을 차지하는 중요한 부분이다. 유리에 코팅 처리된 특수필름을 장착한 창호는 여름철에는 외부에서 유입되는 태양의 복사열을 차단하고 겨울에는 실내에서 발행하는 복사열의 누출을 방지하여 에너지 손실 없이 항상 일정한 실내 온도를 유지시켜 준다. 또한 자외선을 89% 이상 차단할 수 있어 가구, 커튼, 벽지 등이 변색되거나 수명이 단축되는 열화현상을 방지한다.

(4) 방음효과

- 몇몇 제품들 중에서는 공기보다 무겁고 인체에 해가 없는 불활성 기체인 아르곤가

스(Argon-gas)를 복층 유리에 주입하여 대류에 의한 열전달을 차단하고, 자외선을 흡수하며 음파를 감소시키기도 한다.

- 따라서 유리에 의한 열손실로 소리의 전달을 감소시켜 방음효과가 탁월하다. 덧붙여 가스를 주입한 창호는 단열, 방음효과도 함께 향상된다.

(5) 배수격실

- 전면의 격실에 누수현상을 방지하는 배수로가 설치되어 있어 창문 개폐 시에 유입된 물을 외부로 배출시킬 수 있어야 한다.

(6) 기타

- 튼튼하고 쉽게 고장 나지 않으며 형태가 휘어지거나 그리드(격자무늬)가 삐뚤어지지 않고 형태의 직각이 제대로 맞추어진 것을 선택해야 한다.

13.3.3 창호공사 시공

(a) 창호 운반

(b) 바닥평활도 확인작업

(c) 철물설치

(d) 창호 수직수평 확인작업

(e) 칼블록작업

(f) 창호 시공완료

그림 13.9 • 시공순서

13.4 창호의 종류

13.4.1 목재창호

(1) 정의

자연목재 그대로를 가공하여 만든 창호로 소재로는 가장 오래 접해온 것으로 친화력이 높다. 함수 율은 보통 13~18%를 유지해야 한다. 소재자체의 단열성 외에도 자연소재로서 주는 친화력, 다양한 목재적용을 통한 뛰어난 인테리어 효과와 가공이 용이하다. 내수성과 관련 근본적인 문제점이 있어 외장용으로는 무리가 있다.

(a) 플러시 문

(b) 양판 문

(c) 합판문

(d) 비늘살문

그림 13.10 • 목재창호의 종류

(2) 목재창호 시공순서

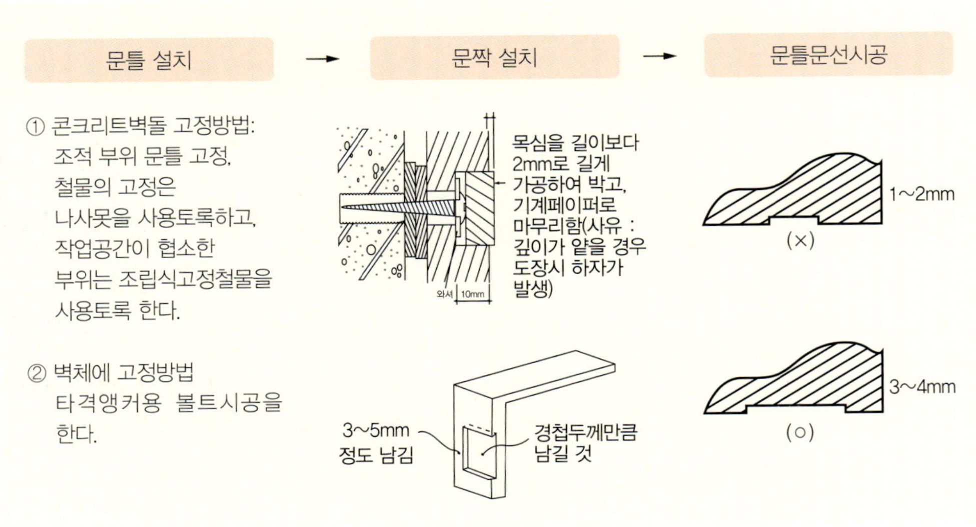

그림 13.11 • 목재창호 시공순서

(3) 목재창호 하자원인과 대책

표 13.1 • 하자원인과 대책

하자원인	대책
• 문짝의 뒤틀림 • 도어록 고장, 상태불량 • 꽂아쇠 누락 시공 • 도어 스토퍼 설치 불량, 탈락	• 자재 반입 시 건조증명서 및 함수율 확인 • 자재 표면 상태의 철저한 조사 및 해체 후 조사 확인 • 경첩 시공 부위, 문짝 맞추기, 도어록 시공 등의 정밀 시공

13.4.2 강재창호

(1) 정의

- 강재 자체의 구조적 안정성으로 저층의 쇼윈도부분 및 출입문의 스테인리스 강재 용도에 적용되는 것 외에 가공의 불편함 등으로 창호의 주재료는 적용하기 어렵다.
- 강재 창호는 공장에서 제작하여 현장에서 조립 설치한다. 종류는 여닫이 창, 미 서기문, 회전창, 철판 문, 셔터, 방화문 등이 있다.

• 중량이 무거우므로 고정하기가 힘들며 정착 철물을 이용하여 견고하게 고정하고 변동이 없도록 양생 철저히 한다

(2) 종류

표 13.2 • 강재창호의 종류

	창			문		
	명칭	형식	내용	명칭	형식	내용
일반용	여닫이창	외 · 쌍여닫이	·	여닫이문	스틸도어철판	양판플러시
	미서기	쌍 · 4짝미서기	행거식	미서기	쌍 · 4짝 미서기	행거식
	미닫이창	·	밑바퀴달기	미닫이문	외여닫이	밑바퀴달기
	오르내리창	상하 2장	추사용	앵글철판문	외 · 쌍여닫이	방풍용
	밸런스 오르내리창	상하 2장	추없음	자재 여닫이문	외 · 쌍여닫이	플로어힌지, 스프링힌지
특수용	미들창	·	새시바사용	셔터	방화용,경량	전 · 수동식
	들창	위정첩달기	새시바사용	주름문		방도용
	회전창	세 · 가로회전	·	회전문		방풍용
	젖힘창	안젖힘, 위바깥젖힘	·	아코디온문		칸막이용
				무테문		현관용
	붙박이창	·	·	방화문		방화구획용

(3) 시공

1) 강재창호제작

• ① 원척도 작성, ② 녹 떨기, ③ 변형 바로잡기, ④ 금 긋기, ⑤ 절단, ⑥ 구부리기, ⑦ 조립, ⑧ 용접, ⑨ 보강 및 방청처리, ⑩ 검사 및 양생

2) 강재창호설치

• ① 현장반입, ② 변형 바로잡기 및 검수, ③ 녹막이 칠, ④ 먹 매김, ⑤ 구멍파기 따내기, ⑥ 가설치 및 검사, ⑦ 문음발 고정, ⑧ 창문 틀 주위 모르타르 사춤, ⑨ 보양

(4) 방화문

• 강재창호의 단점으로 화재시 불에 약하기 때문에, 이에 대한 대안책으로 방화문 설

그림 13.12 • 방화문

치한다. 아파트 각 세대 출입문, 특별 피난계단, 엘리베이터 등의 출입문에 의무화 되어 있다.

- 갑종: 강제 뼈대에 두께 0.5mm이상의 강판을 양면에 붙인 것, 두께 1.5mm이상의 강판을 한 면에 붙인 것 외에 두께 3.5cm이상 철근콘크리트재이다.
- 을종 : 강제 뼈대에 두께 0.5mm이하의 강판을 양면에 붙인 것 두께 1.5mm이하의 강판을 한 면에 붙인 것 외에 두께 3.5cm이하 철근콘크리트재이다.

(5) 방화문 시공시 유의사항

- 수평기준먹줄에서 바닥 마감선의 구배를 고려한 적정높이 확인
- 문틀 수직수평, 전후면 기울기 확인
- 문틀 뒤틀림 확인
- 마감면을 고려하여, 용접부위는 문틀 중앙의 보강 철판으로 외부 노출되지 않도록 함
- 골조공사시 앵커철물 위치 및 수량 확인
- 문틀 앵커철물 용접 시 문틀 폭 고정대 설치 후 용접 (문틀 중앙부 배부름 방지)

13.4.3 알루미늄 창호

(1) 알루미늄창호의 설치

- 틀세우기 및 창호달기는 강재창호와 비슷, 양생은 세심한 주의해야한다.

- 앵커의 용접 시 용접 불꽃에 의한 알루미늄 또는 유리 표면에 흠, 얼룩 방지해야 한다.
- 모르타르로 충전은 0.02%이하까지 염분 제거하여 부식을 방지해야한다.
- 알루미늄은 전기 화학작용으로 부식이 생기므로 이질금속재와의 접촉을 피해야 한다.

(2) 알루미늄창호의 장단점

표 13.3 • 알루미늄창호의 장단점

하자원인	대책
• 비중이 철의 약 1/3으로 가벼워 건물의 지중을 감소시킨다. • 녹슬지 않고 사용연한이 길다. • 자유로운 공작과 빗물막이 기밀성 유리하다. • 여닫음 경쾌하다. • 방청성 경쾌감 미관 등이 우수하다.	• 스틸 새시에 비해 불에 약하고 강도 적다. • 염산, 초산 등의 무기산과 알카리에 약하다.

13.4.4 합성수지 창호

(1) 합성수지 창호의 설치

수직 · 수평 체크 →	창틀 고정 →	보양
• 목재 문틀에 준함 • 시공허용오차: 수직, 수평 3mm이내	• 이중창,단창의 개구부가 슬래브나 벽체에 면할 때: 스트롱 앵커 60mm 간격설치 • 벽돌면에 면할 때: 창틀에 고정철물을 피스로 고정, 간격은 이중창 단창이 폭1.5m이하일 경우 50cm 간격, 폭 1.5mch과 일경우 30cm간격	• 폴리 에틸렌 보양판 (두께 1.5mm이상),창틀–밑틀, 문틀–밑틀과 선틀에 설치도장 또는 마무리 공사 직전까지 설치 보양.문틀 고정시 앵커 철물 고정위치 • 앵커 철물 규격은 두께 1.6mm이상, 문틀고 골조면에 각 2개소 이상 고정

그림 13.13 • 합성수지 창호 시공순서

(2) 합성수지 창호의 장단점

표 13.3 • 알루미늄창호의 장단점

하자원인	대책
• 열전도율이 매우 낮음 (단열성이 좋음) • 밀폐성이 우수함 • 방수성 방음성 • 연탄가스나 해풍에도 강함	• 알루미늄 창호보다 무겁고 긴 스팬의 경우 약간의 처짐

13.4.5 시스템 창호

(1) 블라인드 내장형 시스템창호

- 우수한 단열성능을 가진 고 기밀성 단열창호
- 고층용 건축물의 강한 외풍에도 견딜 수 있는 우수한 구조강도
- 우수한 방음성능 및 방풍성능으로 안락한 실내공간 연출 가능
- 다양한 색상과 무늬로 실내 Interior 및 외부 Exterior 우수
- 커튼 월 에도 적용될 전망

그림 13.14 • 블라인드 내장형 시스템창호

(2) 미국식 시스템 창호

- 공간 활용을 극대화
- 부드러운 작동과 뛰어난 견고성
- 결로수 배출을 위한 혁신적인 구조의 프로파일 사용
- 규격/비규격 창의 제작이 가능
- 다양한 Frame개발로 다양한 주택에 접목

(a) 미닫이창 (Single slider)

(b) 오르내리기(Single hung)

(c) 중앙 고정창 (Center fixed)

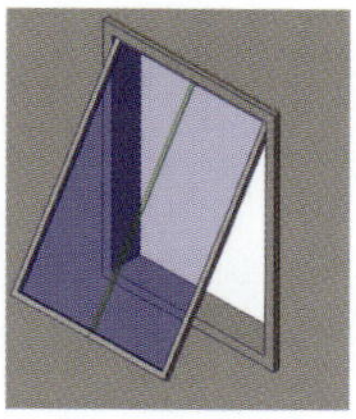

(d) 들 창(Awing)

그림 13.15 • 미국식 시스템 창호의 종류

(3) 독일식 시스템 창호

- 특수 소재와 구조로 인한 높은 단열성
- 개폐가 자유롭고 작동이 편리
- 뛰어난 기밀성으로 조용하고 쾌적한 실내 유지
- 다양한 색상과 무늬로 자유로운 인테리어 연출
- 장시간 사용으로도 휘어짐과 균열이 없는 높은 내구성

(a) One-second round

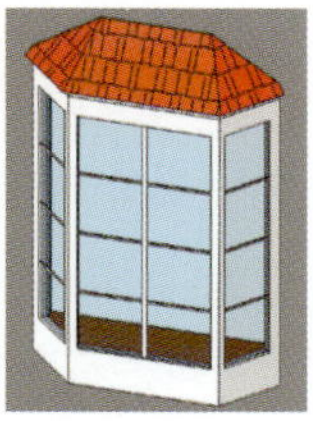

(b) Bay single hung

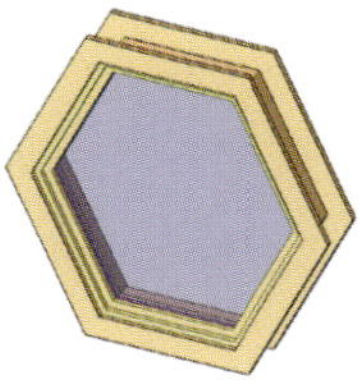

(c) Octagon

(d) Full round

그림 13.16 • 독일식 시스템 창호의 종류

13.4.6 발코니전용 창호

(1) 발코니전용 창호의 특징

- 발코니 창 특성에 맞도록 최적설계 해야 한다.
- 최외창을써 단열성, 방음성, 기밀성, 수밀성, 내풍압성이 우수하다.
- 창문의 내측에 목무늬(시트지 래핑) 적용, 확장형에도 사용할 수 있다.
- 발코니 전용제품이다.

(2) 발코니전용 창호의 5대 기능

① 단열 성능(시험 방법 : KS F 2278):

- 창의 재질, 사용하는 유리에 따라 단열재를 넣은 시멘트 벽체에 유사하거나 혹은 그 이상의 단열 성능이 구현되기 때문에, 발코니를 주거 공간으로 최적화하기 위해서는 단열 성능이 높고 열전도가 낮은 제품이 적합하다. 단열성은 총4개 등급으로써 숫자가 높을수록 유리하다.

② 방음 성능(시험방법 : KS F 2808):

- 방음 성능은 25,30,35,40등 총4개 등급으로써 숫자가 높을수록 우수하다. 옥외소음 70dB일 경우 사람이 소음으로 느끼기 때문에 방음 성능이 좋은 제품이 적합하다.

③ 기밀 성능(시험 방법 : KS F 2292):

- 기밀성능은 120,30,8,3 총4개 등급으로써 등급이 낮을수록 외부 압력에 의해 실내로 들어오는 공기량이 적음을 의미한다. 따라서 등급이 낮을수록 우수하다.

④ 수밀 성능(시험 방법 : KS F 2293):

- 창호 수밀성은 빗물 등이 실내 외 압력차이에 의해 실내로 유입되는 것을 방지하는 정도를 규정한다. 시험은 289Pa에서 분무가압하여 수밀성능을 평가하며 총 5개 등급으로 분류한다. 등급이 낮다는 것은 작은 압력으로도 쉽게 누수 되는 것을 의미한다.

⑤ 내풍압 성능(시험 방법 : KS F 2296):

- 내풍압 성능은 창호의 구조강도를 나타내는 것으로써 357등급이라 함은 창호에 최소 357kgf/m^{2}의 압력으로 가압을 했을 때 창문에 이상이 없음을 나타내는 것이다. 내풍압성능은 총 7개 등급으로써 숫자가 높을수록 우수하다.

연습문제

1. 유리의 요구성능에 대하여 설명하시오.
2. 유리의 종류에 대하여 나열하시오.
3. 접합유리란?
4. 복층유리란?
5. 창호공사의 요구성능에 대하여 설명하시오.
6. 결로현상이란?
7. 방화문 시공시 유의사항에 대하여 설명하시오.
8. 발코니전용 창호의 5대 기능에 대하여 설명하시오.

제14장 커튼월 공사

14.1 개요

14.1.1 커튼월 공사란?

(1) 정의

커트월이란 구조체의 뼈대 바깥쪽에 설치하는 얇은 벽체를 의미하는 용어로, 철근 콘크리트조, 철골조, 철골+철근콘크리트조 고층 건물의 기둥, 보, 바닥판으로 형성되는 골격 외부를 금속재 및 무기질 재료로 공간의 수직 방향으로 막는 하중을 받지 않는 비내력벽을 말한다.

(2) 커튼월 공사의 특성

① 공기의 단축효과

- 건물의 외피구조를 공장에서 생산하여 반입하는 프리패브(Pre-fabrication) 제품이므로 공사초기에 선행하여 착수할 경우 구조체가 완성되는 즉시 설치할 수 있으므로 전체 공기를 단축할 수 있다.

② 경량화

- 현장타설 콘크리트나 벽돌 등의 외장재에 비해 경량이어서 건물의 전체 무게를 줄일 수 있으며 부수적으로 구조관련 비용(기둥, 기초크기 감소등)을 줄일 수 있다.

③ 가설공사의 생략

- 커튼월의 설치는 건물의 내부에서 시공 가능하므로 외부비계를 생략할 수 있어 가설 공사비 절감 효과가 있다.

④ 고성능화

- 태풍, 지진, 직사광선, 외부소음 등 실내 환경에 영향을 미치는 외적 요인을 조절하고 차단하는 필터로서 조정기능이 탁월하며 특히 고층 건물에서 외부 환경영향 요인의 조절이 탁월하다.

그림 14.1 • 국내 커튼월

그림 14.2 • 해외 커튼월

⑤ 품질개선

- 현장 품질관리에 의존하던 기존의 방식과는 달리 공장 품질관리가 가능하므로 균일한 재료 또는 시공품질을 확보할 수 있다.

(3) 커튼월 공사의 역사 – 국내

- 국내에 커튼월이 처음 도입된 건물은 1964년 명동 성모병원 외벽공사
- 1970년대, 들어서 커튼월이 본격적으로 주목받기 시작
- 1980년대, 커튼월 건물 대표작 – 대한생명의 63빌딩

(4) 커튼월 공사의 역사 – 해외

- 1929년, New York 의 Empire State Building 신축공사에서 최초로 적용됨
- 1950년, 커튼월의 산업 표준이 출현함
- 1960년, 지속적인 연구 개발로 aluminum curtain wall은 꾸준한 발전을 하였고, 초기에 직면 하였던 기술적 문제들이 많이 해결되기 시작됨
- 1970년, 커튼월의 성능을 test 할 수 있는 performance standard가 세워졌으며 현재 광범위하게 사용되는 hard coat color paint finish등 새로운 제품과 공정이 개발됨
- 1980년, 세계적 경제 호황에 따라 대부분의 나라에서, 특히 아시아 각국에서도 랜드마크적 커튼월 빌딩을 신축하기 시작함

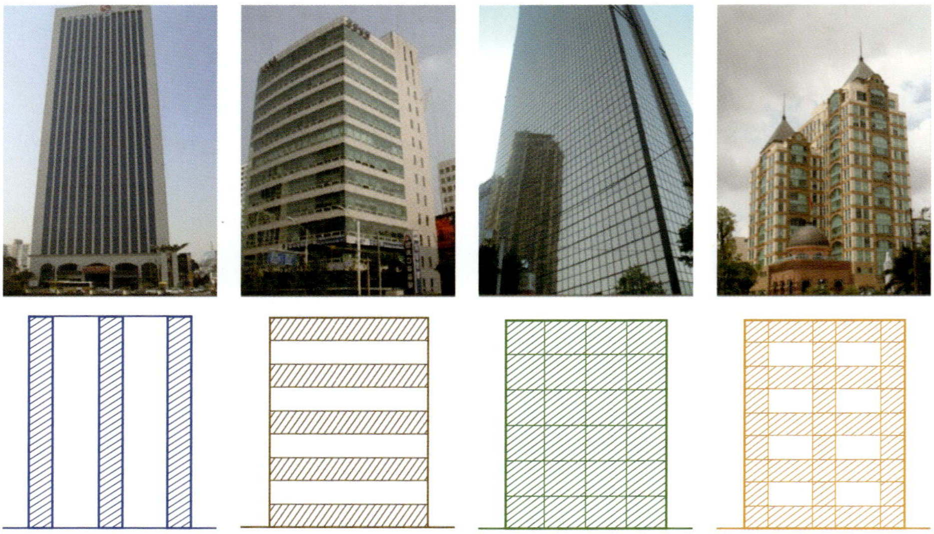

(a) Mullion type (b) Spandrel type (c) Sheathed type (d) Grid type

그림 14.3 • 커튼월의 외관에 의한 분류 개념과 시공사례

14.1.2 커튼월 분류방식

(1) 외관에 의한 분류

① Mullion Type: 수직기둥을 노출하여 그 사이에 Sash나 panel을 끼우는 방식

② Spandrel Type: 수평선을 강조하는 panel과 창의 조합으로 구성하는 방식

③ Sheathed Type: Sash나 panel안에 은폐되어 구조체가 외부에 보이지 않는 방식

④ Grid Type: 수직, 수평의 격자형 외관을 보여주는 방식

(2) 자재의 재질에 의한 분류

① 금속재 커튼월

- 유리와의 조화로 자아내는 아름다운 외관으로 인해 가장 광범위하게 사용

표 14.1 • 금속재 커튼월의 종류

강재 커튼월	스테인리스 커튼월
• 내식성이 우수함 • 공기가 짧으며, 경량화로 시공이 쉬움 • 가설공사가 간편함 • 공사비가 저렴하며, 성능이 높음	• 내후성이 특히 좋음 • 표면을 연마하면 반사경과 같은 효과 • 최근에는 다양한 색상의 컬러 스테인리스 강판도 많이 사용

(a) D.P.G 공법

(b) S.S.G 공법

그림 14.4 • 유리커튼월

표 14.2 • 유리커튼월의 장단점

강재 커튼월	스테인리스 커튼월
• 최대한으로 밝은 실내조성, 단순 명쾌한 입면 가능, 가볍고 경제적인 건축물 시공 가능, 다양한 색상과 기능의 유리재로 디자인 선택의 폭이 넓음	• 일광투과에 따른 실내변색, 고온조성, 일반유리의 경우 파손 시 안전문제 발생, 내화성 부족 (현재 다양한 유리재가 개발 中)

- 재질은 주로 강, 알루미늄, 스테인리스 등을 사용
- 표면에는 내후성이 높은 마감

② 유리 커튼월

- D.P.G. (Dot Point Glazing)공법: 유리에 특수 홀 가공을 한 후 볼트를 삽입하여 시공
- S.S.G. (Structual Sealant Glazing)공법: 실리콘 실링재를 이용하여, 유리와 구조체를 접착, 구조체 (bar)의 형태가 외부로 노출되지 않음

③ 프리캐스트 콘크리트 커튼월 (P.C. Curtain Wall)

- PC패널에 타일, 본타일, 석재패널을 붙여 마감처리
- GPC (Granite precast concrete): 석재부착 PC커튼월
- TPC (Tile precast concrete): 타일 부착한 PC커튼

그림 14.5 • 프리캐스트 콘크리트

(3) 구조방식에 의한 분류

① Mullion system

- 강성을 가진 멀리언(수직부재)을 슬래브나 보 등의 구조체에 부착하고, sash나 spandrel panel 등의 외장재를 멀리언에 부착하는 방식이다.
- 멀리언의 상단부는 패스너로 고정하고, 하단부는 하부 멀리언에 삽입하여 설치하는 방식으로 주로 금속재 커튼월에 많이 적용한다.

② Panel system

- 층높이 정도의 대형 패널 부재를 구조체에 부착하여 벽면을 구성하는 방식으로 벽 unit을 하나의 panel 로 공장에서 제작하여 현장반입 후 설치한다.
- 패널을 바닥판, 보, 기타의 구조체에 설치하고 이것에 새시등의 구성부재를 붙여 일체를 Unit로 하는 방식이다.
- 다양한 디자인이 가능하며 일반적으로 많이 사용한다.

③ Cover system

- 기둥형, 보형, 스팬드럴 패널, 새시 등을 구조체에 개별적으로 부착해 가는 방식
- 기둥형, 보형패널 방식: 기둥형 및 소형 패널을 구조체에 순차적으로 부착하는 방식
- 스팬드럴 패널 방식: 스팬드럴 패널 및 알루미늄 새시 등 횡패널을 구조체에 부착하는 방식

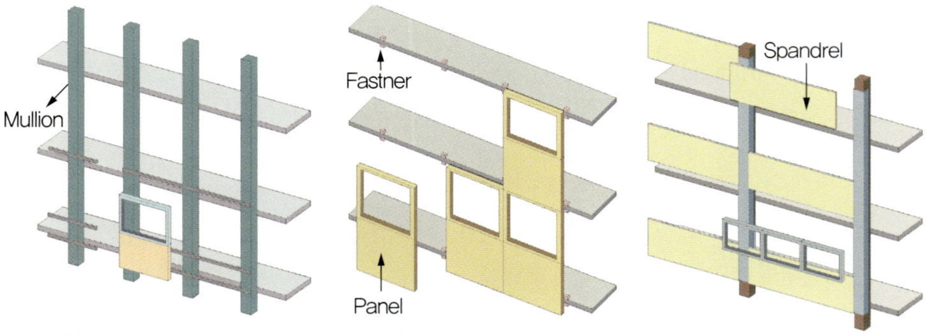

(a) Muillion system (b) Panel system (c) Cover system

그림 14.6 • 구조방식에 따른 분류

표 14.3 • 유닛월 공법의 장단점

장점	단점
• 조립점검이 용이한 공장에서 품질관리 • 현장에서 최소한의 조립으로 현장공기의 절감 • 내부 작업으로 인한 안전성 확보가능	• 운송과 저장의 어려움 • 현장 적치,보관의 어려움

표 14.4 • 스틱월 공법의 장단점

장점	단점
• 낮은 수송비 • 적은 부피로 현장보관에 용이	• 현장 조립량 증대로 품질관리의 어려움

(4) 조립방식에 의한 분류

① Unit Wall Method

- 공장에서 1~2개층 단위로 완전히 조립된 벽체 유닛을 현장으로 반입하여 부착하는 방식이다. 대부분의 패널에 의한 커튼월은 유닛방식에 해당되며 패스너 설치 후 패널을 부착한다.

② Stick Wall Method

- 커튼월의 수직부재와 수평부재를 가공하여 현장에서 조립하는 공법이다.

표 14.5 • Stick System과 Unit System의 비교

방식	Stick System	Unit System
설계	• 다양한 디자인이 가능하다.	• 디자인의 한계가 있다.
품질	• 가공을 제외한 조립, 설치가 현장에서 이뤄져 품질이 떨어진다.	• 공장에서 청결하게 가공, 조립까지 되기 때문에 품질이 우수하다.
운반	• 공장에서 가공되어 Bar나 패널 형태로 분리되어 운반, 운송이 용이하고 저렴하다.	• 완전히 조립된 유니트로 운송하므로 부피도 크고 비용도 많이 든다.
경제성	• 현장 인건비 부담, 상대적으로 경제적이다.	• 현장 인건비 절감
성능	• 성능발휘가 어렵다.	• 공장조립으로 품질 우수하다.
시공성 및 공기	• 현장조립은 시공을 번거롭게 만들고 공기가 인력에 의해 좌우된다.	• 공장조립으로 시공이 간편하고 공기단축에 유리하다.

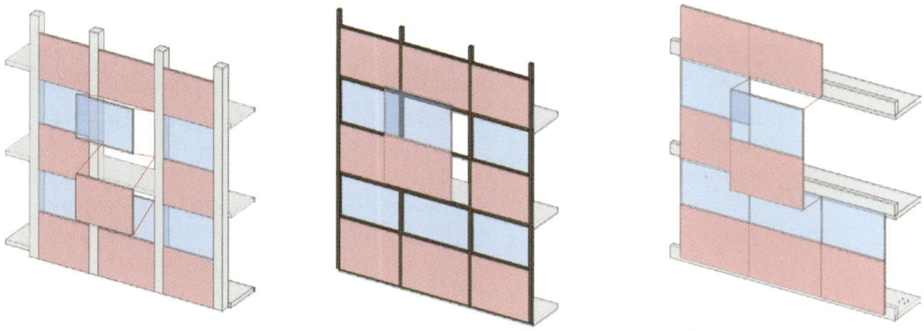

그림 14.7 • 조립방식에 따른 분류

③ Punched Window

- 전면 커튼월이 아닌 Vision part만 독립창으로 구성하는 방식으로, Vision part와 Spandrel part를 별도로 구성한다.

14.1.3 커튼월 구성부재

(1) 커튼월 부재

① 멀리언(mullion)

- 건물의 층과 층 사이에 수직으로 설치되어 커튼월에 가해지는 풍하중 등을 슬래브에 전달하는 커튼월의 주 구조부재이다.

② 트랜섬(transom)

- 수평부재로, 멀리언과 멀리언을 수평으로 연결하는 구조부재이다.

③ 스팬드럴 패널(spandrel panel)

- 커튼월의 창호와 창호 사이의 조망이 필요하지 않는 부분에 설치되는 패널로 주로 알루미늄 복합 패널 또는 석재 등의 재료가 설치되고 내부는 뒤판(back panel)이 설치 된다.

④ 비젼(vision)

- 채광과 전망 등의 역학을 하는 유리가 설치되는 부분이다.

⑤ 새시(sash)

- 패널 시스템, 또는 기둥커버 스팬드럴 시스템에서 비젼 부분에 설치하는 창호

⑥ 스택 조인트(stack joint)

- 커튼월의 수직부재 연결이 이루어지는 슬래브 위 약 1m 높이. 이것을 설치함으로써 정모멘트와 부모멘트가 비슷한 크기가 될 수 있으므로 수직부재를 경제적으로 설계 할 수 있다.

⑦ 정형 실링재

- 탄성이 큰 고무질계. 반발 탄성으로 물의 침투를 방지한다.

⑧ 부정형 실링재

- 백업(back-up)재, 매스킹 테이프, 청소재, 프라이머 등 2면 접착. 깊이는 폭의 1/2~2/3으로 한다. 줄눈 폭은 커튼월 부재의 정밀도 및 거동을 고려하여 20mm 이상으로 한다.

⑨ 기타

- 본체의 각부에 부착하는 부속재(끼움재, 클립, 핀, 걸레받이, 커튼박스 등)와 단열재, 내화피복재, 화염방지용 재료 등이 있다.

(2) 패스너(fastener)

- 외벽 커튼월과 골조를 긴결하는 중요한 부품이다. 커튼월에 가해지는 외력을 지탱하므로 충분한 강도가 요구된다. 골조에 직접 설치되는 1차 패스너와 커튼월 본체와 1차 패스너 사이에 현장 시공 오차를 조정하기 위하여 설치하는 2치 패스너가 있다. 층간변위가 큰 철골조에서 횡력이 작용할 때 건물의 변형에 추종할 수 있어야 한다. 현장공사의 오차와 부재의 열팽창 등을 흡수할 수 있어야 한다.

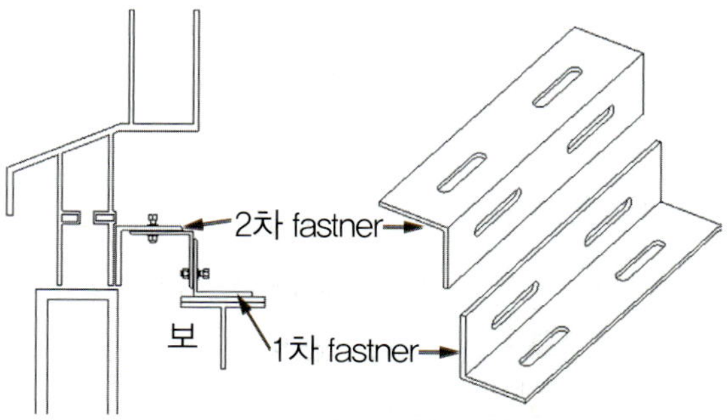

그림 14.8 • 1차, 2차 패스너

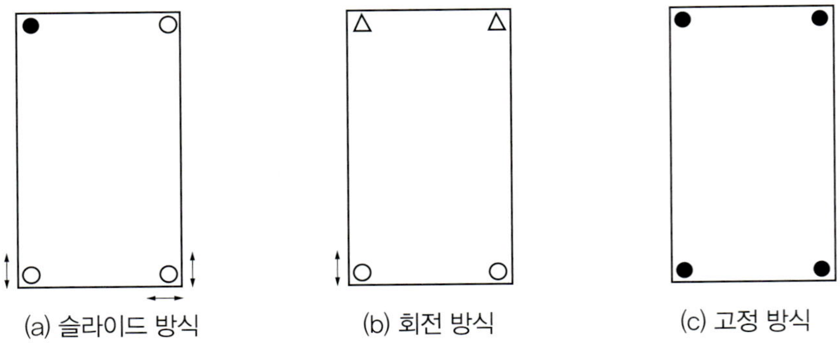

그림 14.9 • 패스너 설치방법에 따른 분류

- 1차 fastener: 골조에 직접 설치하는 fastener
- 2차 fastener: Curtain wall 본체와 1차 fastener 사이에 현장 공사 오차를 조정하기 위해 설치하는 연결재

① 슬라이드 방식

- 커튼월 유닛 상부를 지지단 (일단은 고정단, 일단은 루즈단)으로 하고 하부는 상하 좌우 자유인 슬라이드 단으로 하여 변위에 추종하는 방식이다.

② 회전 방식

- 커튼월 유닛 상부(지지단)에 핀 패스너를 채용하고 하부는 상하자유인 루즈단 방식이며, 비교적 시공이 간단하다.

③ 고정 방식

- 모든 패스너를 고정하고 변위는 커튼월 유닛의 변형으로 흡수하는 방식이다. 유닛 간의 줄눈재에 무리한 변형이 거의 없고 슬라이드 방식에서 필요한 다양한 패스너를 필요로 하지 않는다.

14.1.4 커튼월 시험

(1) Wind tunnel test (풍동시험)

- 건물 준공 후에 나타날 문제점의 파악과 설계에 반영할 목적으로 600m 반경의 지형과 건물배치를 축적모형으로 만들어 원형 table의 풍동내에 10~15년 또는 100년간의 최대 풍속을 가하여 실험하는 것을 말한다.
- 신축하고자 하는 건물과 주변 조건을 동일하게 축소 모형을 제작하여 시험하여 정확한 풍력 계수 및 풍하중을 구체적으로 유추할 수 있다. 이를 신축건물 설계에 반

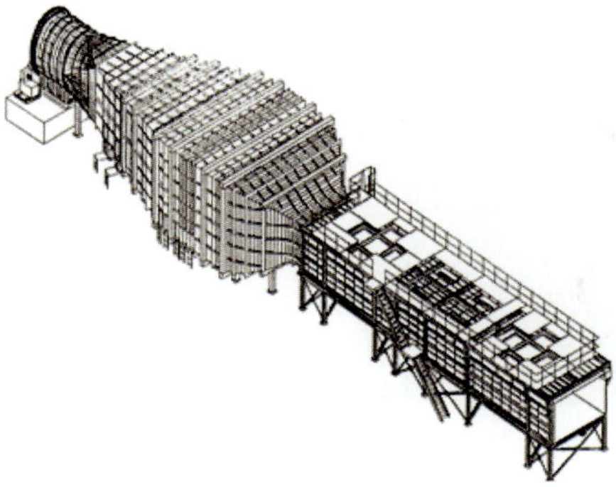

그림 14.10 • 풍동시험

영하여 안전성 확보 및 경제적 설계가 가능하며 주변 환경에 미치는 피해를 최소화할 수 있다.

(2) Mock-up test (실물모형시험)

- 외벽을 형성하는 Curtain wall은 바람, 우수 등 자연의 기후조건 및 주변여건에 충분히 견딜수 있도록 설계, 제작, 시공되어야 한다. Mock-up test는 풍동시험을 근거로 설계한 실물모형을 만들어 건축예정지의 최악 외기 조건으로 Curtain wall의 변위측정, 온도변화에 따른 변형, 누수, 형상, 줄눈 등의 검토와 창호의 열손실을 시험하는 것이다.

① 기대효과

- 현장과 같은 환경조건에서의 외벽성능의 평가가 된다.
- 설계된 도면에 대한 설치 절차의 확인 및 시공관련 문제점의 검토 기회 제공한다.
- 설계도면상 검토가 불가능한 부분에 대하여 사전 설계 보완이 가능하다.
- Test를 통하여 외벽전체 시스템에 대하여 발주처의 공식적 승인 절차로 된다.
- 커튼월 전문업체 : 설계개선, 기술축적의 계기가 된다.

② 시험의 종류

- 기밀성능시험: 누기되는 공기량 측정 테스트
- 수밀성능시험: 누수발생 여부 테스트
- 구조성능시험: 압력으로 부재 앞,뒤 변위량 측정 테스트
- 층간변위시험: 부재 좌우측 변위량 측정 테스트
- 열순환시험: 결로 발생 테스트

그림 14.11 • 동압수밀시험

그림 14.12 • 정압수밀시험

그림 14.13 • 구조성능시험

그림 14.14 • 층간변위시험

1) 동압수밀시험

- 비행기 엔진 또는 커다란 프로펠러로 바람을 발생시켜 누수 여부를 확인한다.

2) 정압수밀시험

- 시험체에 정풍압 20%의 압력조건으로 15분 동안 3.4L/min.m^{2}의 물을 분사하여 시험체에서 누수가 발생하는 지를 확인한다.

3) 구조성능시험

- 시험체가 설치된 Structural Wall의 내외부 압력차를 일정하게 유지하면서 주요 부재의 변위량을 측정하는 시험한다. 설계 풍하중의 ±50% 또는 ±100%의 압력을 10초간 시행한다. 부재의 영구 변위량을 확인할 때는 설계 풍하중의 ±75% 또는 ±150%의 압력을 시험체에 가한다. 처짐 발생시 디자인 변경 검토 한다.

4) 층간변위시험

- 층간변위시험은 커튼월이나 외벽 등이 지진이나 풍압에 의해 구조체에 횡변위

그림 14.15 • 열순환시험

가 유발될 때, 그 구조적 안정성을 검토하는 시험한다.

5) 열순환시험

- 냉온열 순환 사이클을 적용한 후 외벽 시스템이 적절한 성능 조건을 유지할 수 있는지에 대해 평가하기 위함이며 주요 평가사항은 극한 상태의 실내외 온습도 환경이 주어진 상태에서의 커튼월 부재의 결로, 비틀림, 접합부위 이완 등의 변형 조건을 확인한다.

14.2 시공시 유의사항

(1) 빗물 침입원인 및 대책

표 14.8 • 빗물침입 원인 및 대책

우수침입 경로		대 책
중력	• 줄눈내에 밑으로 향하는 경로가 있으면 우수는 그 자중으로 침입한다. 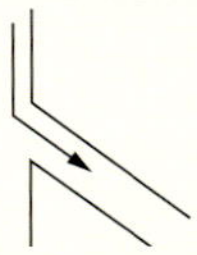	• 경사를 상부로 향하게 한다. • 물막음 높이를 높여서 설치한다. 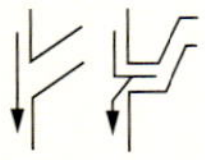
표면장력	• 표면에서 전해져 줄눈 내부로 침투한다. 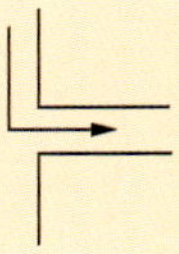	• 물 끊기를 설치한다. 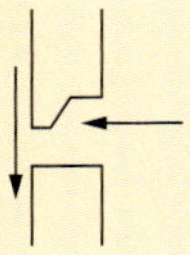
모세관 현상	• 폭 0.5m/m 이하의 틈으로 내부로 물을 흡입하는 힘이 작용되어 물이 침입한다. 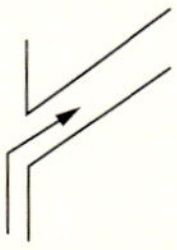	• 줄눈 안쪽에 넓은 AIR POCKET 공간을 설치한다. • 틈새를 넓게 한다. 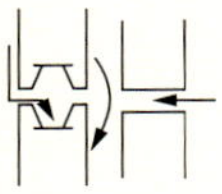
운동에너지	• 풍속 등에 의하여 물방울이 갖고 있는 운동에너지에 의해 틈새 내부까지 침투한다. 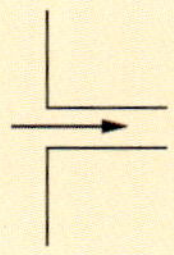	• 운동 에너지를 없애기 위해 미로를 만든다. 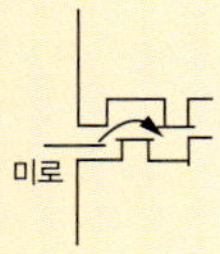
기압차	• 건물의 내외에 생기는 기압차에 의해서 공기의 이동과 같이 침입한다. 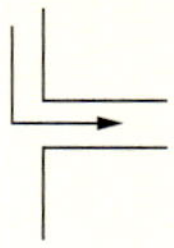	• 외부의 기압과 줄눈 내부의 기압의 차이를 없앤다. 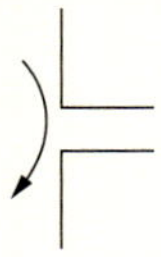

(2) 누수방지대책

① 등압이론 (Pressure equalization theory)

• 커튼월 패널 내부에 외부 공기압이 유입되게 함으로써 내외부를 동일한 정도의 압력상태(등압상태)로 유지시킨다. 이때 형성되는 등압으로 인하여 외부의 빗물이 패널 내부로 들어가지 않고, 침투한 빗물도 중력에 의하여 하부로 흐른 뒤 외부로 흘러가게 된다.

- 등압공간을 형성하여 공간의 누수한계 압력차 이내의 기압을 유지하여 결과적으로 수밀성능을 유지한다.
- 일반적으로 외부와 내부의 압력차가 같아질 수 있도록 구멍 (hole)을 설치한다.
- 등압이론에 기초한 이 구조의 장점은 높은 우수침투 방지효과를 얻을 수 있고, 최초 시공한 방수효과가 감소됨이 없이 장기간 안정된 우수침투 방지효과를 얻을 수 있다.

② Closed joint

- 커튼월 unit의 접합부를 실링재로 충진해서 완전히 밀폐시켜 틈을 없앰으로써 처리하는 방식 누수의 원인 중 하나인 틈새를 없애는 것을 목적이다.
- 누수를 외측면에서 차단하여 소재의 수명연장
- 실링재, 부재 내측면 내후성 증가
- 국내에서 주로 채택 (중, 고층 적합)
- 외부: 치오콜, 실리콘 사용
- 내부: 네오프렌 피막 스폰지, 발포고무 사용
- 외부 누수에 대비하여 내부에 배수구 설치

③ Open Joint

- 벽의 외측면과 내측면 사이에 공간을 두어 옥외의 기압과 같은 기압을 유지하게 하여 배수하는 방식. 물을 이동시키는 압력차를 없애는 등압이론을 이용한 방식이다.
- 기밀층(공기층)은 풍압에 충분히 견딜 수 있는 구조
- 표면재의 내측에 기압을 생기게 하기 위해 내벽은 기밀유지
- 외벽에 물끊기를 설치하면 더욱 효과적
- 국내 적용 실적이 적다. (초고층 건물)

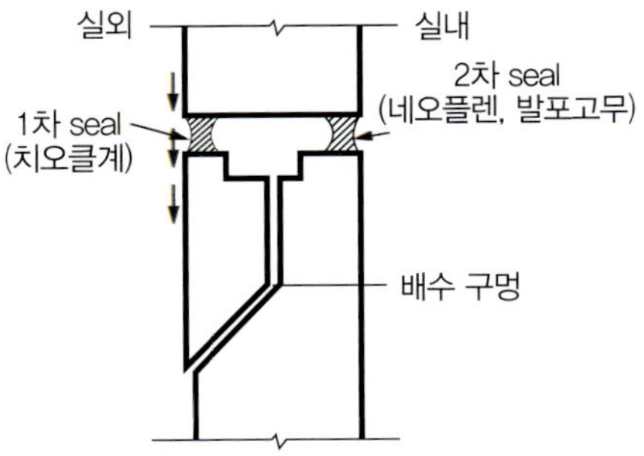

그림 14.16 • Closed joint

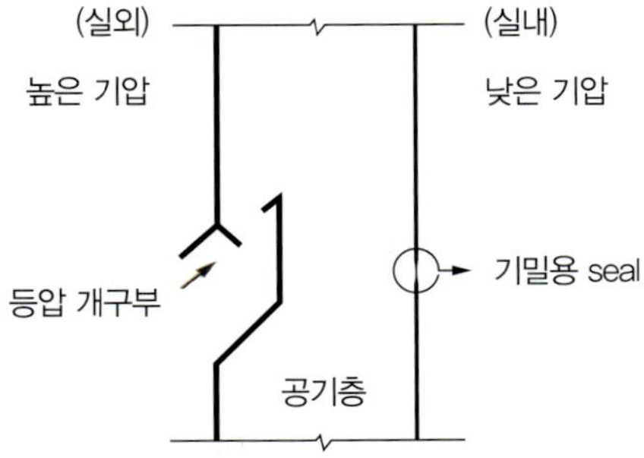

그림 14.17 • Open Joint

연습문제

1. 커튼월 공사의 특성은?

2. 커튼월 공사를 외관에 의해 분류하여 설명하시오.

3 멀리언 시스템이란?

4. 스틱월과 유닛월 시스템을 비교하시오.

5. 패스너에 대하여 설명하시오.

6. 풍동시험에 대하여 설명하시오.

7. 정압 및 동압수밀시험의 차이점에 대하여 설명하시오.

8. 빗물 침입원인 및 대책에 대하여 설명하시오.

9. 등압이론이란?

10. Closed joint와 Open joint의 차이점에 대하여 설명하시오.

제15장 지붕 공사

15.1 개요

(1) 지붕재료의 요구사항

지붕에 대한 일반적인 성능 요구사항은 아래와 같으며 관련 법규, 건물의 용도 등을 고려하여 이를 적절하게 반영하여 시공해야 한다.

① 수밀성

- 지붕은 넘치거나 흘러내리는 것을 고려하여 지붕재료를 겹치도록 하거나 후레싱을 설치하며 건물 내부로 물의 침투를 허용하지 않도록 한다.

② 내풍압 성능

- 지붕은 국토교통부 고시 건축구조기준에 명시된 설계 풍하중 등 설계하중을 적용하였을 때 설계하중에 저항할 수 있도록 설계 및 시공되어야 한다.

③ 열변위

- 금속재료로 설계된 지붕(금속판 및 금속패널, 금속절판 지붕)은 주변 및 금속 표면에 최대 온도변화로부터 발생하는 열변위를 고려한다. 태양열 취득 및 밤의 열 손실에 따른 재료의 표면 온도에 관한 기본적인 설계 계산을 하여야 한다.

④ 단열성능

- 지붕은 국토교통부령 건축물의 설비기준 등에 관한 규칙 및 국토교통부 고시 건축물 에너지절약설계기준에 명시된 단열성능을 갖도록 설계 및 시공되어야 한다.

⑤ 내화 성능

- 건축관련 법규에서 정하는 용도의 건물의 지붕 중 내화구조가 아닌 지붕은 건축물의 피난방화구조 등의 기준에 관한 규칙의 별표 1에 정하는 내화 성능을 갖도록 설계 및 시공되어야 한다.

⑥ 방화에 지장이 없는 재료의 사용

- 건축관련 법규에서 정하는 용도의 건물의 지붕 마감 재료는 방화에 지장이 없는 준불연재 이상의 재료를 사용하여야 한다.

⑦ 차음 성능

- 지붕은 외부 발생 소음원과 실내허용 소음치를 고려하여 적절한 차음 성능을 갖도록 설계 및 시공되어야 한다.

(2) 공사계획 시 고려사항

공사계획 시 아래의 사항을 검토한 후 재료 및 시공법을 결정한다. 또한 시공계획서 및 시방서에 기술한 후 시공을 실시한다.

- 지붕의 형상, 배치 및 외관
- 건물의 용도 및 규모
- 구체의 종류, 평면형, 지붕재의 종류/형상/치수/성질
- 입지조건(경관, 주변건물 등), 환경조건(강우, 강설량 등)
- 물리, 화학적 성능(차음, 단열, 채광, 열화 등)
- 법령에 의한 규제(경관, 재료, 방풍, 내화 등)

15.2 지붕 재료

15.2.1 지붕재의 종류와 특징

(1) 아스팔트 싱글

- 아스팔트 싱글은 특수 아스팔트 사이에 강한 섬유유리(Fiberglass)나 종이매트(PaperMat) 넣어 만든 것으로, 바깥표면을 채색된 돌 입자로 코팅해 색상을 내어 다양한 외관을 연출하는 지붕재이다.
- 기와에 비해 무게가 1/5밖에 되지 않아 건축물에 하중으로 인한 부담을 전혀 주지 않고 시공 또한 간편하다. 그리고 자재가 가볍고 유연하기 때문에 시공에 하자만 없다면 지진이나 강풍으로 인한 충격에도 끄떡없다.

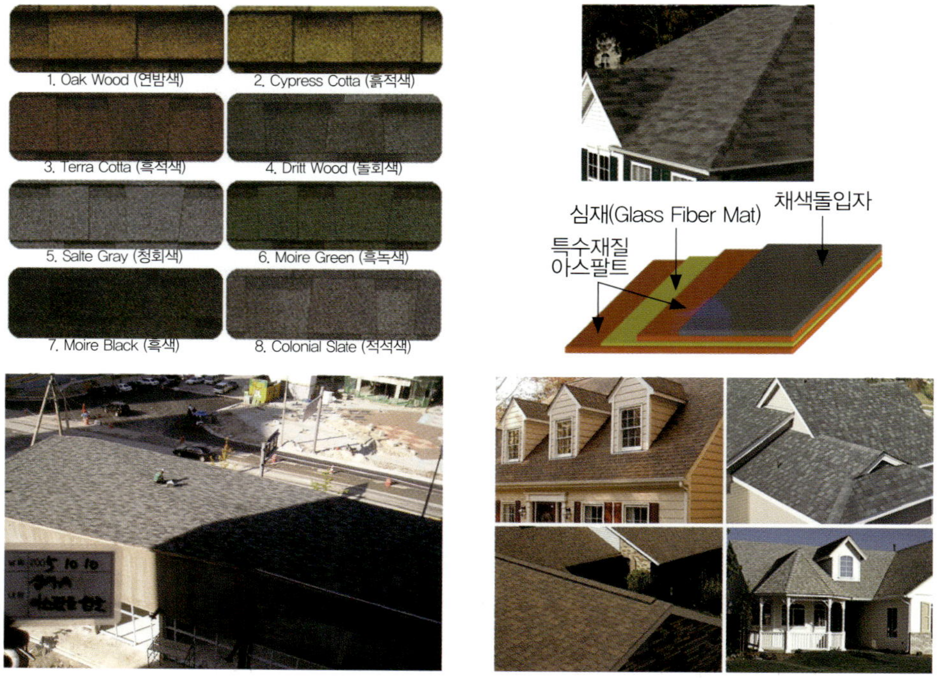

그림 15.1 • 아스팔트 싱글

(a) 미술관

(b) 극장

(c) 체육관

(d) 일본 : 오사카시

그림 15.2 • 스테인레스

- 아스팔트 싱글은 대부분을 수입에 의존하고 있는데 주로 미국, 캐나다, 이탈리아, 노르웨이, 핀란드 등 여러 국가에서 들어온다.

(2) 스테인레스

- 내식성이 뛰어나고, 산화작용 및 부식을 방지한다.
- 내열성, 저온강도, 상온가공성 및 기계적 성질이 우수하다.
- 변색이 없고, 고급스런 이미지로 현대적인 건축물의 지붕재료이다.

(3) 동판

- 경제성과 디자인에 있어서 다양한 활용성을 가진다.
- 주위환경과 친화력이 뛰어나고, 환경에 따른 변화의 다양성이 있다.
- 수명이 영구적이며, 부식이 강하다. 뛰어난 유연성으로 작업이 용이하다.

(4) 금속기와

- 지붕재: 알루미늄, 아연합금으로 도금된 강판을 사용한다.
- 내구성, 내열성이 매우 뛰어나다.

(a) 녹청산화동판 납동판

(b) 아연동판

그림 15.3 • 동판

(a) 녹청산화동판 납동판

(b) 아연동판

그림 15.4 • 금속기와

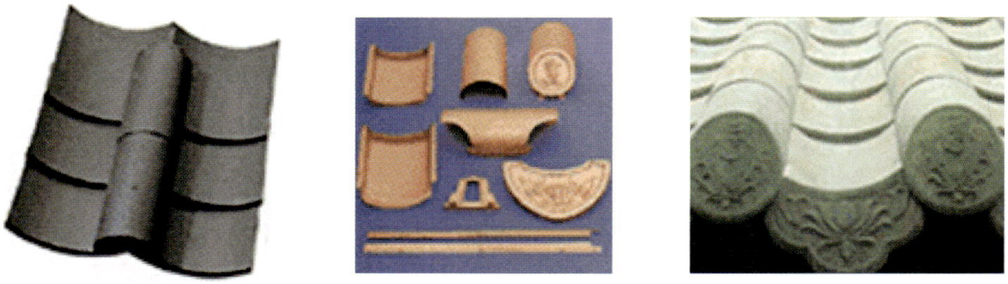

그림 15.5 • 한식기와

(5) 한식기와

- 고풍적인 고전미가 흐르는 전통의 아름다움 간직한다.
- 온도와 습도 등의 기후변화에 가장 오래 견딘다.

(a) 한식기와　　(b) 일식기와　　(c) 양식기와

그림 15.6 • 기와잇기 종류

15.2.2 지붕공사 시공

(1) 기와잇기

- 내구방화방수차음단열성능 우수하며, 공사가 쉽고 수리도 간단하다.
- 다른 재료에 비하여 무겁고, 내진상 불리한 단점이 있다.

(2) 슬레이트 잇기

① 천연슬레이트 잇기

- 흡수율 적고 잘 쪼개진다.
- 바탕을 평탄히 하지 않으면 지붕 위에 적은 중량을 가해도 깨질 우려가 있다.

② 석면 슬레이트 잇기

- 내화, 내구, 내수성이 뛰어나며, 시공이 간편하지만, 휨강도는 크지만 유연성이 부족하기 때문에 충격으로 파손되기 쉽다.

(3) 금속판 잇기

- 다른 재료에 비해 가벼워 시공이 쉽다.
- 겹침의 두께가 작으며, 물매를 완만하게 할 수 있음
- 열전도가 크고 온도변화에 의한 신축이 크며, 대기 중에 장기간 노출되면 산화한다.
- 염류나 가스에 부식되기 쉬움

15.2.3 홈통의 종류

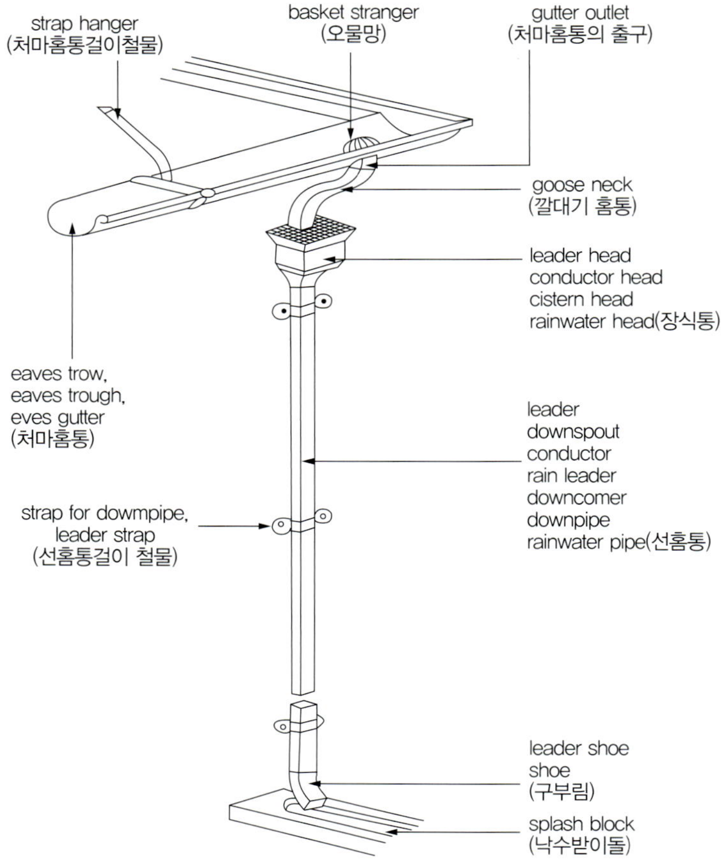

그림 15.7 • 홈통의 각부 명칭

표 15.1 • 홈통 각 부의 정의

분 류	정 의
처마홈통	• 처마 끝에 설치한 홈통
깔대기 홈통	• 처마홈통에서 선홈통까지 연결
장식통	• 우수의 넘쳐흐름 방지 • 우수의 방향전환 • 장식 역할 • 깔대기 홈통과 선홈통의 연결 역할
선홈통	• 선홈통 하부에는 낙수받이 돌을 댐

연습문제

1. 지붕재료의 요구사항에 대하여 설명하시오.
2. 처마홈통이란?
3. 깔대기 홈통이란?
4. 장식통의 역할에 대하여 설명하시오.

제16장 수장공사

16.1 종류 및 특성

(1) 정의

수장공사는 미장공사 위의 마감작업이나 실내의 마무리 공사 및 건식 공법의 공사 일체를 일컫는다. 또한, 수장공사는 건물의 최종마무리 단계로서 준공 후에 눈에 직접적으로 띄게 되는 부분이다. 따라서, 수장공사의 마무리 정도가 그대로 건물 전체의 평가에 연관되는 기능성이 있으므로 신중한 설계 및 시공이 요구된다.

그림 16.1 • 장판비닐시트

16.1.1 바닥 수장공사

(1) 장판비닐시트

① 바닥깔기 단면

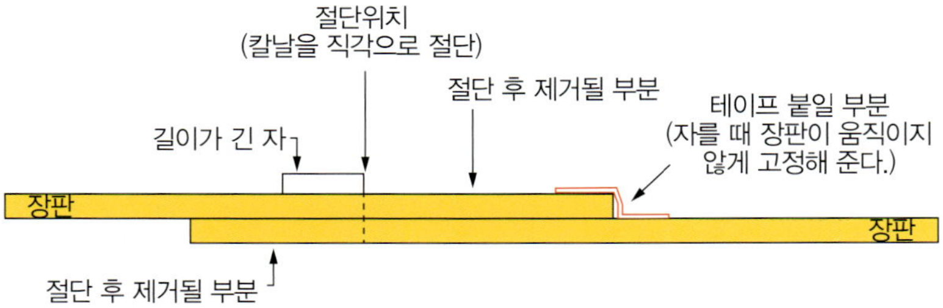

그림 16.2 • 바닥깔기 단면

② 시공흐름

바닥청소	• 시공전 1~2주 전부터 난방을 실시하여 바닥습기 제거 • 모래, 먼지 등 이물질 제거 • 균열부위는 바닥보수재로 평활하게 메움 • 니스, 페이트, 락카, 왁스 등은 오염물질 제거 및 오염방지 테이프 부착
↓ 접착재바르기	• 경보행용은 부분접착, 중보행용은 전면부착 실시 • 들뜬 부위 없이 압착시공 • 표면에 접착제 오염시 건조전에는 물로, 경화후에는 알코올 사용 • 용착제는 건조될 때까지 2~3시간 밟거나 때가 묻지 않도록 주의
↓ 비닐시트 깔기	
↓ 보양	• 시공후 중량물을 끌면 상재가 밀려 하자 발생 • 폴리에틸렌 비닐 등으로 보양 • 중보행 예상지역이나 중량물 이동지역은 별도 보양

그림 16.3 • 장판비닐시트의 시공흐름

(3) 마루판

① 시공흐름

바닥청소	• 이물질 완전히 제거 후 바닥면 평탄 작업 실시 • 바닥 모서리 부분의 경우 이물질이 많고, 높낮이가 차이가 있어 시공 하자의 원인이 되므로 그라인딩 정지작업 실시 • 그라인더로 발생되는 먼지로부터 마감상태를 보호할 수 있는 보양작업을 작업 전 실시 후 바닥 크랙보수 및 설비 누수여부 확인
↓ 가배열	• 시공전 가배열하여 현장 조건에 맞도록 수정
↓ 재단 및 깔기	• 재단 작업시 벽면의 굴곡에 따라 제품의 재단면이 충분히 밀착될 수 있도록 톱으로 정밀한 재단작업 실시 • 바닥면의 굴곡에 따라 접착제 도포량을 조정하여 접착제와 마루판이 전체적으로 수평이 맞아 완전 밀착되어 접착될 수 있도록 함 • 결합부위가 완전히 밀착될 수 있도록 함 • 1열을 시공한 후 망치로 다짐 • 결레받이와 마루판 재단면이 완전 밀착될 수 있도록 함
↓ 보양	• 시공후 접착제가 완전 경화되기 까지는 사람의 보행 금지 • 난방은 시공 전 가동을 중지시키고 시공후 접착제가 완전히 경화된 후에 점차적으로 가동하며,

그림 16.4 • 마루판의 시공흐름

② 바닥깔기 시공

(a) 바닥청소 및 균열보수

(b) 접착제 도포

(c) 마루판 재단 및 깔기

(d) 솜망치 두들김

(e) 코킹작업 실시

(f) 보양

그림 16.5 • 바닥깔기 시공

(4) 하자원인 및 대책

표 16.1 • 하자원인 및 대책

분류	원인	대책
들뜸 및 주름	• 균열 및 균열보수 불량 • 바닥면의 습기 • 마감재 재단 불량	• 바닥 모르터면의 균열을 억제할 수 있는 방안으로는 물시멘트비를 최대한 낮추고 초기양생에 있어 습윤양생(보양포 덮기후 일정기간 물공급)등 고려 • 바탕면의 습기가 8%이상 되는 곳에 비닐장판을 설치하면 난방시 바탕면에 있는 습기가 기화되면서 부분적으로 주름이 지는 경우가 있으므로 시공전 바닥건조 상태의 확인이 중요 • 코너부위나 돌출부위에서의 재단 마감이 정확하지 않은 경우 주름이 잡히게 됨
오염 및 변색	• 보양불량 • 준공청소시 염산사용 • 접착본드이 불량 • 조인트면 접착후 보양판 미 시공 • 바탕면 이물질 (신나 휘발성 물질) • 온도배관부위 고열전달 • 바닥의 부패 유발물질(벽지풀등)이 접착제에 곰팡이 이전	• 보양은 바닥재 시공과 같이 걸레받이 끝부분까지 접착제는 각 비닐장판의 종류별로 사용 • 조인트 접착시에는 지정된 용착제를 사용, 조인트 접착후 즉시 보양판 씌움 • 시공할 바닥은 먼지, 니스 페인트, 기타 불순물 등을 완전히 제거한 후 시공 • 난방코일 적정깊이 묻힘
코너부위 들뜸 및 틈 발생	• 시공불량 • 코너부위 바탕마감 • 코너 청소불량	• 시공시 코너부위 철저한 마감 • 바닥미장 공사시 코너면 평활한 마감 • 바닥 청소시에 이물질 등이 코너 등으로 몰리게 되고 청소가 불량하면 바닥재 하자의 원인이 되므로 깨끗한 청소가 요구되고 가능하면 진공청소기 등을 이용함이 바람직함
장판지 얼룩 및 불규칙한 줄무늬 발생	• 바탕면의 건조 불충분 • 바탕면 균열 및 균열보수 불량	• 바탕면의 건조가 불충분하면 장판에 얼룩이 발생하게 되는 경우가 많으므로 바탕면을 충분히 건조한 후 장판도배공사 시행 • 바닥면의 균열 모양에 따라 선명한 선이 장판지에 발생되는 하자를 예방하기 위한 목적으로 균열보수를 하나, 적절치 못한 균열보수는 오히려 균열보수제 불량으로 인한 변색, 면처리 불량에 의한 돌출등의 하자를 유발시킴으로 균열보수는 각별한 주의를 요함
장판지 테두리 들뜸	• 방바닥 미장 불량 • 작업전 청소 불량	• 방바닥 바닥모르터 미장은 정확한 배합과 물시멘트비 준수 • 미장면의 부풀음이 있는 곳은 철저한 보수후 장판도배공사 착수 • 장판도배 공사전 바탕면 청소상태 확인 • 물 축인 톱밥 등을 이용 바닥의 먼지를 완전 제거
이색	• 제품결함 및 자재 • 사용 부적절	• 생산 일자가 동일한 제품사용 • 시공방향에 맞게 시공 – 시공전 자재 검수 철저

그림 16.6 • 엑세스 플로어 설치

(5) 액세스 플로어

- 전산실이나 크린룸 등에 사용되는 이중 바닥재를 일컬음.
- 전화선이나 전원 플러그 등을 설치하기 위해 선을 바닥에 깔고 그 위를 테이프로 마감하는 등의 기존의 바닥은 케이블관리가 불편함.
- 기존의 문제점
  - 미관상 좋지 않음.
  - 케이블이 손상을 입음.
  - 기기 이동 시 콘센트 박스 등을 재이동해야 함.
  - 누전에 의한 화재의 위험이 있음.

16.1.2 벽체 수장공사

(1) 정의

벽체는 기능적, 구조적으로 아래와 같이 분류하며 수장공사는 구조적 기능을 하지 않는 비내력벽을 구성하는 것을 말한다. 주로 경량벽체를 의미하며 ① 내부공간의 벽을 공

표 16.2 • 벽의 분류

분 류	벽의 종류	설 명
기능적	외벽	건물의 안과 밖을 구획한다.
	내벽	내부 공간을 구획한다.
구조적	내력벽	건물의 한 부분으로써 구조적 기능의 역할을 한다.
	비내력벽	구조적 기능을 하지 않는다.

장에서 제작하여 조립공구로 조립 및 설치한다 ② 작업을 단순화시키며 인력 절감과 공기 단축을 도모한다. ③ 자중감소를 위해 벽체를 경량화한다.

(2) 경량칸막이

- 공간의 활용성을 최대로 살려주며, 신속하고, 간편한 설치로 일반사무실 및 학원 상가에 널리 사용된다.
- 종류는 스터드, 석고보드 공법, 밤라이트 칸막이(경량칸막이), 나무라이트가 있다.
- 밤라이트 칸막이: 불연성능을 가지고 합판과 같은 시공성을 갖춘 품질이 우수한 판재로써 무기질 섬유와 시멘트 및 무기혼화제를 특수 배합 강력한 프레스로 강압하여 만든 판재류를 이용한다.
- 나무라이트: 밤라이트의 표면에 미려한 색상을 부여한 마감용 내장재이다. 댜양한 색상으로 별도의 마감재를 필요로 하지 않으며 밤라이트의 특성을 그대로 유지한다.

표 16.3 • 경량칸막이의 특징

특 징	설 명
경제성	• 반영구적인 미장재이며, 특히 나무라이트는 페인트나 벽지 등의 다른 마감용 재료가 추가로 소요되지 않으므로 경제적이다.
차음성	• 다른재료에 비해 치밀한 조직으로 이루어져 있기 때문에 우수하다.
내화성	• 주원료가 시멘트와 무기질 섬유로 구성되어 있는 불연 내장재이기 때문에 건물이 연소확산방지에 큰 역할을 한다.
강도성	• 10,000톤 프레스로 압축 제조되어 곡강도가 높고 유연성이 좋으며 충격에 매우 강하다.
시공성	• 합판과 같은 방법으로 시공할 수 있으며 일반 목공용 톱, 대패, 못 등으로 간편히 시공할 수 있다.
내후성	• 급격한 기후 변화에도 쉽게 갈라지거나 떨어져 나가지 않는다.
내부식성	• 썩거나 녹슬지않아 습기가 많은 가공공장, 저장고등의 내부용으로 좋다.

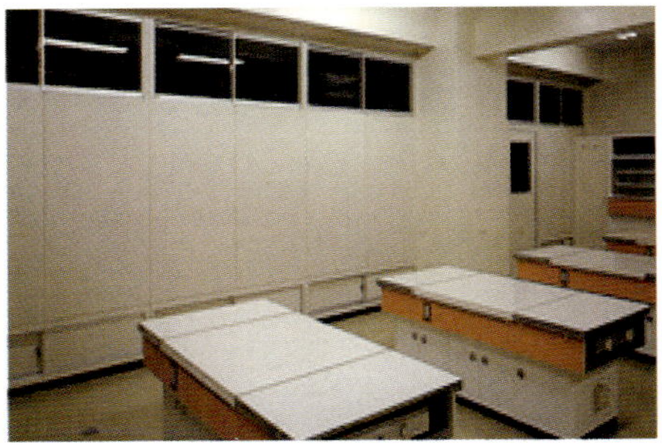

(a) 학원

(b) 회의실

(c) 오피스

(d) 사무실

그림 16.7 • 경량칸막이 시공사례

(3) S.G.P 칸막이

- S.G.P 크린판넬을 이용하며, 2장의 패널로서 심재로는 인화성, 단열성, 방음성이 우수한 불연 석고보드를 사용한다. 석고보드는 각 부재와의 결합이 우수하며 방음성을 높이는 특징이 있다.
- I.C.R(Industrial Clean Room) 과 B.C.R(Bio Clean Room)의 칸막이에 사용된다.
- 무균, 무진, 항온, 항습 등의 실내환경을 계속 유지해야 하기 때문에 정전기가 발생하지 않도록 정밀하게 제작, 시공한다.
- 외관이 미려, 해체 설치 용이하며 내구성이 높아 반영구적, 열 차단 효과가 높아 방화, 성능 우수하다.

(4) 아이소월판넬 칸막이

- 아이소월판넬을 이용한 칸막이, 크린룸등의 칸막이 소재로 이용한다.
- 완전불연재이며 차음성이 뛰어나며 정전기가 발생하지 않는 소재이다.

- 판넬의 내.외부가 모두 무발진성 자재이므로 먼지나 균의 서식이 어려우며, 표면처리가 뛰어나 위생적인 크린공간을 창출한다.
- 내식성 및 내약품성이 뛰어나며, 단열, 방음, 방수 효과가 완벽하다.

(5) 방음칸막이

- 방화성 및 차음성이 우수하며 뛰어난 강도와 석고보드의 표면방음 효과는 방송국의 스튜디오나, 멀티미디어 교육장, 병원, 공장, 사무실, 회사 내의 시청각실 등에 널리 사용 되는 방음용 칸막이 시스템이 있다.
- 소음은 인간에게 감각적 피해(시끄러움), 청취방해, 청력손실(일시적, 영구적 난청) 등과 같은 직접적인 영향을 미칠 뿐 아니라 정서적 패해(불쾌감, 초조함)와 수면, 휴양, 업무 등의 방해를 초래할 수 있다.
- 소음, 진동 공해는 인간에게 불쾌감을 줄 뿐 아니라 건축 구조물이나 기계 구조물에 막대한 피해를 주고 있으며, 실제 생산라인에서 발생되는 각종 소음원은 근로자나 인접지역, 주위에 피해를 주고 있으며, 그로 인한 분쟁도 끊임없이 제기되는 실정이다.

(6) 경량철골칸막이

- 경량철골을 이용하여 불연재료인 석고보드의 방화성 및 차음성을 이용한 경량의 내화 단열벽이다.
- 내진구도, 비구조재에 적합하며 기존의 습식벽에 비해 경제적이며 표면 미장효과가 우수하여 거실, 침실, 복도, 벽 등 모든 형태의 비내력벽에 적합한 건식벽체이다.

그림 16.8 • 경량철골칸막이

일반파티션	반유리 파티션	블록파티션
• 일반적으로 가장 많이 사용하는 파티션이다. • 용도: 사무실 부서별 칸막이, 학원 보급형, PC방 등이 있다.	• 파티션의 상단부를 투명하게 하고자 하실 때 사용하는 파티션이다. • 용도: 응접실, 휴게실,다용도실,흡연구역 등.	• 구성원의 디자인 감각이나 업무효율을 증대하고자 할 때 사용한다. • 블록의 수와 색상을 자유롭게 선택할 수 있다. • 용도: 유치원, 학원등의 미취학 어린이 공부방.

그림 16.9 • 파티션 종류

(7) 파티션

- 업무성격을 고려한 합리적인 구조와 함께 업무의 주체인 인간의 창의성을 최대한으로 발휘할 수 있는 사무공간을 연출하는 파티션 시스템이다. 높이와 넓이에 따라 일에 대한 집중력과 구성원간의 원활한 커뮤니케이션을 조절하는 기능을 갖는다.
- 높이는 업무특성을 고려하여 1,000mm, 1,200mm, 1,500mm, 1,800mm와 비규격품의 주문생산이 가능하며, 두께는 45mm, 60mm, 80mm가 있고 넓을수록 안정감과 전기배선작업이 원활한 장점이 있다. 다양한 색상이 있다.

연습문제

1. 수장공사란 무엇인가?
2. 마루판 공사의 시공흐름을 설명하시오.
3. 바닥의 들뜸 및 주름에 대한 원인가 대책을 설명하시오.
4. 액세스 플로어란 무엇인가?
5. 경량칸막이의 특징은?

찾아보기

찾아보기

영문

김선국

- 서울대학교 공과대학 건축학과 졸업
- 서울대학교 대학원 건축학과 공학석사, 공학박사, 건축시공기술사
- 미국 Stanford University 토목공학과 방문연구원
- 현재 Automation in Construction Guest Editor
- 현재 경희대학교 공과대학 건축공학과 교수
- 현재 경희대학교 테크노경영대학원 원장

김태희

- 서울과학기술대학교 공과대학 건축공학과 졸업
- 경희대학교 대학원 건축공학과 공학석사, 공학박사, 건축시공기술사
- 미국 University of Florida 토목공학과 Courtesy Associate Professor
- 현재 Journal of the Korea Institute of Building Construction Associate Editor
- 현재 목포대학교 공과대학 건축공학과 부교수

박영준

- 육군사관학교 토목공학과 졸업
- 서울대학교 대학원 지구환경시스템공학과 공학석사
- 미국 Texas A&M University 건축학과, 공학박사
- 미국 University of Florida 토목해양공학과, 공학박사
- 미국 University of Colorado Boulder 방문교수
- 현재 육군사관학교 부교수

손기영

- 경희대학교 공과대학 토목건축학부 졸업
- 경희대학교 대학원 건축공학과 공학석사
- 미국 Texas A&M University 건축학과, 공학박사
- 현재 울산대학교 건축공학부 조교수

시공학 정가 25,000원

발 행 2016년 3월 10일 초판 1쇄
저 자 김선국 · 김태희 · 박영준 · 손기영
발행인 정우용
발행처 도서출판 동화기술
경기도 파주시 광인사길 201(문발동, 파주출판도시)
Tel (031)955-4211~6 donghwae@kornet.net
Fax (031)955-4217 www.donghwapub.co.kr
(등록) 1977년 12월 19일/9-16호

ISBN 978-89-425-9056-8